· 智能科学与技术丛书 ·

个性化
机器学习

[美] 朱利安·麦考利 (Julian McAuley) 著

陈小青 潘微科 明仲 译

机械工业出版社
CHINA MACHINE PRESS

图书在版编目（CIP）数据

个性化机器学习 / (美) 朱利安·麦考利
(Julian McAuley) 著；陈小青，潘微科，明仲译.
北京：机械工业出版社，2024．7. -- (智能科学与技术丛书) . -- ISBN 978-7-111-76227-0

I. TP181
中国国家版本馆 CIP 数据核字第 202485B0C6 号

机械工业出版社（北京市百万庄大街 22 号 邮政编码 100037）
策划编辑：曲 熠 责任编辑：曲 熠
责任校对：高凯月 王小童 景 飞 责任印制：任维东
天津嘉恒印务有限公司印刷
2024 年 10 月第 1 版第 1 次印刷
185mm×260mm · 14.5 印张 · 362 千字
标准书号：ISBN 978-7-111-76227-0
定价：99.00 元

电话服务 网络服务
客服电话：010-88361066 机 工 官 网：www.cmpbook.com
　　　　　010-88379833 机 工 官 博：weibo.com/cmp1952
　　　　　010-68326294 金 书 网：www.golden-book.com
封底无防伪标均为盗版 机工教育服务网：www.cmpedu.com

机器学习在日常生活中扮演着越来越重要的角色。正如作者所言，"我们每天都在与机器学习系统进行交互，它为我们的娱乐、社交关系、购物和健康提供了个性化的预测"。考虑到用户特征和背景的多样性，为满足用户需求，机器学习技术的个性化设计越来越受到关注。本书专注于融合用户建模思想的机器学习技术，以构建个性化预测系统。本书作者常与业界知名公司合作，开发先进的个性化机器学习系统，对于机器学习的个性化设计和应用有着丰富且深刻的认识。因此，本书不仅介绍了个性化机器学习的原理和技术，还是一部应用性指南，提供案例研究、代码演示、实践项目和习题等多种形式的指导，以帮助读者更清晰地了解如何在实际应用中开发个性化预测系统。

翻译专业书籍本身于己于他都是一件非常有意义的事情，而翻译这本与我们研究方向接近的著作尤其让我们感到兴奋。我们不仅可以拓宽知识面，了解更加面向应用的个性化机器学习技术，还可以为那些受限于语言或时间成本的读者提供帮助。我们非常重视翻译工作，并用认真严谨的态度对待它，以期更好地呈现本书的内容。然而，由于本书涉及的专业知识较广，且受限于时间、专业水平和翻译水平，我们的译稿难免会存在一些疏忽和不足之处，恳请读者批评指正，提出宝贵的意见与建议。

在此感谢杜炜豪（第 1～3 章）、许梓涛（第 4～6 章）、肖静（第 7、8 章）和陈铭（第 9、10 章）等人对本书的审校。另外，感谢国家自然科学基金项目的支持（Nos. 62172283, 62272315）。

陈小青　潘微科　明仲
深圳大学计算机与软件学院
2024 年 4 月

　　我们每天都在与机器学习系统进行交互，它为我们的娱乐、社交关系、购物和健康提供了个性化的预测。这些交互过程会涉及一些数据模态，从点击序列到文本、图像和社交互动。本书介绍了支持各种设置和模态的个性化预测模型设计的通用原理和方法。

　　本书首先修订了"传统"机器学习模型，重点关注如何使它们适应涉及用户数据的设置，然后介绍了基于矩阵分解、深度学习和生成模型等高级原理的技术，最后详细研究了部署个性化预测系统的影响和风险。

　　从电子商务到健康等领域的一系列案例研究，加上实践项目和代码示例，将会帮助读者了解和体验大规模的真实世界数据集，提高为众多应用设计模型和系统的能力。

机器学习

y	标签向量
X	特征矩阵
x_i	第 i 个样本的特征向量
$f(x_i)$	第 i 个样本的模型预测
r_i	与第 i 个预测相关的残差（误差），$r_i = (y_i - f(x_i))$
θ	模型参数向量
σ	sigmoid 函数 $\sigma(x) = \dfrac{1}{1+e^{-x}}$
$\|x\|_p$	$p-$ 范数，$\|x\|_p = \left(\sum_i |x_i|^p\right)^{1/p}$
ℓ_1 和 ℓ_2	正则化项 $\|\theta\|_1$ 和 $\|\theta\|_2$
λ	正则化超参数
$\mathcal{L}$ 和 ℓ	似然和对数似然

用户和物品

$u \in U$	用户集 U 中的用户 u
$i \in I$	物品集 I 中的物品 i
I_u	用户 u 评分过（或交互过）的物品集
U_i	评分过（或交互过）物品 i 的用户集
$|U|$ 和 $|I|$	用户数量和物品数量
$R_{u,i}$	用户 u 和物品 i 之间的交互相关的度量（例如，评分）
$x_{u,i}$	用户 u 和物品 i 之间兼容性的模型估计

推荐系统

β_u	用户 u 相关的偏置项
β_i	物品 i 相关的偏置项
γ_u	描述单个用户 u 的参数向量
γ_i	描述单个物品 i 的参数向量
γ_U 和 γ_I	所有用户 U 或所有物品 I 的参数
K	特征维度（或潜在因素的数量）

AUC（area under the ROC curve，ROC 曲线下面积）（见公式（5.26））

BER（balanced error rate，平衡错误率）（见公式（3.20））

BPR（Bayesian personalized ranking，贝叶斯个性化排序）（见 5.2.2 节）

CNN（convolutional neural network，卷积神经网络）（见 5.5.4 节）

FVU（fraction of variance unexplained，未知方差的分数）（见公式（2.32））

FN/FNR（false negative/false negative rate，假反例 / 假反例率）（见 3.3.1 节）

FP/FPR（false positive/false positive rate，假正例 / 假正例率）（见 3.3.1 节）

GAN（generative adversarial network，生成对抗网络）（见 9.4 节）

LSTM（long short-term memory model，长短期记忆模型）（见 7.6 节）

MAE（mean absolute error，平均绝对误差）（见公式（2.17））

MLE（maximum likelihood estimation，极大似然估计）（见 2.2.3 节）

MLP（multilayer perceptron，多层感知机）（见 5.5.2 节）

MMR（maximal marginal relevance，最大边缘相关）（见 10.3.1 节）

MRR（mean reciprocal rank，平均倒数排名）（见 5.4.2 节）

MSE（mean squared error，均方误差）（见 2.2.1 节）

NDCG（normalized discounted cumulative gain，归一化折损累积增益）（见 5.4.3 节）

RNN（recurrent neural network，循环神经网络）（见 7.6 节）

ROC（receiver-operating characteristic，受试者工作特征）（见 3.3.3 节）

SVM（support vector machine，支持向量机）（见 3.2 节）

TF-IDF（term frequency-inverse document frequency，词频 - 逆文档频率）（见公式（8.8））

TN/TNR（true negative/true negative rate，真反例 / 真反例率）（见 3.3.1 节）

TP/TPR（true positive/true positive rate，真正例 / 真正例率）（见 3.3.1 节）

引　言

机器学习包含检测图像的对象、查找与给定查询相关的文档或预测序列中下一个元素等广泛问题。解决这些问题的传统方法是通过收集大量的有标签的数据集进行训练，然后捕捉其能提供有用信息的特征，并挖掘能解释特征和标签之间联系的复杂模式。通常，标签被视为潜在的"真相"，应该尽可能准确地预测它。

然而，将机器学习应用于"正确"的结果是主观的或依赖于个人用户的背景和特征的环境中的需求越来越多。当我们在线浏览要观看的电影、要购买的产品或要联系的浪漫伴侣时，我们可能会接触到这些新形式的个性化机器学习：结果是根据我们特别可能接触到的电影、产品或伴侣的类型而专门为我们量身定制的。

个性化机器学习算法很像传统的机器学习算法，其本质上是模式发现的形式。也就是说，预测是通过分析与你相似的人们的行为来为你定制的。诸如"喜欢这个物品的人们也喜欢……"的推荐可能是这种类型的个性化模式发现的最简单的例子 ⊖：基于某个用户喜欢某个特定物品的上下文属性，根据有这种共同偏好的用户来进行推荐。

另一方面是复杂的深度学习方法，这些方法学习用户的"黑箱"表示以进行预测，尽管它们本质上也依赖于直觉，即"相似的"用户（就一些复杂表示而言）会有相似的交互模式。

1.1　本书写作目的

我们试图通过探索一系列用于解决上述问题的方法来介绍个性化机器学习，并围绕所涉及的常见方法和设计原理进行叙述。我们发现，即使在歌曲推荐、心率分析或时尚设计等各种应用中，也存在一套通用的技术来构建个性化机器学习系统。

通过介绍这套基本原理，本书旨在教会读者如何通过融入个性化和用户建模的思想来改进现代化机器学习技术，并指导读者构建机器学习系统，其中对用户能准确进行建模是成功的关键。

目前存在大量的模型、数据集和应用程序试图去捕捉人类的动态性或交互，例如在网络挖掘、推荐系统、时尚、对话和个性化健康等各个领域。因此，一套新兴的技术被用来捕捉这些场景下"用户"的动态性。本书旨在作为一个参考点，来解释这些技术和探索它们的共同元素。我们将会以机器学习（尤其是监督学习）的入门知识（见第 2 章和第 3 章）作为起点来开始这本书，以使读者迅速掌握后面所需的基本技术。虽然介绍性的材料可能对很多读者来说是熟悉的，但我们特别关注面向用户的数据集，并表明即使使用"标准"机器学习技术，也有相当大的空间可以通过捕捉相关用户特征的精细特征工程策略来构建个性化系统。

接下来，我们对个性化机器学习的介绍主要是探索推荐系统（见第 4 章和第 5 章）。传统上，推荐技术依赖于个性化和用户建模，无论是通过在用户间的简单相似度函数（"像你

⊖　虽然严格来说，可能不是我们所说的"机器学习"。

一样的人也购买了"等），还是通过包含时序模式挖掘或神经网络的更现代的方法。

最近，考虑个性化和对用户进行建模的需求已经扩展到机器学习的各种新领域。在我们对推荐系统进行研究之后，本书的主要目标是在这些新领域中探索个性化和用户建模，以及给读者提供在新场景中设计个性化方法所需要的工具。

1.2　对于学习者：涵盖的内容和未涵盖的内容

虽然本书主要是作为个性化、推荐和用户建模等特定主题的指南，但它也应该作为对一般机器学习主题的相对通俗的介绍。相比于介绍机器学习的教材通常包含的内容，像网络挖掘和推荐系统等主题对想要寻找机器学习更"面向应用"的观点的学习者来说是一个理想出发点。

在整本书中，我们专注于在大型的真实世界数据集上构建示例，并探索在项目或习题中实现的实用技术。这引导我们朝向（和远离）如下所述的某些主题。

回归器、分类器和学习流程：我们在第 2 章和第 3 章详细介绍了端到端的机器学习过程，这部分内容（虽然是浓缩的）应该适合没有机器学习背景的学习者。在第 2 章和第 3 章中介绍机器学习的基本概念时，我们只限于线性回归和线性分类（对数几率回归），因为这些是我们之后开发的方法的基石。因此，我们忽略了几十种可替代的回归和分类方法，这些方法通常是标准机器学习教材的核心（尽管我们在 3.2 节简要讨论了这些替代方法的优点）。

用户表示和降维：在学习用户表示时，我们探索的很多技术本质上都是流形学习（或降维）的形式，并借鉴了相关主题的思想，如矩阵分解（见 5.1 节）。由于读者应该对线性代数有一些基本的了解，因此我们小心地避免了对"传统"降维技术进行过多的线性代数方面的介绍：就实际实现而言，这些与我们开发的方法几乎没有什么共同之处（尽管我们在 5.1 节讨论了与奇异值分解等的关系）。

深度学习：任何对"现代化"机器学习方法的讨论都需要对机器学习展开相当广泛的讨论。例如，我们在 5.5.2 节讨论了基于多层感知机的推荐，在第 7 章讨论了基于循环神经网络的序列建模，在第 9 章讨论了基于卷积神经网络的视觉偏好建模。然而，我们这样做仅仅是触及基于深度学习的个性化的表面，并且将在很大程度上引导读者在其他地方深入讨论特定的架构，或介绍深度学习方法的第一原理。

离线学习 VS 在线学习：我们很大程度上只限于传统离线的监督学习问题，也就是说，从训练数据的历史集合中发现模式和进行预测。一般情况下，我们更喜欢这种设置，因为在这种设置下我们可以专注于在真实世界的公开可用的数据集之上开发方法。当然，在实践中，当部署预测模型时，数据可能是在流设置下获得的，并且必须实时进行更新。这种类型的训练机制被称为在线学习，我们将在 5.7 节进行简要介绍。我们也避免讨论例如强化学习这样的算法，尽管在对话式推荐等场景中我们简要提到了它们的使用（见 8.4.4 节）。

偏置、影响和用户的考虑因素：根据设计，我们对个性化的研究很大程度上只限于机器学习方法。也就是说，我们通常只关心构建预测系统，使得该预测系统可以尽可能准确地评估特定用户对给定刺激的反应。通过这样做，我们能评估偏好、预测未来行动和检索相关物品等。

当然，我们也注意到与机器学习的"黑箱"方法相关的危险，并希望避免盲目优化模型精度的陷阱，如过滤气泡、不必要的偏置或降低用户体验。在第 10 章，我们讨论了这些问题以及解决它们的潜在方法。

同样，我们的讨论也主要限于机器学习解决方案，也就是说，我们研究了纠正偏置和增加推荐多样性等算法途径。我们注意到，算法解决方案只能解决问题的一部分。虽然拥有更好的算法是至关重要的，但适当地使用这些算法也同样至关重要。我们介绍的是对大量工作的补充，这些工作从人机交互或用户界面设计的视角探讨了个性化，其中主要关注于最大限度提高用户体验质量（查找信息的容易程度、满意度和长期参与等）。

实现与库： 所有的代码示例都是通过 Python 呈现的。虽然我们假设用户对数据处理和矩阵库等有一定的了解，但我们在线资源页面的附加链接（见 1.4 节）也会对不太熟悉这些的用户有所帮助。当讨论深度学习方法时，更一般地说，当拟合复杂模型时，尽管这些示例可以很容易地与其他库（PyTorch 和 Theano 等）进行互换，但我们是基于 TensorFlow 来实现的。

虽然我们专注于实现，但是我们很大程度上避免了个性化机器学习的"系统构建"方面，如对在分布式服务器上部署机器学习模型等的问题，不过我们在书中讨论了高级的库和最佳做法的实现。

1.3　对于讲师：课程和内容大纲

本书的灵感来自作者在加州大学圣地亚哥分校对推荐系统和网络挖掘两门课程的教学经验。事实证明，这些主题的课程非常受欢迎，并经常被选为学习者第一次接触机器学习的课程。

这个主题作为机器学习课程的第一个接触点的一个原因是，相比于许多机器学习课程，例如深度学习等课程，甚至相比于许多"入门"机器学习课程，这个主题的入门标准要低一些。一部分原因是这个主题的内容不太依赖深奥复杂的理论，另一部分原因是在这个主题下我们能够快速构建代表最先进的可行的解决方案，而不仅仅是概念证明。因此，本书的一个重点是快速构建可行的解决方案，并涵盖广泛的方法，而不是过于深入研究任何一种方法背后的理论知识。这种方法可以帮助学习者理解基于用户数据构建预测系统背后的实际考虑因素，同时也是对大多数介绍性教材中给出的偏理论性处理方法的补充。

另一个使得本内容在学习者中受欢迎的特点是它能够快速处理大型的真实世界数据集。它能够处理来自 Amazon、Google 和 Steam 等能代表真实用户事例的应用程序上的用户数据集，这已经被证明对学生建立他们自己的项目组合或准备面试有极大的价值。因此，本书每一章都有配套的项目建议，每一个项目建议都适合作为一个主要的课程项目。这些项目不仅旨在综合每一章的内容，更注重于系统构建方面的考虑、设计选择和充分的模型评估。

课程计划和概述

本书的内容旨在为那些具有一定的线性代数、概率论和数据处理背景的学生开展时长为一个季度或一个学期的课程。在修订第 2 章和第 3 章的基本内容后，第 4 章和第 5 章涵盖了本书其余部分所构建的核心内容。第 6 ~ 9 章在某种程度上是互不相关的，因此可以在时间或学生背景允许的情况下挑选和组合这些部分。最后一章是关于偏置、公平和个性化影响的内容（见第 10 章），它提供了一个从新的视角重新讨论早期内容的机会。

每一章都有配套的家庭作业和项目。同样，这样做的重点是进行实际的开发与实现、使用真实数据和理解所涉及的设计选择，而不是测试理论概念。下面我们简要总结每一章的内容。

机器学习入门知识（见第 2 章和第 3 章）：2 ～ 3 周时间。通过选择捕捉用户交互的数据集来介绍机器学习、特征设计和评估的基本概念。该部分的习题涉及从简单数据处理到构建一个可行的机器学习流程（训练和验证等）的内容，并主要关注特征设计，包括涉及具有时序和地域动态性的行为数据实验的项目（见项目 1 和项目 2）。

推荐系统（见第 4 章和第 5 章）：2 ～ 3 周时间。介绍用于推荐的核心技术集。第 4 章介绍了传统启发式方法，随后第 5 章介绍了机器学习方法。推荐系统被用来开发用户流形（user manifold）的概念，其在接下来的章节被用来捕捉不同设置下用户之间的变化（见 1.7 节）。该部分的习题主要关注构建实用的推荐方法的基础，而项目（见项目 3 和项目 4）则关注为图书推荐场景构建端到端的推荐流程。

推荐系统中的内容和结构（见第 6 章）：1 周时间。探讨如何将特征（即边信息）融入个性化（主要是推荐）方法中，并探讨具有附加结构的个性化设置，如社交感知推荐和涉及价格动态的场景。该部分特别关注在交互历史不可获得的冷启动场景中利用边信息（见 6.2 节）。在本书的后面部分在开发基于如时序动态性或序列动态性的更复杂的模型时，将重新讨论其中的一些内容感知方法（如分解机）。该部分的项目（见项目 5）是开发用于冷启动设置的推荐系统。

时序和序列模型（见第 7 章）：1 ～ 2 周时间。我们修订了时序和序列建模的一些基本方法，如自回归和马尔可夫链，然后基于循环神经网络开发了更复杂的个性化方法。该部分中，Netflix 竞赛（见 7.2.2 节）是一个探索时序模型的基本设计原理的案例研究，而项目（见项目 6）则比较了时序推荐的各种方法。

文本个性化模型（见第 8 章）：1 周时间。在回顾了一些文本的基本预测模型（如词袋表示）后，我们探讨了文本如何用于理解偏好的维度。通过探索借鉴自然语言处理的技术来建模交互序列，我们重新讨论了序列建模。我们还尝试了文本生成的方法，这些方法可以从对话到机器预测证明等场景中进行个性化处理。该部分的项目（见项目 7）是为文档检索构建个性化系统。

视觉个性化模型（见第 9 章）：1 周时间。探讨涉及视觉数据的应用，包含个性化图像搜索以及时尚和设计的应用等。该部分的项目（见项目 8）是为时尚应用构建视觉感知推荐系统。

个性化机器学习的影响（见第 10 章）：1 周时间。最后一章探讨了开发个性化机器学习系统的影响和陷阱。该部分的示例包括过滤气泡、极端化以及偏置和公平的问题。这一章主要关注应用案例研究，并使得我们可以从一个新的视角重温前几章的几个主题。该部分的项目（见项目 9）是在性别均等和其他公平性目标的方面上改进推荐方法。

1.4　在线资源

为了帮助读者完成习题、项目和收集包括数据集和补充阅读材料在内的资源，我们提供了一个在线补充资料（https://cseweb.ucsd.edu/~jmcauley/pml/），通过工作代码和示例来补充此处涵盖的材料。

这份在线补充资料包括以下内容：

- 涵盖每章内容的代码示例。这些示例涵盖了完整的可行的示例，同时每一章中介绍的代码示例都是从中选取的。除此之外，它还包含对应本书中出现的各种图片和示例的代码示例。

- 每一章所有习题的答案。
- 本书中使用的数据集（以及其他各种个性化数据集）的链接，包括有助于完成习题的处理过的小型数据集。
- 补充阅读的链接，主要为对 1.2 节中描述的背景知识不太熟悉的学习者提供有用的介绍性材料。

1.5　关于作者

作者从 2014 年开始担任了加州大学圣地亚哥分校的教授，硕士毕业于斯坦福大学（见图 1.1）。个性化机器学习是作者在加州大学圣地亚哥分校的研究实验室的主题。他们实验室的研究率先在推荐场景中使用图像和文本（如 McAuley et al.，2015；McAuley and Leskovec，2013a），其应用包括时尚设计、个性化问题回答和交互式对话系统。他们实验室也研究典型推荐场景之外的个性化，如开发心率曲线的个性化模型（Ni et al.，2019b），以及生成个性化食谱的系统（Majumder et al.，2019）。

作者的实验室会定期与业界合作，以开发最先进的个性化机器学习系统。他们与 Adobe 和 Pinterest 合作，研究包括视觉感知推荐在内的问题；与 Etsy 和 Microsoft 合作，研究理解用户预算和个性化价格动态的问题；与 Microsoft 和 Amazon 合作，研究问答和对话系统的问题。我们将通过全书的案例研究来探讨其中的几种方法。

图 1.1　作者

1.6　日常生活中的个性化

除了介绍个性化机器学习系统的基础技术外，我们在本书中的目标之一是探索使用个性化的广泛实际应用，以及探索该主题的历史，并在最后探讨相关的风险和影响。

个性化机器学习越来越普遍，以至于我们大多数人每天都可能与个性化机器学习系统发生交互。诸如基于我们收听习惯生成播放列表、将电子邮件标记为"重要的"、基于我们近期的活动推荐产品或广告、对我们的新闻推送进行排名或在社交媒体上推荐新的关系的所有系统，都以某种方式对其预测或输出进行个性化。其中涉及的技术包括简单的启发式方法（例如，如果我们和某人有共同好友，我们就有可能和他成为朋友），以及解释时序模式或结合自然语言和视觉信号的复杂算法。

下面我们将研究一些个性化发挥着关键作用的常见的（和不太常见的）场景，其中许多场景构成了本书案例研究的基础。

1.6.1　推荐

本书涉及的许多示例都与推荐系统有关，更广泛地说，是对用户与从网络上收集的数据的交互进行建模。关注这类示例的部分原因是机会主义的：用户交互数据集是广泛可用的，这使得我们可以在真实数据的基础上构建模型。

在教学上，推荐系统作为个性化机器学习的入门也很有吸引力，因为它可以让我们快速实现几乎最先进的可行的系统。正如我们所看到的，即使是广泛部署的系统，也出乎意料地简单，仅依赖于简单的启发式方法和标准的数据结构（见 4.5 节）。

但最终我们研究推荐系统的主要原因是因为推荐系统是建模用户与物品之间交互的基本工具。在构建推荐系统时，开发的基本技术可以应用于我们想要预测用户对某些刺激的反应的各种情况。我们稍后描述的许多场景都是建立在这个一般主题上。

推荐系统可能代表了最纯粹的设置。在推荐系统中，个体之间的差异是导致数据集中很大一部分差异的来源。为了构建推荐系统，我们必须理解用户的潜在偏好和物品的属性，这解释了为什么用户可能会购买这个物品而不是另一个物品。用户可能会因为主观偏好、预算或人口学因素而有所不同。用户和物品都可能会因为社会、时序或环境因素等而随时间变化。

基于我们为推荐开发的技术，我们认为在无数的情况下，捕捉个体间差异是使得预测有意义的关键。在个性化健康等场景中，用户可能在身体特征、病史或风险因素方面有所不同；在涉及自然语言（或对话）的场景中，用户可能在写作风格、个性或特定语境方面有所不同。

下面我们介绍了一些这样的例子，其中部分是为了突出个性化至关重要的广泛场景，同时也是为了展现建模时所涉及的一系列常见的想法。

1.6.2　个性化健康

除了电子商务或社交媒体中"明显的"应用之外，个性化在高风险和重要的社会问题中也越来越重要。个性化健康是个性化的一个关键新兴领域：与推荐系统一样，健康问题有一个关键特征，即个体之间的预测是高度相关的，并表现出显著差异。重要的是，当评估症状、对药物的反应或心率曲线时，非个性化的方法并不能做出有用的预测。

估计病人下次在医院就诊时会表现出来的症状是个性化健康的一项典型任务，这可应用在如预防性治疗中。因为我们的目标是评估随时间的推移病人与特定刺激（症状）的交互（Yang et al.，2014），所以这个任务与我们开发推荐系统时探索的设置非常相似。因此，这类任务采用的技术借鉴了推荐系统的思想，尤其是我们在第 7 章中介绍的时序和序列推荐。

除了评估病人症状之外，个性化机器学习技术也能适用于相关的任务，包括估计外科手术的持续时间（Ng et al.，2017）、建模响应物理刺激的心率序列的进程（Ni et al.，2019b），或估计药物（如麻醉剂）的分布动力学（Ingrande et al.，2020）。对这类问题进行建模需要了解病人或医生的特征（以及他们之间的交互）。其中涉及的技术包括从简单的回归（如预测手术持续时间）到循环神经网络（如预测心率曲线）。

个性化健康的许多问题也依赖于自然语言数据，例如对临床记录的特征进行建模或基于放射性图像生成报告（Ni et al.，2020）。这些应用建立在个性化自然语言处理和生成技术的基础上，我们将在第 8 章中介绍这些技术。

这些技术跨越了不同"类型"的个性化学习系统（见 1.7 节）：一些系统利用传统机器学习技术，其中"个性化"仅仅意味着提取能捕捉用户（或病人和医生等）间相关属性的特征；其他系统使用复杂的深度学习方法，其捕捉行为模式的潜在维度相比于传统机器学习技术更加难以解释。

1.6.3　计算社会科学

通常，对用户数据进行建模的目标不仅仅是预测未来事件或交互，而是理解潜在动态性。使用机器学习和数据驱动的方法去理解大型数据集中人类行为的潜在动态性是计算社会科学的主要目标之一。

同样地，对于我们开发的许多模型，我们的目标不仅是构建更准确的预测器，也是理解社会或行为的动态性。当我们在 Reddit 开发能成功预测内容的回归器时，我们的主要目标是厘清导致成功的因素，如社区动态、标题和提交时间等。或者，在构建推荐系统时，我们的目标是理解和解释指导用户决策的潜在偏好维度，以及导致这些偏好随时间变化的因素，包括用户如何获得品味、如何对旧物品产生怀旧之情，或仅仅是如何对用户界面的变化做出反应等。

最后，当我们开始讨论个性化的伦理和影响时（见 1.8 节），我们将强调一点，即准确预测本身通常不是一个理想目标。在第 10 章，我们将评估与个性化系统交互的用户的长期影响：这包括研究是什么因素促使用户选择极端内容，以及如何在算法上减轻这种不理想的结果。

1.6.4　语言生成、个性化对话和交互式代理

最后，鉴于人们与预测系统交互的新模式，个性化也迎来了新的要求。

例如，在涉及自然语言的广泛场景中，个性化是至关重要的。由于写作风格和主观性等差异，用户生成的语言数据表现出很大的可变性。当处理这类数据时，非个性化模型可能难以处理这种细微差别。例如，自动对话式系统，无论是在面向任务的设置中还是在开放领域的"闲聊"中，都可以从个性化中受益，以便对个别用户的语气或上下文产生更加个性化或有同情心的反应（Majumder et al.，2020）。

我们将在本书看到几个个性化语言建模的示例：对于解释或理解机器预测（见 8.4.3节）、促进与预测系统交互的新模式（如对话，见 8.4.4 节）以及开发新型辅助工具，例如帮助用户回复电子邮件等（见 8.5 节），语言模型都越来越重要。

1.7　个性化技术

正如 1.1 节所述，本书的目标之一是围绕用于设计个性化机器学习系统的工具和技术来建立一个通用的叙述。虽然我们已经表明这些系统应用于从在线商务到个性化健康等不同领域，但是我们发现用于实现这些模型的技术遵循一些常见的范式。

1.7.1　作为流形的用户表示

本书将重新讨论的主要思想之一是用户流形，它使我们能够将推荐系统的思想应用于其他类型的机器学习中。也就是说，我们将探讨的大部分个性化方法涉及描述用户活动和交互中常见的变化模式的用户表示。

就推荐系统而言，"用户流形"是一个描述解释用户偏好差异的主要维度的向量（见图1.2）。例如，我们可能会发现，在电影推荐环境中，解释偏好差异的主要维度集中在特定的类型、演员或特效上。在整本书中，我们将重新讨论用户流形的思想，并将其作为一种通用的手段来捕捉用户之间的常见变化模式。所包含的例子如下：

- 在第 5 章，我们将使用低维的用户表示去描述偏好和活动的维度，这可以用来向用户推荐他们可能会交互的物品。
- 在第 8 章，用户表示可以描述用户倾向于讨论的主题（例如，在写评论时），或他们

写作风格的个人特征。

- 在第 9 章，用户表示会描述用户感兴趣的视觉维度，这使我们能够以个性化的方式进行排名、推荐和生成图像。
- 在不同的案例研究中，用户表示会捕捉饮食偏好（见 8.4.2 节）、健康档案（见 7.8 节）、社交信任（见 6.4.1 节）或时尚选择（见 9.3 节）等特征。

图 1.2　推荐系统背后和各种其他类型的个性化机器学习背后的基本思想，是通过描述用户交互的变化模式的低维流形来表示用户。在推荐场景下，低维用户向量可能描述了其兴趣，而低维物品向量则描述了其属性。兼容的用户和物品具有指向相同方向的向量（见第 5 章）

1.7.2　上下文个性化和基于模型的个性化

虽然本书主要介绍对用户进行显式建模的方法（如前所述），但我们也将介绍各种有意避免这样做的模型。

从诸如"购买了 X 的人也会购买 Y"的简单方法开始，许多用于推荐的经典方法利用了用户数据，但没有包括与用户相关的显式参数（即"模型"）。然而，这样的模型仍然是个性化的，从某种意义上说，它会根据每个人与系统交互的方式对他们做出不同的预测。简单的机器学习技术，如我们在第 2 章和第 3 章开发的那些技术，其中用户由一些精心设计的特征来表示，其也遵循这一范式。

我们将使用基于模型的个性化和上下文的个性化两个术语来区分这两类方法。基于模型的方法学习与每个用户相关的一组显式参数，如前面描述的"用户流形"（见图 1.2）。这些模型通常是为了捕捉系统中用户之间的主要变化模式，其通常是以低维向量来表示。与此相反，上下文的（有时也叫"基于记忆的"，见第 5 章）方法从用户最近的交互历史中提取特征。

在一些场景中，上下文个性化可能比对用户进行显式建模更好。在第 4 章开发简单的推荐系统，以及在第 2 章和第 3 章开发更琐碎的个性化模型时，我们看到个性化通常可以通过简单的启发式方法，或者手动设计的特征和相似性度量来实现。出于多种原因这些方法可能是可取的：简单的模型可能是易于理解的（因此相比于"黑箱"预测，向用户展示简单的模型是更可取的）、我们可能缺乏足够的训练数据去从头学习复杂的表示。

1.8　个性化的伦理和影响

随着个性化机器学习系统的日益普及，人们越来越意识到与个性化相关的风险。其中的一些问题已经引起了大众的注意，如个性化推荐可能会使用户陷入"过滤气泡"的想法，而其他问题则要微妙得多。例如，考虑到推荐系统的具体情况，一个简单实现的模型可能会引入一些问题，包括以下四种。

过滤气泡：粗略地讲，推荐算法依赖于识别每个用户偏好的特定物品的特征，并给用户推荐最能表示这些特征的物品。如果不注意的话，即使是一个有广泛兴趣的用户也有可能只被推荐一组狭小的、与他们之前交互非常相似的物品集。

极端化：同样地，一个能识别用户感兴趣的特征的系统可能也可以识别出最能表示这些特征的物品，例如，喜欢动作片的用户可能被推荐具有大量动作的电影。在社交媒体和新闻推荐等场景中，这会导致用户接触到越来越多的极端的内容（这和前面的问题之间的关系在第10章中有所解释）。

过度集中：与之前的现象相似，一个拥有不同兴趣的用户可能只会收到符合他们最主要兴趣的推荐（见10.2节）。总的来说，这可能导致一小部分物品在所有用户推荐中被过度代表。

偏置：鉴于推荐（以及很多其他个性化模型）最终通过识别用户行为的共同模式来进行，那些偏好不遵循主流趋势的"长尾"用户可能会收到低于标准的推荐。

随着人们对这些问题认识的提高，一套旨在缓解这些问题的技术也随之出现。这些技术借鉴了更广泛的公平和无偏机器学习领域的思想，即学习算法被调整为不传播（或不加剧）训练数据中的偏置，尽管公平的目标往往非常不同。多样化技术可以用来确保预测或推荐在新颖性、多样性或惊喜度之间取得平衡。相关技术通过确保预测的输出在类别、特征或推荐物品的分布方面是平衡的，来寻求更好地"校准"个性化机器学习系统（见10.3节）。这种技术可以通过确保模型的输出不会高度集中在几个物品上来缓解过滤气泡，并在质量上增加模型输出的整体新颖性或"趣味性"。其他技术更直接地来自公平和无偏的机器学习，确保个性化模型的性能不会因为用户属于代表性不足的群体或有小众偏好而降低（见10.7节）。

机器学习入门

回归和特征工程

在本章中，我们将介绍机器学习（特别是监督学习）的基本原理，以作为本书其余内容的基础。

本章的基本组成部分包括：

- 用于特征提取和转换的策略，其中特征包括实值数据和类别数据，以及时序信号（见 2.3 节）。
- 将概率与模型输出联系起来的一般策略，更广泛地说，是拟合模型与似然极大化之间的关系（见 2.2.3 节）。
- 基于梯度的模型拟合方法（见 2.5 节），并通过 TensorFlow 等高级语言实现（见 3.4.4 节）。
- 如何处理异常值和不平衡的数据集，以及模型评估的一般策略（见 2.2 节）。

虽然我们在本章中只会简单提及个性化，但是我们提供的示例将重点关注我们在后面章节中将会涉及的相同类型的面向用户的数据。尤其是我们将专注于包含一些主题的数据集，如推荐、情感和关于人口学特征等预测任务。

因此，在本章中我们认为"个性化"是使用传统的机器学习框架从用户数据中提取特征来进行预测。我们将对这种类型的方法（提取用户特征）和我们显式地对每个用户建模的方法进行区分。这将推动我们对上下文个性化和基于模型的个性化的讨论（正如我们在 1.7 节中所介绍的那样），我们也将在第 4 章和第 5 章中更精确地讨论它们的区别。然而，正如我们在本章（以及本书的各种示例）中所看到的，即使是传统的机器学习技术，只要搭配上适当的特征提取策略，也可以为个性化预测带来出奇有效的模型。

监督学习

本章介绍的所有技术以及我们将在本书中探索的大部分个性化技术都是监督学习的形式。监督学习技术假设我们的预测任务（或我们的数据集）可以分为两个部分，即我们想要预测的标签（表示为 y）和我们认为对预测这些标签有帮助的特征（表示为 X）$^{\ominus}$。

例如，给定一个情感分析任务（见第 8 章），我们的数据可能是来自 Amazon 或 Yelp 的评论（文本），而我们的标签将是与这些评论相关的评分。

鉴于数据集中特征和标签之间的这种区别，监督学习算法的目标是推断出其底层函数：

$$f(x) \to y \tag{2.1}$$

这解释了特征和标签之间的关系。通常，这个函数会通过模型参数 θ 进行参数化，即

$$f_\theta(x) \to y \tag{2.2}$$

$\ominus$ 　一般来说，我们会使用 X 表示一个特征矩阵，使用 x 或 x_i 表示与单个观测值相关的特征向量。

例如，在本章中，θ可能描述了哪些特征与标签呈正相关或负相关（或不相关）；随后，θ也可能捕捉到推荐系统中特定用户的偏好（见第5章）。图2.1解释了这种监督方法与其他类型的学习的关系。

> 监督学习方法是指那些试图直接学习观测数据$\boldsymbol{X}$和标签$\boldsymbol{y}$之间的关系的方法。本书中几乎所有的模型都是监督学习的形式。从本章的回归和分类开始，一直到后面的章节，我们将构建模型来预测用户活动。
>
> 相比之下，无监督学习方法试图在数据$\boldsymbol{X}$中找到模式，但并不特别关注预测任何一个标签，这种方法的示例包括用于聚类和降维的技术。
>
> 最后，半监督学习方法介于两者之间，通常利用大量的无标签的数据来提高带有少量标签的监督模型的性能。

图2.1　监督学习、无监督学习和半监督学习

在本章中，我们假设以向量$\boldsymbol{y}$的形式给定标签，以矩阵$\boldsymbol{X}$的形式给定特征，则每个y_i表示第i个观测值相关的标签，$\boldsymbol{x}_i$表示第i个观测值相关的特征向量。

我们将在本章和下一章中讨论两类监督学习，包括：

- 回归，其中我们的目标尽可能精确地预测实值标签$\boldsymbol{y}$（见2.1节）。在后面的章节中构建个性化模型时，这些目标可能是评分、情感、社交媒体帖子收到的投票数或病人的心率。
- 分类，其中y是离散集合的一个元素（见第3章）。在后面的章节中，这些对应于诸如用户是否点击或购买一个物品的结果。我们也将会看到这种方法如何适用于学习物品排名（见3.3.3节）。

2.1　线性回归

或许我们能假设特征$\boldsymbol{X}$与标签$\boldsymbol{y}$之间最简单的关系是线性关系，也就是说，$\boldsymbol{X}$与$\boldsymbol{y}$之间的关系被定义为：

$$y = X\theta \tag{2.3}$$

使用我们在公式（2.2）中的符号，为：

$$f_\theta(\boldsymbol{X}) = \boldsymbol{X}\theta \tag{2.4}$$

或对于单个观测值$\boldsymbol{x}_i$（$\boldsymbol{X}$的一行）来说，等价于：

$$f_\theta(\boldsymbol{x}) = \boldsymbol{x}_i \cdot \theta = \sum_k x_{ik}\theta_i \tag{2.5}$$

其中，θ是我们模型的参数集：一个描述哪些特征与预测标签相关的未知向量。

暂时忽略严格的符号，一个简单的例子可以是对评论长度构造函数来预测该评论的评分。为此，我们使用了来自Goodreads玄幻小说的100（长度、评分）条评论的小型数据集（Wan and McAuley, 2018）。图2.2描绘了评论长度（以字符为单位）和评分之间的关系。

从图2.2中可以看出，评分和评论长度之

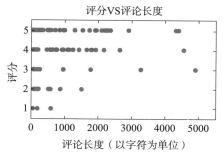

图2.2　基于Goodreads的100条玄幻小说评论的评分与评论长度（以字符为单位）的比较

间似乎存在（粗略的）关系，也就是说，越正面的评论其长度往往越长。对此我们试图使用一个非常简单的模型，即用一条直线来描述这种关系：

$$评分 \simeq \theta_0 + \theta_1 \times 评论长度 \tag{2.6}$$

注意，公式（2.6）只是直线（$y = mx + b$）的标准公式，其中 θ_1 是斜率，θ_0 是截距。

如果我们能够找出一条近似描述这种关系的直线，我们就可以用它来估计给定评论的评分，即使我们之前可能从未见过某个特定长度的评论。从这种意义上来说，这条线是数据的一个简单模型，因为我们可以从以前未见过的特征中预测标签。为此，我们对寻找最佳拟合线的问题进行了形式化。

具体来说，我们感兴趣的是确定与图 2.2 中的趋势最接近的 θ_0 和 θ_1 的值。为了解决 $\theta = [\theta_0, \theta_1]$，我们可以把这个问题写成矩阵形式的方程组：

$$y \simeq X \cdot \theta \tag{2.7}$$

其中，y 是我们观测到的评分向量，X 是我们观测到的特征矩阵（在这种情况下是评论的长度）$^\ominus$。对于 Goodreads 数据的前几个样本，有：

$$
\underbrace{\begin{bmatrix} 5 \\ 5 \\ 5 \\ 4 \\ 3 \\ 5 \\ \vdots \end{bmatrix}}_{y} \simeq \underbrace{\begin{bmatrix} 1 & 2086 \\ 1 & 1521 \\ 1 & 1519 \\ 1 & 1791 \\ 1 & 1762 \\ 1 & 470 \\ \vdots & \vdots \end{bmatrix}}_{X} \cdot \underbrace{\begin{bmatrix} \theta_0 \\ \theta_1 \end{bmatrix}}_{\theta} \tag{2.8}
$$

比较公式（2.6）和公式（2.8）有助于理解上面的矩阵表达式是如何扩展到包含斜率（$\theta_1 \times$ 评论长度）和截距（θ_0）项的。我们在图 2.3 更精确地解释了这种结构。

> 公式（2.8）中特征矩阵 X 以及本章中大多数特征矩阵的第一列都是一列"1"。将内积 $[1, 长度] \cdot [\theta_0, \theta_1]$ 展开（见公式（2.8）），以确认它可以扩展为直线 $\theta_0 + \theta_1 \times$ 评论长度的公式，这有助于我们解释为什么特征矩阵第一列都是"1"。如果我们的特征矩阵中没有常数项，我们将隐式地假设拟合的直线经过（0, 0）点。

图 2.3   为什么特征矩阵中有一列"1"

我们想求解出公式（2.8）中的 θ。我们可能会天真地试图将公式 $y = X \cdot \theta$ 的两边都乘上 X^{-1}。然而，逆并没有很好地被定义，因为 X 不是一个方阵。

为了获得一个方阵，我们将公式的两边都乘上 X^{T}：

$$X^{\mathrm{T}} y \simeq X^{\mathrm{T}} X \theta \tag{2.9}$$

这样就会得到一个方阵 $X^{\mathrm{T}} X$（在这个示例中是 2×2）。我们现在可以在两边同时乘以该矩阵的逆：

$$(X^{\mathrm{T}} X)^{-1} X^{\mathrm{T}} y \simeq (X^{\mathrm{T}} X)^{-1} (X^{\mathrm{T}} X) \theta \quad 或简化为 \quad \theta = (X^{\mathrm{T}} X)^{-1} X^{\mathrm{T}} y \tag{2.10}$$

量 $(X^{\mathrm{T}} X)^{-1} X^{\mathrm{T}}$ 被称为 X 的伪逆。

根据 Goodreads 上的 100 个评分来计算 $\theta = (X^{\mathrm{T}} X)^{-1} X^{\mathrm{T}}$：

$\ominus$　我们将公式（2.7）写成 $y = X \cdot \theta$ 是因为这个公式是近似的（即我们无法精确求解出 θ）。然而，在定义模型公式时，我们通常会写成 $y = X \cdot \theta$。

$$\boldsymbol{\theta} = \begin{bmatrix} 3.983 \\ 1.193 \times 10^{-4} \end{bmatrix} \qquad (2.11)$$

这对应以下的直线：

$$\text{评分} = 3.983 + 1.193 \times 10^{-4} \times \text{评论长度} \qquad (2.12)$$

这条直线反映了评论长度和评分之间的正向（尽管是轻微的）趋势：评论中每增加一个字符，我们对评分的估计会略微增加（增加 1.193×10^{-4} 分）。我们在图 2.4 描绘了这条最佳拟合线。

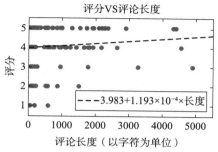

更复杂的模型：这个推理可以推广到拟合比简单直线更复杂的模型，例如，我们可以假设，评分可能与评论的长度和评论的回复数量都有关系：

$$\text{评分} = \theta_0 + \theta_1 \times \text{评论长度} + \theta_2 \times \text{回复数量} \ n \qquad (2.13)$$

这个找到一条最接近我们观测到的特征 $\boldsymbol{X}$ 和标签 $\boldsymbol{y}$ 之间关系的最佳拟合线的过程，描述了线性回归的基本概念。

图 2.4　评分和评论长度之间的最佳拟合线（Goodreads）

增加更多的维度：正如公式（2.6）对应于在两个维度上拟合一条直线，公式（2.13）对应于在三个维度上拟合一个平面，但是最终拟合这个模型的程序仍然是一样的。我们只是在特征矩阵中增加了一列：

$$\boldsymbol{X} = \begin{bmatrix} 1 & 2086 & 1 \\ 1 & 1521 & 1 \\ 1 & 1519 & 5 \\ 1 & 1791 & 1 \\ 1 & 1762 & 0 \\ & \vdots & \end{bmatrix} \qquad (2.14)$$

然后求解 $\boldsymbol{\theta} = (\boldsymbol{X}^T \boldsymbol{X})^{-1} \boldsymbol{X}^T \boldsymbol{y}$，得：

$$\boldsymbol{\theta} = \begin{bmatrix} 3.954 \\ 7.243 \times 10^{-5} \\ 0.108 \end{bmatrix} \begin{array}{l} \text{截距} \\ \text{长度的斜率} \\ \text{回复数量的斜率} \end{array} \qquad (2.15)$$

有趣的是，当我们加入额外的参数 θ_2 时，θ_1 和 θ_0 的值与我们之前拟合的模型的值不同（比较公式（2.11）和公式（2.15））。关键是，在我们的新模型中，与长度这一项相关的斜率（θ_1）减小了。我们将在 2.4 节讨论如何解释这些参数。

使用sklearn库的回归

各种库都支持本章中介绍的基本机器学习技术，同时事实上它们可以通过标准线性代数运算相对直接地进行实现。在这里，我们介绍了使用 scikit-learn 库的实现方法，尽管其他实现方法也遵循类似的接口。请再次注意，所有代码示例的详细版本都包含在在线补充材料中（见 1.4 节）。

首先，我们加载数据集。在这里，我们以 json 格式读取我们的样本（在这种情况下是一个包含 100 条评论的玩具数据集 ）⊖，这将产生一个包含 100 个词的列表：

```
1  data = []
2  for l in open('fantasy_100.json'): # Goodreads 的 100 篇玄幻
      小说评论
3      d = json.loads(l)
4      data.append(d)
```

接下来，我们从数据集中提取标签和特征。在这种情况下，我们训练一个预测器（作为评论长度的函数）去估计评分，如公式（2.6）所示：

```
5  ratings = [d['rating'] for d in data] # 我们想要预测的输出
6  lengths = [len(d['review_text']) for d in data] # 用于预
      测的特征
```

为了对这些数据进行回归，我们必须首先构建特征矩阵 X 和标签向量 y。请注意，在我们的特征矩阵中包含一个常数特征 ⊖：

```
7  X = numpy.matrix([[1,l] for l in lengths])
8  y = numpy.matrix(ratings).T
```

从这里开始，回归仅仅是将我们的特征和标签传递给 sklearn 库中适当的模型。这样做之后，我们可以提取系数 θ：

```
9   model = sklearn.linear_model.LinearRegression(fit_intercept=
       False)
10  model.fit(X,y)
11  theta = model.coef_
```

最后，我们通过手动确认方程（2.10）的伪逆产生了相同的结果：

```
12  numpy.linalg.inv(X.T*X)*X.T*y
```

在这两种情况下，我们发现 $\theta=(3.983, 1.193 \times 10^{-4})$，如图 2.4 所示。

2.2   评估回归模型

在开发早期的线性模型时，"最佳拟合线"（或一般的最佳拟合模型）的含义有些不精确。事实上，伪逆不是公式（2.8）中给出的方程组的"解"，而仅仅是一个近似值（最佳拟合线并不完全经过所有的点）。

在这里，我们想要更精确地说明一个模型"好"的含义。这是拟合和评估任何机器学习模型时的一个关键问题：我们需要一种方法来量化模型与给定数据的拟合程度。给定一个成功的期望度量，我们可以将替代模型与此度量进行比较，并设计优化方案来直接优化期望的度量。

2.2.1   均方误差

在评估回归算法时，一个常用的评估标准被称为均方误差（Mean Squared Error，MSE）。一个模型 $f_\theta(X)$ 和一组标签 y 之间的 MSE 定义为：

⊖ json 是一种结构化的数据格式，由键 - 值对组成（其中，值可以是列表或其他 json 对象）。见 www.json.
   org/。

⊖ 尽管在实践中可以排除这种情况，θ_0 也可以通过在库中设置 fit_intercept=True 来进行拟合。在这里我们还是手动将其包含在内。

$$\mathrm{MSE}(\boldsymbol{y}, f_{\boldsymbol{\theta}}(\boldsymbol{X})) = \frac{1}{|\boldsymbol{y}|} \sum_{i=1}^{|\boldsymbol{y}|} (f_{\boldsymbol{\theta}}(\boldsymbol{x}_i) - y_i)^2 \qquad (2.16)$$

换句话说，MSE 是模型的预测值和标签之间的平均平方差。通常结果报告的评估标准还有均方根误差（Root Mean Squared Error，RMSE），即 $\sqrt{\mathrm{MSE}(\boldsymbol{y}, f_{\boldsymbol{\theta}}(\boldsymbol{X}))}$。RMSE 有时更可取，因为它与原始标签的规模一致。

经过一些推导可以发现，与标签 $\boldsymbol{y}$ 相比，MSE 最小化的线性模型 $f_{\boldsymbol{\theta}}(\boldsymbol{X})$ 是通过使用公式（2.10）中的伪逆来得到的。我们将此作为习题（见习题 2.6）。

2.2.2　为什么是均方误差

虽然 MSE 与伪逆存在实用的关系，但在其他方面，MSE 似乎是一种对误差测量较为随意的选择。例如，在一开始就计算平均绝对误差（Mean Absolute Error，MAE）等误差测量可能会更明显：

$$\mathrm{MAE}(\boldsymbol{y}, f_{\boldsymbol{\theta}}(\boldsymbol{X})) = \frac{1}{|\boldsymbol{y}|} \sum_{i=1}^{|\boldsymbol{y}|} |f_{\boldsymbol{\theta}}(\boldsymbol{x}_i) - y_i| \qquad (2.17)$$

或者，为什么不计算模型误差超过一星（one star）的次数呢？就此而言，为什么不测量平均立方误差？

为了证明 MSE 是一个合理的选择，我们需要表明什么类型的误差比其他误差更"可能"出现。从本质上讲，MSE 对小误差给予非常小的惩罚，而对大误差给予非常大的惩罚，这与 MAE 形成了鲜明的对比。MAE 是根据误差的大小来精确地给予惩罚。因此，MSE 似乎假设小误差是常见的，而大误差是特别罕见的。

我们在这里非正式地讨论了在某些模型下误差如何分布的概念。在形式上，我们假设标签等于我们模型的预测值与一些误差的总和：

$$\boldsymbol{y} = \underbrace{f_{\boldsymbol{\theta}}(\boldsymbol{X})}_{\text{预测值}} + \underbrace{\epsilon}_{\text{误差}} \qquad (2.18)$$

同时，我们的误差遵循某种概率分布。在这里我们的论点是小误差是常见的，而大误差是非常罕见的。这表明误差的分布可能遵循钟形曲线，使得我们可以用高斯分布（或"正态分布"）来捕捉：

$$\epsilon \sim \mathcal{N}(0, \sigma^2) \qquad (2.19)$$

（零均值）高斯分布的密度函数如下所示：

$$f'(x') = \frac{1}{\sigma\sqrt{2\pi}} \mathrm{e}^{-\frac{1}{2}\left(\frac{x'}{\sigma}\right)^2} \qquad (2.20)$$

（我们使用符号 f' 和 x' 以避免与其他地方的 f 和 x 混淆）。因此，大小为 $y_i - f_{\boldsymbol{\theta}}(x)$ 的误差的概率密度为：

$$\frac{1}{\sigma\sqrt{2\pi}} \mathrm{e}^{-\frac{1}{2}\left(\frac{y - f_{\boldsymbol{\theta}}(x)}{\sigma}\right)^2} \qquad (2.21)$$

该密度函数如图 2.5 所示。

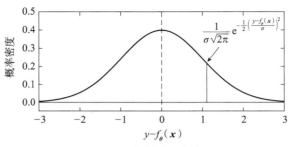

图 2.5   高斯误差密度

2.2.3   模型参数的极大似然估计

在定义了密度函数之后，我们现在可以更正式地推理一个特定的模型与数据的"良好"拟合意味着什么。换句话说，我们想问一个特定的模型在给定误差分布下的可能性有多大。

具体来说，公式（2.21）中的密度函数为我们提供了一种方法，即在某些特定误差分布下（在这种情况下是高斯分布），给定特征 $\boldsymbol{X}$ 和模型 $\boldsymbol{\theta}$，将概率（或似然性）分配给一组特定的标签 $\boldsymbol{y}$ 的方法：

$$\mathcal{L}_{\theta}(\boldsymbol{y}\,|\,\boldsymbol{X}) = \prod_{i=1}^{|\boldsymbol{y}|} \frac{1}{\sigma\sqrt{2\pi}} e^{-\frac{1}{2}\left(\frac{y_i - f_{\boldsymbol{\theta}}(\boldsymbol{x}_i)}{\sigma}\right)^2} \tag{2.22}$$

从本质上讲，我们要选择 $\boldsymbol{\theta}$ 以最大化这种似然性。我们的目标是选择与该误差分布一致的 $\boldsymbol{\theta}$ 值，也就是说，选择一个可能产生许多小误差但很少产生大误差的模型。

确切地说，我们想要找到 $\arg\max_{\theta}\mathcal{L}_{\theta}(\boldsymbol{y}\,|\,\boldsymbol{X})$，而这个过程（找到在某个误差分布下最大化似然的模型 $\boldsymbol{\theta}$）被称为极大似然估计（Maximum Likelihood Estimation，MLE）。我们通过取对数以及去除不相关的项（π, σ）来求解 $\arg\max_{\theta}\mathcal{L}_{\theta}(\boldsymbol{y}\,|\,\boldsymbol{X})$：

$$\arg\max_{\boldsymbol{\theta}} \mathcal{L}_{\theta}(\boldsymbol{y}\,|\,\boldsymbol{X}) = \arg\max_{\boldsymbol{\theta}} \ell_{\theta}(\boldsymbol{y}\,|\,\boldsymbol{X}) \tag{2.23}$$

$$= \arg\max_{\boldsymbol{\theta}} \log \prod_{i=1}^{|\boldsymbol{y}|} \frac{1}{\sigma\sqrt{2\pi}} e^{-\frac{1}{2}\left(\frac{y_i - f_{\boldsymbol{\theta}}(\boldsymbol{x}_i)}{\sigma}\right)^2} \tag{2.24}$$

$$= \arg\max_{\boldsymbol{\theta}} \sum_i \log e^{-\frac{1}{2}\left(\frac{y_i - f_{\boldsymbol{\theta}}(\boldsymbol{x}_i)}{\sigma}\right)^2} \tag{2.25}$$

$$= \arg\max_{\boldsymbol{\theta}} -\sum_i \left(y_i - f_{\boldsymbol{\theta}}(\boldsymbol{x}_i)\right)^2 \tag{2.26}$$

$$= \arg\min_{\boldsymbol{\theta}} \sum_i \left(y_i - f_{\boldsymbol{\theta}}(\boldsymbol{x}_i)\right)^2 \tag{2.27}$$

$$= \arg\min_{\boldsymbol{\theta}} \frac{1}{|\boldsymbol{y}|} \sum_i \left(y_i - f_{\boldsymbol{\theta}}(\boldsymbol{x}_i)\right)^2 \tag{2.28}$$

在上述公式中需要特别注意的是，在高斯误差模型下，$\boldsymbol{\theta}$ 的极大似然解恰好是 MSE，这表明了 MSE 和 MLE 之间的关系（见图 2.6）。

这些论点可能看起来只是数学上的好奇心，事实上在实践中我们经常会最小化 MSE，而并不细究为何这样做。然而，当我们开发分类模型（见第 3 章）、推荐系统（见第 5 章）

> 我们在 2.2.2 节中提出的论点解释了我们选择均方误差（MSE）背后的动机：通过选择 MSE 作为我们的误差指标，我们隐式地假设模型误差遵循高斯分布。这一假设可以通过以下事实来解释：在高斯分布模型下，最小化 MSE 可以使观测误差的似然最大化。

图 2.6   MSE 和 MLE

和序列挖掘（见第 7 章）时，误差函数和概率之间的这种关系会经常出现。总结起来，一共有以下几个关键点：

（1）当我们优化某个误差准则时，我们通常会对误差如何分布做出隐式的假设。

（2）有时模型因为违背了这些假设而不能很好地拟合数据集。理解基本的假设可以让我们有机会诊断问题并尝试纠正这些问题（见 2.2.5 节）。

（3）在我们后面拟合的许多模型中（包括在第 3 章开发分类器时的模型），我们将使用这种风格的概率语言，也就是说，我们将讨论一些观测到的在某种模型下具有很高的似然性的数据集。我们将使用相同的策略来拟合这种模型，即选择一个使相应似然最大化的模型。

2.2.4   决定系数 R^2

选择 MSE 作为期望度量后，值得问的是，MSE 应该低到什么程度，我们才会认为模型"足够好"？

这个量并没有很好的定义：MSE 将取决于数据集的规模和变异性，以及任务的难度。例如，预测 5 分制的评分可能比预测 100 分制的评分有更低的 MSE 值。另一方面，如果 100 分制的评分高度集中（如几乎所有的评分都在 92 ~ 95 分之间），情况可能就不是这样了。最后，在这两种情况下，MSE 都可能会较高，这仅仅是因为缺少可以让我们准确预测评分的可用特征。

因此，我们希望对模型误差进行校准测量。正如我们刚才所讨论的，MSE 和数据的方差是相关的，这种关系很容易看出，如下所示：

$$\bar{y} = \frac{1}{|\boldsymbol{y}|}\sum_i y_i \tag{2.29}$$

$$\mathrm{var}(\boldsymbol{y}) = \frac{1}{|\boldsymbol{y}|}\sum_i (y_i - \bar{\boldsymbol{y}})^2 \tag{2.30}$$

$$\mathrm{MSE}(\boldsymbol{y}, f_{\boldsymbol{\theta}}(\boldsymbol{X})) = \frac{1}{|\boldsymbol{y}|}\sum_i (y_i - f(\boldsymbol{x}_i))^2 \tag{2.31}$$

换句话说，对于总是估计 $f(\boldsymbol{x}_i) = \bar{y}$ 的简单预测器来说，MSE 等价于方差 ⊖。因此，方差可以作为 MSE 标准化的一种方式：

$$\mathrm{FVU}(\boldsymbol{y}, f_{\boldsymbol{\theta}}(\boldsymbol{X})) = \frac{\mathrm{MSE}(f, f_{\boldsymbol{\theta}}(\boldsymbol{X}))}{\mathrm{var}(\boldsymbol{y})} \tag{2.32}$$

这个量称为未知方差的分数（Fraction of Variance Unexplained，FVU）。与总是预测平均值的预测器（即完全解释不了变异性的预测器）相比，FVU 主要测量的是模型解释数据变异性的程度。

FVU 的取值范围为 0 ~ 1：为 0 时表示是一个完美的分类器（MSE 为 0），为 1 时表示

⊖   请注意，如果使用 $f(\boldsymbol{x}_i) = \theta_0$ 的形式的简单预测器，这是我们能做到的最好结果（见习题 2.3）。

是一个简单的分类器 $\ominus$。

通常，我们报告的决定系数 R^2 就是 1 减去 FVU 的值：

$$R^2 = 1 - \frac{\mathrm{MSE}\big(\boldsymbol{y}, f_{\boldsymbol{\theta}}(\boldsymbol{X})\big)}{\mathrm{var}(\boldsymbol{y})}\tag{2.33}$$

对此，一个完美的预测器的值是 1，一个简单的预测器的值是 0。"R^2"这个名称来自根据预测值和标签之间的相关性得出的同一数值的不同方法 $\ominus$。

2.2.5　如果误差不是正态分布该怎么办

我们的上述论点描述了 MSE 和正态分布（高斯分布）之间的关系。总之，只要模型误差预期集中在 0 附近，并且没有较大的异常值，MSE 便是一个合理的选择。

但是，如果这些假设不成立，我们能做什么？首先，我们要第一时间考虑如何验证这些假设。回想一下，我们基本假设认为残差为：

$$r_i = y_i - f_{\theta}(\boldsymbol{x}_i)\tag{2.34}$$

这遵循正态分布。首先，一个简单的图可能可以揭示残差是否遵循期望的总体趋势。

图 2.7a 显示了一个简单预测任务的残差 r_i 的直方图。在该预测任务中，我们根据用户性别预测评论长度（稍后在 2.3.2 节中讨论）。虽然该图呈轻微的钟形，但它在几个关键方面偏离了正态分布，例如：

- 残差似乎并不以零为中心。事实上，平均残差是 $0^{\ominus}$，尽管直方图中的最大区间略低于 0。
- 该图存在一些较大的异常值（即长度被低估的超长评论）。
- 该图不存在较小的异常值，同时也几乎没有"左尾"，也就是说，模型从来没有显著地过度预测。

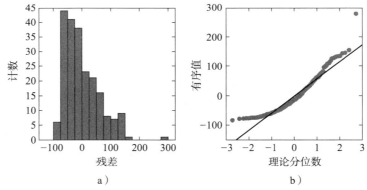

图 2.7　观测到的残差直方图（图 a）和残差与正态分布下的理论分位数（图 b）的比较

虽然图 2.7a 使得我们可以快速评估残差是否遵循正态分布，但是通过将正态分布的理论分位数和观测到的残差进行比较可以更精确地显示这一点，如图 2.7b 所示 $^{\textcircled{a}}$。该图本质上是将（排序的）残差与从正态分布中采样相同数量的值所期望的残差进行比较：如果残差遵

$\ominus$　如果我们的分类器比简单的分类器差，那么 FVU 可以大于 1。

$\ominus$　我们暂时省略这个替代的推导，但我们会在 4.3.4 节简要回顾相关的概念。

$\ominus$　事实上，这类线性回归模型的平均残差总是零（见习题 2.7）。

$\textcircled{a}$　这种类型的诊断图可以通过库函数轻松生成，例如，这个图是使用库 scipy.stats.probplot 生成的。

循正态分布，绘制这些量之间的关系会得到一条直线。同样，该图基本上揭示了其中存在一个不寻常的异常值，同时残差缺少了预期的左尾（即，过度预测）。请注意，这种相同类型的诊断工具可以用来以相同的方式将我们的残差和任何假设分布进行比较。

虽然这是确定残差是否服从正态分布的一种诊断方法，但更困难的问题是如何纠正这些差异。我们对此提供了一些一般准则，如下所示：

去除异常值：基于正态分布（以及 MSE）惩罚大误差的方式，它们对异常值特别敏感。在某种程度上，极长的评论不符合数据的惯常行为，我们可以在训练之前丢弃它们。

选择一个对异常值不太敏感的误差模型：例如 MAE 对较大的预测失误给予较小的惩罚，因此异常值对模型的影响较小。

选择一个偏态分布：在这个例子中我们预测的是一个长度。根据定义，这个长度有下界（长度为 0），而没有上界。因此，这将会有一个低于预测的长尾，但不会有大量的过高预测。我们可以通过使用偏态分布（如 Gamma 分布）对数据进行建模来解释这一点。

拟合一个更好的模型：注意，图 2.7 中的诊断是误差的函数而不是原始数据的函数。因此，如果我们存在一个可以让我们正确预测异常长评论的长度的特征，那么误差可能变得更符合正态分布。

同样，MSE 通常是安全合理的选择，并且它也不需要过多地检查就可使用。对 MSE 的基本假设有所了解是有用的，这样就可以发现何时违反了这些假设。

2.3　特征工程

在公式（2.3）中使用将特征和标签关联的简单线性方程，但使用线性回归技术对其他类型的关系进行建模方面存在很大的限制。当渐近地和周期性地进行建模时，或是建模特征和标签之间其他非线性关系时，鉴于此类模型的限制，如何实现模型仍然不清楚。

正如我们所见，只要我们适当地转换特征（和标签），复杂的关系可以在线性模型的框架内处理。在实践中，我们模型的成败通常依赖于是否仔细处理数据，以帮助模型发现最显著的关系。事实证明，即使在开发基于图像或文本的深度学习模型时，这种特征工程（feature engineering）的过程也是至关重要的：尽管自动学习复杂非线性关系的前景模糊，但从数据中提取有意义的信号通常是精细的工程，而不取决于是否选择一个更复杂的模型。

2.3.1　简单特征变换

我们在公式（2.6）中拟合的第一个模型揭露了评论长度和评分之间的正相关。然而，使用直线（见图 2.4）似乎不能准确地拟合数据。鉴于使用多项式函数或渐近函数能更好地捕捉趋势（因为评分不能增长到五星级以上），使用直线拟合数据似乎很受限。

我们可能天真地认为这是线性模型的基本限制。但请注意，θ（见公式（2.3））中的线性假设并不妨碍我们拟合（例如）多项式函数。多项式公式如下所示：

$$评分 = \theta_0 + \theta_1 \times 评论长度 + \theta_2 \times 评论长度^2 \tag{2.35}$$

该公式中 θ 是线性的，尽管我们已经转换了 X 的输入特征。

这种思想可以直接应用于拟合多项式函数，如图 2.8 所示 ⊖。

⊖　事实上，这些曲线是通过使用特征 $\frac{长度}{1000}$ 来生成的。正如给定较大的（长度）³ 值时，矩阵的逆 $(X^TX)^{-1}$ 在数值上会变得不稳定。

2.3.2 二元特征和分类特征：独热编码

到目前为止，我们已经处理了有实值输入（特征 X）和实值输出（标签 y）的回归问题。而对于特征为二元或分类的情况，我们该怎么办？

我们将用户评论长度是否可以通过用户性别来预测（或者更简单地说，是否与用户性别有关）作为示例。为此，我们将查看另一个包含用户性别的数据集（来自文献 McAuley et al.，2012）的几百条啤酒评论）。

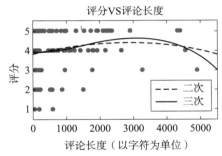

图 2.8 最佳拟合的二次多项式和三次多项式

也就是说，我们希望模型的形式为：

$$长度 = \theta_0 + \theta_1 \times 性别 \tag{2.36}$$

显然，性别（该数据集中用字符串表示）不是一个数字，因此我们需要对性别变量进行一些适当的编码。

我们将性别视为一个二元变量。考虑到非二元性别变量（并考虑性别丢失的可能性，就像在这个数据集中一样），我们稍后将放宽这一假设，但目前我们将性别变量编码为：

$$男 = 0，女 = 1 \tag{2.37}$$

或者，这只是一个指定用户是否为女性的二元指示符。这种编码虽然只是我们可能用过的几种编码之一，但它使我们能够拟合线性模型，并估计 θ_0 和 θ_1 的值。我们拟合的模型（去除没有指定性别的用户后）为：

$$长度（以词为单位）= 127.07 + 8.76 \times 用户为女性 \tag{2.38}$$

稍加思考，我们可以把模型参数解释为：平均而言，女性比男性写的评论略长（8.76个单词）。请注意，127.07 不是所有人的平均值，而是男性写的评论的平均值（其性别特征为零）。

数据散点图（即编码的性别属性和评论长度），以及上述的最佳拟合线如图 2.9 所示。请注意，虽然我们已经用直线拟合了数据（见图 2.9a），但实际特征值只占据了两个点（0 和 1）。因此，用柱状图来表示拟合效果可能更好（见图 2.9b）。

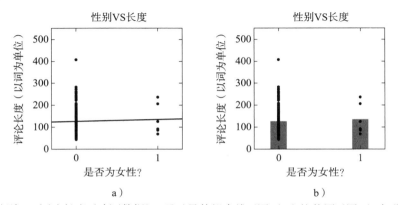

图 2.9 性别 VS 评论长度（啤酒数据）。通过最佳拟合线（图 a）和柱状图（图 b）来进行可视化

类别特征

实际上，在一些数据集中，性别属性可能不只是二元标签。为了适应这种情况，我们可能会天真地想象将公式（2.37）中的编码扩展到包含额外的值：

$$
\begin{aligned}
男性 &= 0 \\
女性 &= 1 \\
其他 &= 2 \\
未指定 &= 3
\end{aligned}
\qquad（2.39）
$$

…

我们再次拟合与公式（2.36）相同的模型。这样我们可以得到一个拟合模型，如图 2.10a 所示。

请注意，图 2.10a 中拟合的模型隐式地做出了一些可疑的假设。例如，由于模型是线性的，因此它假设"男性"和"女性"的评论长度之间的差异与"女性"和"其他"的评论长度之间的差异相同 ⊖。

这个假设并没有得到数据的支持。事实上，如果我们简单地对公式（2.39）中的指标重新排序，情况就会有所不同。相反，我们希望将不同的预测与每组的成员相联系，如图 2.10b 所示。这可以通过一个不同的编码来实现：

$$
\begin{aligned}
男性 &= [0, 0, 0] \\
女性 &= [0, 0, 1] \\
其他 &= [0, 1, 0] \\
未指定 &= [1, 0, 0]
\end{aligned}
\qquad（2.40）
$$

…

我们可以快速确认，该模型将做出如下预测：

$$
\begin{aligned}
男性&：y=\theta_0 \\
女性&：y=\theta_0+\theta_1 \\
其他&：y=\theta_0+\theta_2 \\
未指定&：y=\theta_0+\theta_3
\end{aligned}
\qquad（2.41）
$$

…

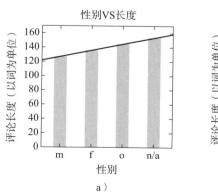
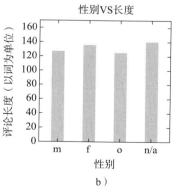

图 2.10　性别 VS 评论长度（啤酒数据）。通过最佳拟合线（图 a）和柱状图（图 b）来进行可视化

⊖　也就是说，男性收到的预测是 θ_0；女性收到的预测是 $\theta_0+\theta_1$；其他收到的预测是 $\theta_0+2\theta_1$，以此类推。

即，θ_0 是对男性的预测，θ_1 是女性和男性之间的差异，以此类推。请注意，我们现在有四个参数去估计四个值，而不是像公式（2.39）那样只有两个参数。因此，该模型具有足够的灵活性去对每个组别进行不同的估计，如图 2.10b 所示。

这种对每个类别都有一个单独的特征维度的编码，称为独热编码（one-hot encoding）。

注意，为了表示公式（2.40）中的四个类别，我们只使用了三维特征（或一般来说，对于 N 个类别，我们可以使用（$N-1$）维编码）。与使用四维特征向量（如，男性 =[0, 0, 0, 1] 等）相比，这可能有点令人困惑，但使用（$N-1$）维特征向量存在以下两个原因：

（1）没有必要使用四维编码。连同 θ_0，公式（2.40）中的表示使用四个参数来预测四个值，因此增加额外的维度并不会增加模型的表达能力，而是多余的。

（2）这样做可能是有害的。虽然增加多余的特征似乎无害，但实际上这样做意味着公式（2.7）中的系统将不再具有唯一的解，因为矩阵 $X^T X$ 是不可逆的。

类似地，在实例可以同时属于多个类别的情况下，可以使用多热编码（multi-hot encoding）。例如，对于"种族"特征，用户可以与多个种族组别相关联（注意，这相当于几个二元特征的拼接）。

2.3.3 缺失特征

通常数据集有缺失的特征。例如 2.3.2 节中作为示例的基础数据中许多用户的性别属性是不确定的。

在处理二元特征或类别特征时，我们非常直接地处理这些缺失值，即我们简单地把"缺失"作为一个额外的类别。

但如果是连续的特征缺失，例如用户的年龄或收入缺失，我们就必须更深入地思考如何处理这种情况。简单地说，我们可以简单地丢弃有缺失特征的示例，但如果这意味着丢弃大量数据的话，那么这种策略会使模型性能受损。

或者，我们可以使用特征的平均值（众数）代替缺失值，这种策略被称为特征插补（feature imputation）。这可能比丢弃特征更有效，但也可能会引入一些偏置，如特征未指定的用户可能与平均值或众数有很大不同。

为了避免这些问题，我们希望采用一种策略，即当特征可用时使用该特征，当特征不可用时对没有这些特征的用户单独进行预测。这可以通过以下策略实现：对于有时缺失的任何特征 x，使用两个特征 x' 和 x'' 替换 x，如下所示：

$$x' = \begin{cases} 1 & \text{特征缺失时} \\ 0 & \text{其他} \end{cases}, \quad x'' = \begin{cases} 0 & \text{特征缺失时} \\ x & \text{其他} \end{cases} \tag{2.42}$$

接下来，像之前一样，这些参数可以使用一个模型来进行拟合：

$$y = \theta_0 + \theta_1 x' + \theta_2 x'' \tag{2.43}$$

这种表示可能看起来有点随意，但一旦我们扩展了缺失和非缺失的特征的表达式，这便是有意义的。例如，当特征可用时，我们可以根据以下公式进行预测：

$$y = \theta_0 + \theta_2 x \tag{2.44}$$

而当特征缺失时，我们可以根据以下公式进行预测：

$$y = \theta_0 + \theta_1 \tag{2.45}$$

这达到了我们期望的效果：当特征可用时我们可以正常预测，而当特征不可用时我们可以使用一个学习到的值（θ_1）来进行预测。注意，这个策略与特征插补非常相似，但比起使用一种启发式插补策略，该模型将直接学习到最好预测来进行插补。

2.3.4 时序特征

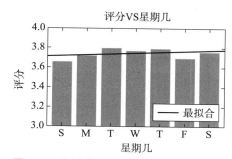

图 2.11 评分作为工作日的函数以及该函数的最佳拟合线

时序特征在各种情况下都可以促成优秀的预测器。诸如评分、点击和购买等结果经常受到诸如星期几、季节或跨越数年的长期趋势等因素的影响。

让我们探讨一个示例，在该示例中，我们试图根据一本书在 Goodreads 上被输入的日期来预测该书的评分。如图 2.11 所示，我们描绘了每个工作日的平均评分 $^{\ominus}$。

和前面一样，我们可以尝试用一条直线描述这种关系，也就是说，要拟合以下这种形式的模型：

$$评分 = \theta_0 + \theta_1 \times 星期几 \tag{2.46}$$

为了让该公式有意义，我们需要把星期几映射成一个数字。一种简单的编码可能是按顺序分配数字，例如：

$$星期日 = 1, 星期一 = 2, 星期二 = 3, \cdots \tag{2.47}$$

使用这种表示方式来拟合公式（2.46）可以得到图 2.11 中描绘的最佳拟合线，它显示了在一周中，随着时间的推移评分有轻微的上升趋势。

图 2.11 中的线性趋势似乎对数据的拟合相当差。我们可以考虑拟合更复杂的函数（如多项式），以更好地捕捉观测到的数据。但考虑到我们的模型本质上是周期性的：星期日（以 1 表示）至星期六（以 7 表示），或者我们也可以很容易地将星期三表示为 1，星期二表示为 7。这些选择看似随意，但却以意想不到的方式影响着我们的模型。

如果我们将模型在两周内的预测可视化，这一点可能会更清晰如图 2.12 所示，公式（2.47）中的编码形式对应于每周重复的不现实的"锯齿"模式。

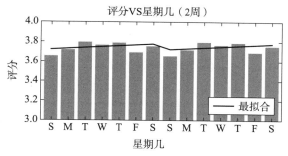

图 2.12 如果我们认为每周测量是周期性的，那么我们将意识到用线性趋势拟合周期性数据似乎是不现实的

使用一个周期性函数来对这样的数据进行建模可能很有吸引力，例如：

$\ominus$　同样是基于来自 Fantasy 类型评论的小样本。

$$\text{评分} = \theta_0 + \theta_1 \times \sin\left(\left(\text{日期} + \theta_2\right) \times \frac{2\pi}{7}\right) \tag{2.48}$$

然而请注意,这类模型不是线性的(考虑到 θ_2),并且不能用我们目前看到的方法来拟合。此外,这样的形式化仍有很大的限制性,同时也可能包含不现实的假设。

更直接地说,我们可以再次使用独热编码来编码星期几,就像我们在公式(2.40)中对性别所做的那样:

$$\begin{aligned}
\text{星期日} &= [0,0,0,0,0,0] \\
\text{星期一} &= [0,0,0,0,0,1] \\
\text{星期二} &= [0,0,0,0,1,0]
\end{aligned} \tag{2.49}$$

$$\cdots$$

这样的模型可以直接捕捉到周期性的趋势(本质上与"阶跃函数"相对应,正如我们在图 2.12 中看到的那样)。我们还可以把几个这样的编码(如,几点钟、月份等)结合起来,以捕捉不同规模的周期性模式。

我们将在第 7 章重新讨论时序动态的关键作用(并探索更复杂的时序表示)。

2.3.5   输出变量的转换

最后,正如我们在 2.3.1 节中看到的如何转换特征一样,我们也可以转换我们的输出变量。

例如,让我们考虑拟合一个模型,以确定 Reddit(Lakkaraju et al.,2013)上重新提交的帖子是否获得较少的赞成票:

$$\text{赞成票} = \theta_0 + \theta_1 \times \text{提交编号} \tag{2.50}$$

(其中"提交编号"为"1"代表首次提交,为"2"代表首次重新提交等)。我们在图 2.13a 中描绘了该模型及其所依据的观测结果。

虽然最佳拟合线显示出有轻微的下降趋势,但它似乎和数据的整体形状并不十分对应。仔细观察图 2.13 中的数据,我们可以假设数据遵循指数递减的趋势。例如,每当你重新提交一个帖子,你都可以期望收到一半的赞成票。

同样地,有人可能会认为这种趋势是线性模型无法捕捉到的。但实际上,我们可以通过转换输出变量 y 来解决这个问题。例如,考虑以下这种拟合方式:

$$\log_2(\text{赞成票}) = \theta_0' + \theta_1' \times \text{提交编号} \tag{2.51}$$

现在,预测的一个单位变化对应于一个帖子收到两倍的赞成票。虽然这仍然是一个线性模型,但该模型对应于以下这种拟合方式:

$$\text{赞成票} = 2^{\theta_0' + \theta_1' \times \text{提交编号}} \tag{2.52}$$

转换后的数据和最佳拟合线如图 2.13b 所示。

可以说,第二条线更好地捕捉了总体趋势,并且没有异常值的问题。如果我们通过公式(2.52)将公式(2.51)中的拟合值转换回原始规模,那么转换后的值实际上比公式(2.50)中的模型的 MSE 低 10% 左右,这表明与未转换的数据相比,转换后的数据更接近于线性趋势。

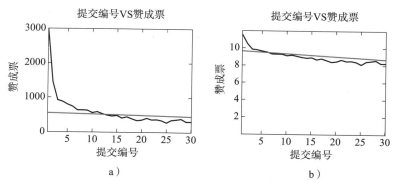

图 2.13　Reddit 上赞成票 VS 提交编号。图 a 显示的是原始数据（平均赞成票数），图 b 显示的是赞成票数的对数，其中也包含两个图的最佳拟合线

2.4　解释线性模型参数

在分析迄今为止的线性模型时，我们已经讨论了如何根据总体趋势、相关性和组间差异等方面解释它们的参数。

虽然随意解释各种特征的含义很容易，但是我们在解释时必须谨慎和精确。

首先，我们应该精确地解释斜率和截距项。例如，当我们将评分建模为评论长度的函数（见公式（2.12））时，我们指出，在我们的模型下，评分对评论中的每个字符呈分数增长（1.193×10^{-4}）。

这种解释在模型只包含单一特征的情况下是有意义的，但一旦我们包含多个特征，我们就必须更加小心。例如，考虑公式（2.15）中的模型，其中将评论长度和回复数量作为预测器。我们不能再说，在这个模型下，评论中的每个字符的评分都会增加（7.243×10^{-5}）。准确地说，我们必须这样解释参数：假设其他特征保持不变，我们预测评论中的每个字符的评分都会增加 7.243×10^{-5}。图 2.14 精确说明了该定义。

> 给定一个线性模型 $y=X\theta$，我们对参数 θ_k 的解释如下所示：
> 对于 x_{ik} 中每一单位变化，如果所有其他特征的值保持不变，我们预测输出 y_i 将增加 θ_k。值得注意的是，我们讨论的是模型的预测（而不是标签的实际变化）。如果包含不同的特征，它有可能会发生变化，而且我们必须包括其他特征保持不变的条件，否则我们将无法解释不同特征之间的潜在相关性。

图 2.14　线性模型的参数解释

重要的是，评论长度和回复数量的特征可能是高度相关的（如，我们可能很少看到较长的评论却没有较多回复的情况）。例如，在纳入基于多项式函数的特征时（见公式（2.35）），或在处理独热编码时（见公式（2.39）），一个特征不能在其他特征改变的情况下发生变化。

其次，在解释参数时，我们应该清楚我们讨论的是特定模型下的预测，而不是标签 y_i 的实际变化。这些预测可能会随着我们增加额外的特征而改变，或者一个之前预测过的特征可能在另一个特征出现时变得不那么重要（见公式（2.15））。同样地，我们应该注意不要仅仅因为另一个相关的特征有更强的关系，就断定（例如）长度与输出变量无关。

最后，我们应该注意不要做出输出变量上特征间的因果关系的陈述。最佳拟合线并没有说长评论会"导致"正面的意见，也没有说正面的意见会"导致"长评论。

2.5   梯度下降拟合模型

到目前为止，在解决回归问题时，我们寻求的是解析解。也就是说，我们在 X、y 和 θ 之间建立了一个方程组（见公式（2.3）），并试图求解 θ（尽管是通过伪逆近似得到的）。

当我们开始拟合更复杂模型时（包括第 3 章），一个解析解可能不再有用。

梯度下降（gradient descent）是一种寻找函数最小值的方法，基于初始起点迭代寻找更好的解。该过程（见图 2.15）的操作步骤如下所示：

（1）首先对 θ 初步猜测。

（2）计算导数 $\frac{\partial}{\partial\theta}f(\theta)$。这里 $f(\theta)$ 是模型 θ 下的 MSE（或我们要优化的任何标准）。

（3）更新对 θ 的估计：$=\theta-\alpha\cdot f'(\theta)$。

（4）重复步骤（2）和（3），直到收敛。

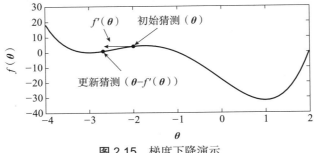

图 2.15   梯度下降演示

在每次迭代中，该过程遵循最陡峭的下降路径，并将逐渐到达函数 f_θ 的最小值 ⊖。

以上是对该程序的简单描述，其中省略了许多细节。在实践中，我们将主要依赖于高级库来实现基于梯度的方法（见 3.4.4 节）。简而言之，要"从零开始"实现这种技术，主要存在以下的一些问题：

- 鉴于图 2.15 中的起始点，该算法只能达到局部最优而非全局最优。为了解决这个问题，我们可以研究关于如何提出更好的 θ 的初始"猜测"，或研究不易受局部最小值影响的梯度下降的变体。
- 必须谨慎选择步长 α（步骤（3））。如果 α 太小，该过程将收敛得非常缓慢；如果 α 太大，该过程可能会"越过"最小值并在下一次迭代中得到一个更糟糕的解。同样，除了仔细调整这个参数外，我们还可以研究不依赖于选择这个速率的优化方法（例如，拟牛顿法、L-BFGS（Liu and Nocedal，1989））。
- 步骤（4）中定义的"收敛"并不明确。我们可以根据两次连续的迭代中 θ（或 $f_\theta(X)$）的变化来定义收敛，或者，一旦我们在保留的（验证）数据上不再取得进展，我们就可以终止该算法（见 3.4.2 节）。

通过梯度下降进行线性回归

为了巩固上述的观点，我们将线性模型的 MSE 最小化作为具体示例，即

⊖ 假设函数"表现良好"，如目标有下界，函数处处可微，尽管在处理简单模型和如同 MSE 的误差函数时这些都几乎不是问题。

$$\frac{1}{|\boldsymbol{y}|}\sum_{i=1}^{|\boldsymbol{y}|}\left(x_i\cdot\boldsymbol{\theta}-y_i\right)^2 \tag{2.53}$$

导数 $f'(\boldsymbol{\theta})$ 的计算公式如下所示：

$$\frac{\partial f}{\partial\theta_k}=\frac{1}{|\boldsymbol{y}|}\sum_{i=1}^{|\boldsymbol{y}|}2x_{ik}\left(x_i\cdot\boldsymbol{\theta}-y_i\right) \tag{2.54}$$

注意，以上是 θ_k 的偏导数，必须对每个特征维度 $k=\{1,\cdots,K\}$ 进行计算[⊖]。

2.6　非线性回归

到目前为止，我们的讨论仅限于 $\boldsymbol{y}=\boldsymbol{X\theta}$ 形式的模型，这主要是因为这些模型为我们提供了一种方便的解（解析解），使得我们可以找到 $\boldsymbol{\theta}$ 的最佳拟合线。

然而，这种模型有一些我们可能希望克服的限制，例如：

- 我们不能在参数中加入简单的约束，如某个参数应该是正数，或某个参数大于另一个参数（这可能是基于某个问题的领域知识）。
- 尽管我们可以手动设计特征的非线性转换（正如我们在 2.3.1 节中所做的那样），但是我们不能让模型自动学习这些非线性关系。
- 该模型不能学习特征之间的复杂交互，例如，只有在用户是女性的情况下长度与评分才相关[⊖]。

如果模型参数可以转换，那么这些目标就有可能实现。例如，我们可以通过拟合来确保某个特定参数始终为正数：

$$\theta_k=\log(1+\mathrm{e}^{\theta'_k}) \tag{2.55}$$

（这被称为"softplus"函数；注意，该函数平滑地将 $\theta'_k\in\mathbb{R}$ 映射到 $\theta_k\in(0,\infty)$ ）。或者如果我们想要一个特征大于另一个特征（如 $\theta_k>\theta_j$ ），我们可以简单地将上面的正数加到另一个特征上：

$$\theta_k=\theta_j+\log(1+\mathrm{e}^{\theta'_k}) \tag{2.56}$$

粗略地说，拟合这些类型的非线性模型（尤其是处理复杂参数组合的模型）是深度学习的基本目标。我们将在后面的章节中介绍各种非线性模型的示例，包括基于深度学习的模型（见 7.6 节和 9.4 节）。在 3.4.4 节中，我们将介绍使用高级优化库来拟合这些类型的模型的基本方法。

案例研究：Reddit上的图像流行度

Lakkaraju 等人（2013）使用回归算法来评估 Reddit 上内容的成功（如赞成票）。除了建立一个准确的预测器之外，他们的主要目标是理解和厘清哪些特征在决定内容流行度方面

⊖　将 $x_i\cdot\boldsymbol{\theta}=\sum_{k=1}^{K}x_{ik}\theta_k$ 展开后，公式（2.54）的导数会更加明显。

⊖　准确地说，线性模型确实在有限的意义上考虑了特征之间的关系，即一个特征的参数将在其他相关的特征的存在下发生变化（见 2.4 节）。而且，如果我们手动设计一个描述这种关系的特征，该模型可以捕捉到例如性别和长度之间的关系。在这里我们的观点是关于模型是否可以自动学习这些关系。

最有影响力。

据推测，成功预测的最大因素之一是内容本身的质量。预测提交的内容是否为高质量的（例如，一张图像是否有趣或有美感）大概是非常具有挑战性的。为了控制内容质量这种高变化因素，Lakkaraju 等人（2013）研究了重新提交的内容，即多次提交的内容（图像）。如果一次提交比另一次提交（相同图像）更成功，那么成功的差异不能归因于内容本身，而必须归因于其他因素，如提交的标题或提交到的社区。

在控制了内容本身的影响后，我们的目标是区分捕捉 Reddit 本身特定动态的特征和那些因标题选择（即内容的"营销"方式）而产生的特征。我们提取了各种特征来对 Reddit 的社区动态进行建模，例如：

- 成功内容的最大预测因素之一是它之前是否提交过（如基于相同数据集的图 2.13）。这是通过指数衰减函数捕捉到的。
- 然而，如果重新提交的时间间隔足够长（当最初的提交被遗忘或社区有足够多的新用户时），上述影响可以得到缓解。这可以使用基于提交之间的时间间隔的倒数的特征来捕获。
- 如果重新提交给基本不重叠的社区（子社区），重新提交仍然可能会成功。
- 提交成功可能与一天中的时间有关。例如，提交可能在一天中流量最高的时候最成功，或者在竞争较少的时候提交也可能更成功。

虽然社区效应在某种程度上是 Reddit 特有的，但衡量特定标题选择的影响可能具有更广泛的意义。在向新市场营销内容（如广告活动）时，理解成功标题的特点会有所启示。

我们可以提取几个特征来捕捉提交标题的动态性，包括：

- 标题应该不同于之前提交的相同内容所使用的标题。
- 标题应该与内容所提交到的社区的期望相一致。有趣的是，Lakkaraju 等人（2013）发现存在一个"最佳点"，即标题应该大致遵循同一社区之前成功提交的语言风格，但不应该太相似，以至于与之前提交的内容相比没有新意（第 8 章将详细讨论文本相似度的测量方法）。
- 成功的标题可能有其他特征，比如在长度、情感和语言风格等方面。

最终，所有这些特征都被结合到一个回归模型中，以评估特定提交将得到的分数（赞成票减去反对票）。

由于特征组合的方式，模型的参数并非线性，因此优化是通过梯度下降进行的（见 2.5 节）。该方法使用决定系数 R^2（见 2.2.4 节）进行评估，实验表明社区和文本特征在预测中都起到关键作用。最后，它表明该方法可以在"开放场景"使用，以预测实际 Reddit 提交的成功。

习题

2.1 使用 Goodreads 数据（见 2.1 节），训练一个简单的预测器，即根据评论长度来估计评分：

$$\text{星级评分} = \theta_0 + \theta_1 \times \text{以字符为单位的评论长度}$$

计算 θ_0、θ_1 的值，以及该预测器的 MSE。

2.2 重新训练你的预测器，以便包含基于回复数量的第二个特征，即

$$星级评分 = \theta_0 + \theta_1 \times 长度 + \theta_2 \times 回复数量$$

计算新模型的系数和 MSE。简要解释为什么这个模型中的系数 θ_1 与习题 2.1 中的不同。

2.3 证明就 MSE 而言，$\theta_0 = \bar{y}$ 是简单预测器（即 $y = \theta_0$）的最佳可能解（提示：写下这个简单预测器的 MSE，并取其导数）。

2.4 重复习题 2.3，但这次要证明，就平均绝对误差（MAE）而言，最佳的简单预测器是通过取 y 的中位值来得到的。

2.5 在公式（2.23）到公式（2.28）中，我们通过解释 MSE 和高斯误差模型的关系来推动 MSE 的选择。同样地，证明如果误差遵循拉普拉斯分布（拉普拉斯分布的概率密度函数为 $\frac{1}{2b} \exp\left(-\frac{|x-\mu|}{b}\right)$），最小化 MAE 等价于最大化似然。

2.6 在公式（2.10）中，我们看到如何通过伪逆来计算最佳拟合线：$\boldsymbol{\theta} = \left(\boldsymbol{X}^{\mathsf{T}}\boldsymbol{X}\right)^{-1}\boldsymbol{X}^{\mathsf{T}}\boldsymbol{y}$。

证明可以通过取伪逆来找到最小化 MSE 的参数，即 $\arg\min_{\boldsymbol{\theta}} \frac{1}{|\boldsymbol{y}|} \sum_{i=1}^{|\boldsymbol{y}|} \left(\boldsymbol{x}_i \cdot \boldsymbol{\theta} - y_i\right)^2 = \left(\boldsymbol{X}^{\mathsf{T}}\boldsymbol{X}\right)^{-1}\boldsymbol{X}^{\mathsf{T}}\boldsymbol{y}$（即找到 $\frac{\partial \mathrm{MSE}}{\partial \boldsymbol{\theta}} = 0$ 处的驻点）。

2.7 在使用习题 2.6 中的线性模型最小化 MSE 时，证明残差 $r_i = \left(y_i - \boldsymbol{x}_i \cdot \boldsymbol{\theta}\right)$ 的平均值 $\bar{r} = 0$。

项目1：出租车小费预测（第1部分）

在本章中，我们看到了处理不同类型特征的各种策略。在我们的第一个项目中，我们将构建一个预测流程来估计出租车旅行的小费金额。对于该项目，你可以使用公开的数据集，如纽约出租车和豪华轿车委员会的行程记录数据[$\ominus$]。

该项目主要是为了介绍探索新数据集、提取其中有意义的信息和比较替代模型的端到端的方法。我们将其分为以下几个部分：

（1）首先，对数据进行探索性分析。正如我们在本章中所做的那样，绘制输出（小费金额）和你认为可能和这一结果有关的各种特征之间的关系。

（2）基于这一分析，思考哪些特征可能对预测有用。例如，考虑与旅行的时间、起始位置和结束位置以及旅行的持续时间 / 距离等相关的特征。

（3）这些特征应该如何表示或转换？例如，如何表示时间戳以捕捉一天、一周、甚至一年时间级别的变化（见 2.3.4 节）？如何表示起始位置和结束位置？是否有一些对预测有用的衍生特征（例如，速度 = 距离 / 时间）？

（4）转换输出变量是否有用（见 2.3.5 节）？例如，比起预测小费金额，预测小费百分比可能更有意义。

一旦我们进一步开发了学习流程，我们将会在第 3 章（见项目 2）中重新讨论和扩展这个项目，以便更严格地调查和比较我们的建模决策。

$\ominus$ www1.nyc.gov/site/tlc/about/tlc-trip-record-data.page。

分类和学习流程

到目前为止，我们已经提到了输出变量y是实数的监督学习任务，即$y \in \mathbb{R}$。通常，我们会处理二元或分类输出变量的问题，例如，我们可能对以下问题感兴趣：

- 用户是否会点击产品或广告？（二元结果）
- 图像包含哪一类对象？（多类）
- 用户最可能购买的下一个产品是什么？（多类）
- 这两个产品用户会更喜欢哪一个？（二元）

在本章中，我们将探索如何为上述任务设计分类算法，特别是探索一个分类器，来将第 2 章回归背后的思想扩展到分类问题。

对数几率回归（logistic regression）使用概率框架建立分类，通过将我们在建立回归器时使用的预测$X \cdot \theta$转换为与观察特定标签y相关的概率。通过将概率和特定标签相关联，从而与数据集中的所有标签相关联，我们可以再次开发出可区分的预测框架，并且使用基于梯度的方法进行优化，就像我们在 2.5 节看到的那样。

对数几率回归归根结底只是几十种分类方案中的一种。我们在这里描述这种方法而不是其他代替方案，例如支持向量机（Cortes and Vapnik，1995）或随机森林分类器（Ho，1995），主要是因为对数几率回归更匹配我们在后面章节中开发的方法。这种类型的建模方法将在本书中使用，不论是在第 5 章构建推荐系统时还是在第 9 章生成时尚服装时。我们将在 3.2 节中简要讨论其他分类方法的优点。

在 3.1 节探索分类技术后，我们将在 3.3 节探讨分类模型的评估策略，就像我们在第 2 章对回归模型所做的那样。

最后，我们将探讨学习流程（learning pipeline）的思想。在为回归（见第 2 章）和分类以及两者的评估策略进行技术开发后，我们将在 3.4 节探讨如何比较模型、如何确保我们的结果是有意义的，以及如何确保我们的模型对于未见过的数据具有良好的泛化作用。在本书的其余部分，只要训练监督学习模型，我们就会使用这种端到端的模型训练策略。

3.1 对数几率回归

在第 2 章开发常规线性回归器时，我们希望有这样一个模型f_θ，其估值$f_\theta(x_i)$尽可能地接近（实值）标签y_i。当采用线性回归算法进行分类时，我们可能会寻找将正值$x_i \cdot \theta$与正标签（$y_i = 1$）相关联以及将负值$x_i \cdot \theta$与负标签（$y_i = 0$）相关联的模型。

如果能做到这一点，我们就可以写下与某个特定模型相关的准确率：

$$\frac{1}{|\boldsymbol{y}|}\sum_{i=1}^{|\boldsymbol{y}|}\underbrace{\delta(y_i=0)\delta(\boldsymbol{x}_i\cdot\boldsymbol{\theta}\leqslant 0)}_{\text{标签为负，预测也为负}}+\overbrace{\delta(y_i=1)\delta(\boldsymbol{x}_i\cdot\boldsymbol{\theta}>0)}^{\text{标签为正，预测也为正}} \tag{3.1}$$

式中 δ 是一个指示函数，如果参数为真返回 1，否则返回 0。尽管该方程中符号有些混乱，但这个方程只是计算我们正确预测一个正标签实例为正值或一个负标签实例为负值（或零）的次数。

现在，我们只希望分类器 $\boldsymbol{\theta}$ 可以最大化公式（3.1）测量的准确率。不幸的是，直接对 $\boldsymbol{\theta}$ 优化公式（3.1）是 NP 难问题，例如，参见文献（Nguyen and Sanner，2013）。为了理解它为什么困难，我们考虑公式（3.1）中的函数本质上是一个阶跃函数（见图 3.1a），也就是说，它几乎在任何地方都是平坦的（导数为零）。因此，正如我们在 2.5 节看到的那样，它不适合使用梯度上升这样的技术。

因此，为了近似地优化准确率，我们希望有一个类似公式（3.1）的函数，并且该函数能够更直接地进行优化。

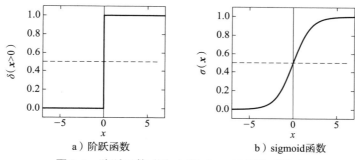

图 3.1　阶跃函数（图 a）和 sigmoid 函数（图 b）

对数几率回归通过一个平滑函数将线性函数 $\boldsymbol{x}_i\cdot\boldsymbol{\theta}$ 的输出转换为概率来实现这一目标。我们的直觉是，$\boldsymbol{x}_i\cdot\boldsymbol{\theta}$ 的较大值应该对应于较高概率，$\boldsymbol{x}_i\cdot\boldsymbol{\theta}$ 的较小值（即，较大负值）应该对应于较低概率。

这个目标可以通过 sigmoid 函数实现：

$$\sigma(x)=\frac{1}{1+\mathrm{e}^{-x}} \tag{3.2}$$

这个函数，如图 3.1b 所示，将一个实值映射到区间（0,1），并当 $x=0$ 时输出结果为 0.5。因此，这可以解释为一个概率：

$$p_{\boldsymbol{\theta}}(y_i=1|\boldsymbol{x}_i)=\sigma(\boldsymbol{x}_i\cdot\boldsymbol{\theta})=\frac{1}{1+\mathrm{e}^{-x_i\cdot\boldsymbol{\theta}}} \tag{3.3}$$

现在，作为公式（3.1）中的表达式的平滑替代，我们可以改为优化以下公式：

$$\mathcal{L}_{\boldsymbol{\theta}}(\boldsymbol{y}|\boldsymbol{X})=\prod_{y_i=1}p_{\boldsymbol{\theta}}(y_i=1|\boldsymbol{x}_i)\times\prod_{y_i=0}\left(1-p_{\boldsymbol{\theta}}(y_i=0|\boldsymbol{x}_i)\right) \tag{3.4}$$

$$=\prod_{y_i=1}\frac{1}{1+\mathrm{e}^{-x_i\cdot\boldsymbol{\theta}}}\times\prod_{y_i=0}\frac{\mathrm{e}^{-x_i\cdot\boldsymbol{\theta}}}{1+\mathrm{e}^{-x_i\cdot\boldsymbol{\theta}}} \tag{3.5}$$

这个表达式是一个似然函数，就像我们在公式（2.22）中看到的那样。直观地说，为了让这个表达式最大化，我们希望正实例（$y_i = 1$）与高概率相关联，负实例（$y_i = 0$）与低概率相关联。

3.1.1　拟合对数几率回归器

我们的目标是最大化上面提到的函数，也就是找到 $\arg\max_{\theta}\mathcal{L}_{\theta}(\boldsymbol{y}\,|\,\boldsymbol{X})$。由于没有解析解，我们的方法是对 $\ell_{\theta}(\boldsymbol{y}\,|\,\boldsymbol{X})$ 取对数（因为 $\arg\max_{\theta}\mathcal{L}_{\theta}(\boldsymbol{y}\,|\,\boldsymbol{X}) = \arg\max_{\theta}\log(\mathcal{L}_{\theta}(\boldsymbol{y}\,|\,\boldsymbol{X}))$）来计算梯度，并通过梯度上升进行优化（见 2.5 节）。我们对梯度的计算如下所示：

$$\ell_{\theta}\big(\boldsymbol{y}\,|\,\boldsymbol{X}\big) = \sum_{y_i=1}\log\left(\frac{1}{1+\mathrm{e}^{-x_i\cdot\theta}}\right) + \sum_{y_i=0}\log\left(\frac{\mathrm{e}^{-x_i\cdot\theta}}{1+\mathrm{e}^{-x_i\cdot\theta}}\right) \tag{3.6}$$

$$= \sum_{i}-\log\big(1+\mathrm{e}^{-x_i\cdot\theta}\big) + \sum_{y_i=0}-x_i\cdot\boldsymbol{\theta} \tag{3.7}$$

$$\frac{\partial\ell}{\partial\theta_k} = \sum_{i}x_{ik}\frac{\mathrm{e}^{-x_i\cdot\theta}}{1+\mathrm{e}^{-x_i\cdot\theta}} - \sum_{y_i=0}x_{ik} \tag{3.8}$$

$$= \sum_{i}x_{ik}\big(1-\sigma\big(\boldsymbol{x}_i\cdot\boldsymbol{\theta}\big)\big) - \sum_{y_i=0}x_{ik} \tag{3.9}$$

请注意，在公式（3.6）和公式（3.7）中，求和的下标发生了变化，这是因为公式（3.6）中的两项都有相同的分母。

3.1.2　小结

以上开发的对数几率回归代表了我们之后在开发评估交互、点击和购买等模型时将会采用的整体方法：

- 我们将概率和每个结果联系起来，而不是直接评估一个结果。将概率和结果相关联，我们就可以用一个连续函数（$f(x) \in (0,1)$）来代替离散结果（如 $y_i \in \{0,1\}$）。这是通过将实值输出映射到所需范围的变换（如 sigmoid 函数）来实现的。
- 该模型应该将正标签（1）和高概率联系起来，将负标签（0）和低概率联系起来。同样，我们也可以通过概率乘积（或概率取对数后的和）将概率和整个数据集联系起来。
- 最终，这些程序让我们可以将模型的质量（以 $\boldsymbol{\theta}$ 为参数）与一个需要尽可能最大化其值的连续函数联系起来。我们通过梯度上升优化该模型。

3.2　其他分类技术

在对分类的介绍中，我们只讨论了一种分类技术：对数几率回归。我们选择探索这种特殊技术主要是出于实际考虑：将一个概率和一个特定的结果联系起来并通过一个二分函数来估计这个概率（以便梯度上升）的想法将在我们开发越来越复杂的模型中反复出现。

然而，我们探索的这种技术只是构建分类器的一类方法。通过平滑函数将二元标签映射到连续概率的具体选择有隐藏的假设和限制，这意味着对数几率回归并不是所有情况的理想分类器。下面我们介绍一些替代方法，主要是供读者进一步阅读，以及针对对数几率回归可能不是最佳选择的具体情况。

支持向量机（Support Vector Machine，SVM）：虽然对数几率回归器优化了与一组观测标签相关的概率，但它们并没有显式地最小化分类器所犯的错误数量。支持向量机（Cortes and Vapnik，1995）将图 3.1 中的 sigmoid 函数替换为一个表达式，该表达式将零成本分配给了正确分类的实例 ⊖，并将正成本 ⊖ 分配给了错误分类的实例（与预测 $\boldsymbol{x}_i \cdot \boldsymbol{\theta}$ 的置信度成正比）。这种区别是相当微妙的：在对数几率回归器中每个样本都会影响 $\boldsymbol{\theta}$ 的优化值，而 SVM 找到的解却完全是由最接近分类边界的几个样本或那些错误标签的样本决定的。从概念上讲，对分类器而言，以这种方式关注最"困难"的样本是很有吸引力的。但需要注意的是，在许多情况下（尤其是在构建推荐系统时），我们的目标是优化排名性能而不是分类准确率（正如我们在 3.3.3 节讨论的那样），因此并不一定需要对最模糊的实例给予特别关注。

决策树（decision tree）：决策树基于一个二元决策序列对实例进行分类，其中每个二元决策都处理一个特定的特征。树的每个节点都基于这样的决策来分离数据，而叶节点负责确定结果。决策树可以直接促进能捕捉特征间复杂交互的非线性分类器的学习。例如，我们可以直接学到，对于年轻人来说，低价与好评有关，而对于老年人来说，高价与好评有关；如果"年龄"和"价格"两个特征都不单独与结果相关联，则线性分类器很难学到这种关联。诸如随机森林（random forest，决策树的集合）（Ho，1995）这样的扩展仍然是流行的分类方式。

多层感知机（multilayer perceptron）：到目前为止，我们关注的是线性分类器，其假设特征与预测的关系较为简单。尽管我们在 2.3 节中认为这种局限性可以通过仔细的特征工程克服，但在理想情况下，我们可能希望自动学习这样的特征转换。揭示特征之间的这种复杂关系以及自动学习非线性特征转换是深度学习（deep learning）的主要目标之一。在本书中，当开发更复杂的模型时，我们将重新讨论这些方法。

本书的其余部分排除了 SVM 和决策树，这主要是因为它们在方法上和我们在后面章节构建的方法没有什么共同之处。我们在 5.5.2 节简要介绍了多层感知机，并描述了它们在基于深度学习的推荐技术上的应用。正如我们试图在本书中反复提到的那样，多层感知机和其他各种最先进的模型只是简单的架构上的选择，它们让我们可以通过更简单的模型来优化相同的目标。在介绍了总体目标和基于梯度的优化方法的基本原理之后，让它们适应替代架构（相对）简单。

3.3　评估分类模型

到目前为止，在开发分类器时，我们关注于最大化标签和模型输出之间的一致性。例如，在对数几率回归的情况下，我们希望预测概率 $p_{\boldsymbol{\theta}}(y_i = 1 | \boldsymbol{x}_i)$ 尽可能地接近标签 y_i。隐式地，当这样做时，我们正试图最大化模型的准确率：

$$准确率\left(\boldsymbol{y}, f_{\boldsymbol{\theta}}(\boldsymbol{X})\right) = \frac{1}{|\boldsymbol{y}|} \sum_{i=1}^{|\boldsymbol{y}|} \delta\left(f_{\boldsymbol{\theta}}(\boldsymbol{x}_i) = y_i\right) \tag{3.10}$$

其中 δ 是一个指示函数，$f_{\boldsymbol{\theta}}(\boldsymbol{x}_i)$ 是模型的二元输出，例如对于对数几率回归，$f_{\boldsymbol{\theta}}(\boldsymbol{x}_i) = \delta(\boldsymbol{x}_i \cdot \boldsymbol{\theta} > 0)$ ⊜。

⊖　更准确地说，按一定的幅度正确分类。

⊖　这不再能解释为一种概率。

⊜　请注意，这等价于公式（3.1）中的表达式。

这等价于我们正在最小化误差，即

$$误差\left(y, f_{\theta}(X)\right) = 1 - 准确率\left(y, f_{\theta}(X)\right) \tag{3.11}$$

为了增加正确评估分类器的难度，可以考虑以下分类任务。在图 2.9 中可以看到性别和评论长度之间有细微的关系。现在，让我们看看是否能开发一个可以基于评论长度来预测性别的简单分类器：

```
1  X = [[1, len(d['review/text'])] for d in data]
2  y = [d['user/gender'] == 'Female' for d in data]
3
4  mod = sklearn.linear_model.LogisticRegression()
5  mod.fit(X,y)
6  predictions = mod.predict(X) # 预测的二元向量
7  correct = predictions == y # 指示哪些预测是正确的二元向量
8  accuracy = sum(correct) / len(correct)
```

令人惊讶的是，这个代码产生的分类器的准确率为 98.5%。这个结果可能看起来难以置信，但事实证明这是误差测量本身的局限。通过计算数据集中的负标签数量，发现数据中有98.5% 的比例是男性（即 98.5% 是负标签）。这不仅揭示了准确率在这种情况下不可能是一个提供有用信息的指标，同时也揭示了优化准确率的目标导致我们学到的是一个没有价值的分类器，即模型在任何地方都简单预测成零。

上述所提到的实例说明了单纯计算（或优化）模型准确率的问题。在以下几种情况，我们可能需要更细致的评估措施：

- 标签高度不平衡的数据集，如前面的例子。
- 不同类型的误差有不同的相关成本的情况。例如，在机场未能发现危险的行李比错误的正例识别是更严重的错误。
- 当使用分类器进行搜索或检索时（就像我们在开发推荐系统时经常做的那样），我们通常关心模型是否能有把握识别一些正实例的能力（如那些浮现在结果页上的实例），而对其总体准确率并不感兴趣。

下面我们将开发旨在处理上述每种情况的误差测量方法。

3.3.1 分类的平衡度量

这里介绍的实例的基本问题是，允许两个标签中的一个主导分类器的目标。尽管在某些情况下，我们可能有理由希望分类器可以更多地关注主导标签，但在这个例子中，我们可能更希望得到一个每类都有合理准确率的解。

为了实现这一点，需要可以分别考虑两个类别（在我们的例子中是正和负，或女性和男性）的评估指标。为此，我们在预测和标签方面考虑了四个可能结果：

$$\text{TP} = 真正例 = \left|\left\{i \mid y_i \wedge f_{\theta}(x_i)\right\}\right| \tag{3.12}$$

$$\text{FP} = 假正例 = \left|\left\{i \mid \neg y_i \wedge f_{\theta}(x_i)\right\}\right| \tag{3.13}$$

$$\text{TN} = 真反例 = \left|\left\{i \mid \neg y_i \wedge \neg f_{\theta}(x_i)\right\}\right| \tag{3.14}$$

$$\text{FN} = 假反例 = \left|\left\{i \mid y_i \wedge \neg f_{\theta}(x_i)\right\}\right| \tag{3.15}$$

由此可以定义将两个类别中的每一个都单独考虑的误差（或准确率）[⊖]：

$$\text{TPR} = \text{真正例率} = \frac{\text{真正例}}{\text{标签为正例}} = \frac{\text{TP}}{\text{TP} + \text{FN}} \qquad (3.16)$$

$$\text{FPR} = \text{假正例率} = \frac{\text{假正例}}{\text{标签为反例}} = \frac{\text{FP}}{\text{FP} + \text{TN}} \qquad (3.17)$$

$$\text{TNR} = \text{真反例率} = \frac{\text{真反例}}{\text{标签为反例}} = \frac{\text{TN}}{\text{TN} + \text{FP}} \qquad (3.18)$$

$$\text{FNR} = \text{假反例率} = \frac{\text{假反例}}{\text{标签为正例}} = \frac{\text{FN}}{\text{FN} + \text{TP}} \qquad (3.19)$$

请注意，单独优化这些标准中的任何一个都是微不足道的（如，可以通过总是预测正例来达到 1.0 的真正例率）。因此，我们通常会优化一个同时考虑正标签和负标签的标准。类似这样的一个衡量标准是平衡错误率（Balanced Error Rate，BER），其只是简单地对假正例率和假反例率进行取平均值：

$$\text{BER}\left(\boldsymbol{y}, f_{\boldsymbol{\theta}}(\boldsymbol{X})\right) = \frac{1}{2}(\text{FPR} + \text{FNR}) = 1 - \frac{1}{2}(\text{TPR} + \text{TNR}) \qquad (3.20)$$

在我们的例子中，现在将一半错误归于"女性"（正例）类，一半错误归于"男性"（反例）类。

请注意，BER 的一个吸引人的特点是（与准确率不同），它不能通过平凡解来最小化：总是预测为"真"或总是预测为"假"，或随机预测，这些都会导致 BER 为 0.5。

3.3.2　优化平衡错误率

在论证了如果我们希望避免平凡解，BER 可能比准确率更可取之后，我们接下来需要了解如何训练分类器以避免一开始就产生平凡解。

直观地说，我们在 3.3 节所看到的退化解（即，在任何地方都预测为零的分类器）是由于训练数据中的不平衡而产生的（也就是说，正标签或负标签的比例很高）。简单地说，我们可以通过对训练数据重新抽样来纠正这一点：采样一部分我们的负实例，或者是有放回的采样负实例，直到我们有相同数量的正实例和负实例。

虽然这是一种常见且合理有效的策略，但通过对正实例和负实例赋予权重可以更简单直接地实现同样的目标。请注意，对数几率回归的目标是：

$$\sum_{y_i=1} \log\left(\frac{1}{1 + \text{e}^{-x_i \cdot \boldsymbol{\theta}}}\right) + \sum_{y_i=0} \log\left(\frac{\text{e}^{-x_i \cdot \boldsymbol{\theta}}}{1 + \text{e}^{-X_i \cdot \boldsymbol{\theta}}}\right) \qquad (3.21)$$

这两个求和（在 $y_i = 1$ 和 $y_i = 0$ 的情况下）实质上是对正确预测正实例和负实例的模型的奖励。这个目标的问题是，如果我们的数据集中正实例或负实例比例过高，这两项中的一个可能会起主导作用。

为了解决这个问题，可以通过正例类和负例类的样本数量来归一化这两个表达式：

⊖　这些表达式存在其他各种术语，例如，灵敏度、召回率、命中率和真正例率等术语基本上是可以互换的。

$$\frac{|y|}{2\left|\{i|y_i=1\}\right|}\sum_{y_i=1}\log\left(\frac{1}{1+e^{-x_i\cdot\theta}}\right)+\frac{|y|}{2\left|\{i|y_i=0\}\right|}\sum_{y_i=0}\log\left(\frac{e^{-x_i\cdot\theta}}{1+e^{-x_i\cdot\theta}}\right) \tag{3.22}$$

这样一来，左边和右边的表达式有同等的重要性，这使得所有被标记为正的实例和所有被标记为负的实例有相同的重要性。换句话说，这两个表达式（归一化后）大致对应于真正例率和真反例率，如公式（3.20）所示。注意，除了用样本数量进行归一化，表达式两边都需要乘 $|y|/2$。这不是严格意义上的需求，但按照惯例这样做可以让所有实例的总"权重"仍然为 $|y|$。

这可以通过设置 sklearn 库的 `class_weight='balanced'` 选项来实现，如下所示：

```
1  X = [[1, len(d['review/text'])] for d in data]
2  y = [d['user/gender'] == 'Female' for d in data]
3
4  mod = sklearn.linear_model.LogisticRegression(class_weight='
   balanced')
5  mod.fit(X,y)
```

注意，同样的想法可以应用于包含两个以上类别的问题，而且可以选择不同的加权方案。例如，为真正例与真反例分配任何所需的相对重要性（例如，在前面提到的行李处理场景中）。

3.3.3　使用和评估用于排名的分类器

通常，训练分类器的目标不仅仅是生成详尽的"真"和"假"的实例集。例如，如果我们想根据查询结果识别相关网页，或推荐用户可能购买的物品，那么实际上我们是否能识别所有相关网页或产品并不重要。相反，我们可能更关心的是否能够在返回给用户的第一页结果中出现相关的物品。

注意，我们到目前为止所开发的分类器类型可以直接用于排名。也就是说，除了输出一个预测标签（在对数几率回归的情况下是 $\delta(x_i\cdot\theta>0)$）之外，它们也可以输出置信度分数（如，$x_i\cdot\theta$ 或 $p_\theta(y_i=1|x_i)$）。因此，在上述寻找相关网页或产品的背景下，我们的目标可能是在少数置信度最高的预测中最大化返回的相关物品的数量。此外，我们可能对模型的准确率如何随置信度的变化而变化感兴趣。例如，即使模型的准确率总体上很低，它对前 1%、5% 或 10% 的置信度最高的预测是否准确？

精确率和召回率

精确率和召回率根据两个相关的目标来评估一组检索结果的质量。精确率测量了那些被模型"检索"到的物品（即，那些被分类器预测为正标签的物品）在实际上也被标记为正标签的比例。召回率测量的是分类器预测为正标签的占所有标记为正的物品的比例。例如，在垃圾邮件过滤场景下（标记为正的物品是垃圾邮件），精确率测量的是被标记为垃圾邮件的电子邮件中实际上是垃圾电子邮件的比例，而召回率测量的是所有垃圾邮件中有多大比例被过滤。

从形式上看，精确率和召回率的定义如下：

$$\text{精确率}=\frac{\left|\{\text{相关物品}\}\bigcap\{\text{检索物品}\}\right|}{\left|\{\text{检索物品}\}\right|} \tag{3.23}$$

$$召回率 = \frac{\left|\{相关物品\} \bigcap \{检索物品\}\right|}{\left|\{相关物品\}\right|} \tag{3.24}$$

另外，很容易验证这些表达式是否可以用真正例、假正例和假反例的数量来重写，如公式（3.12）到公式（3.15）所示：

$$精确率 = \frac{TP}{TP + FP} \tag{3.25}$$

$$召回率 = \frac{TP}{TP + FN} \tag{3.26}$$

最后，我们简要说明如何对一个给定的预测器计算这些数量（如本节一开始提到的预测器）：

```
1  predictions = mod.predict(X)  # 预测的二元向量
2
3  numerator = sum([(a and b) for (a,b) in zip(predictions,y)])
4  nRetrieved = sum(predictions)
5  nRelevant = sum(y)
6
7  precision = numerator / nRetrieved
8  recall = numerator / nRelevant
```

F_β 分数

请注意，只报告精确率或召回率都不是特别有意义。例如，仅仅是通过使用对每个物品都返回为"真"的分类器（在这种情况下，会返回所有相关文件）就能实现 1.0 的召回率，而这样的分类器当然会有较低的精确率。同样，通过只对我们非常有把握的几个物品返回为"真"往往也可以达到 1.0 的精确率，但这样的分类器会有较低的召回率。

因此，为了评估一个分类器的精确率和召回率，我们可能需要一个同时考虑两者的指标，或者对我们的分类器施加额外的约束。

F_β 分数通过对这两个量进行加权平均来实现这一点：

$$F_\beta = \left(1 + \beta^2\right) \cdot \frac{精确率 \cdot 召回率}{\beta^2 精确率 + 召回率} \tag{3.27}$$

在 $\beta = 1$ 的情况下（通常简称为"F 分数"），公式（3.27）简单计算了精确率和召回率的调和平均值，当精确率或召回率低时调和平均值也低。

否则，如果 $\beta \neq 1$，F_β 分数就反映了一种情况，即对召回率的关心程度比精确率的关心程度超出 β 因子 [⊖]。

在一些情况下，人们可能更关心召回率而不是精确率，反之亦然。例如，在本节开始提到的例子中，即在行李处理场景下，我们可能主要关心召回率，并愿意牺牲精确率来实现它。或者，在搜索或推荐的设置下，我们可能愿意只检索几个物品，只要这些物品是相关的（即，高精确率但低召回率）。

精确率 @K 和召回率 @K

在定义精确率和召回率时，其中一个例子考虑了这样的情况，即对于返回给用户的结果，可能只有一个固定的预算。特别是当我们的分类器只返回 K 个最有把握的预测时，我

⊖　在不详述的情况下，这一动机导致了公式（3.27）的具体形式（Van Rijsbergen，1979）。

们可能对评估精确率和召回率感兴趣。为此，我们首先根据相关的置信度分数对标签y_i进行排序（即$\pmb{x}_i \cdot \pmb{\theta}$）。

$$\text{置信度}\pmb{x}_i \cdot \pmb{\theta}: \quad \cdots 0.49 \ 0.42 \ 0.38 \ 0.16 \ 0.02 \ -0.02 \ -0.05 \ -0.05 \ -0.08 \ -0.10 \cdots$$
$$\text{标签}\pmb{y}_i: \quad \cdots \text{True True True True False True \ False \ False \ True True} \cdots$$
（3.28）

这种置信度分数和标签的组合可以通过以下方式生成（在这种情况下是如 3.3 节所示的对数几率回归器）[一]：

```
1   confidences = mod.decision_function(X) # 置信度的真实向量
2
3   sortedByConfidence = list(zip(confidences,y))
4   sortedByConfidence.sort(reverse=True) # 按公式（3.28）排序
```

请注意，当我们评估模型的 K 个最有信心的预测时，我们不再对实际分数是否大于或小于零感兴趣（即，分类器是否会输出"真"或"假"）：我们只对前 K 个预测中的标签感兴趣。

精确率 @K 和召回率 @K 现在只是简单地测量一个只返回 K 个置信度最高的预测的分类器的精确率和召回率。也就是说，精确率 @K 测量的是前 K 个预测中被实际标记为"真"的部分，召回率 @K 测量的是所有相关文件中在前 K 个中被返回的那一部分。需要注意的主要区别（与公式（3.23）和公式（3.24）中的定义相比）是"检索"的文件数量总是 K。也就是说，"检索"文件总是最有把握的 K 个，不论分类器在实际上是否预测了正标签（即$\pmb{x}_i \cdot \pmb{\theta} > 0$）。

与精确率和召回率不同，精确率 @K 和召回率 @K 可以独立报告，因为它们不能被平凡解优化。例如，精确率 @10 是分类器在一页十个检索物品中返回合理结果的能力的有效测量。

ROC 和精确率 – 召回率曲线

另一个衡量分类器性能的整体指标是报告精确率和召回率之间的关系，或真正例和假正例之间的关系。

例如，真正例数量和假正例数量之间的关系被称为受试者工作特征（Receiver-Operating Characteristic，ROC）。它之所以被称为 ROC 是因为它被用于评估雷达接收机操作人员的性能：随着操作人员检测阈值的下降，他们的真正例率和假正例率（TPR 和 FPR）会同时上升。因此，当我们改变分类器检测阈值时，我们可以通过评估 TPR 和 FPR 来评估分类器。

精确率 – 召回率曲线是按照类似的思路开发的：当我们降低分类器的检测阈值时，精确率会下降，而召回率会上升。因此，可以通过检查阈值变化时精确率和召回率之间的关系来评估分类器。

为了生成这些曲线，我们按照置信度对分类器的预测进行排序（就像公式（3.28）那样），这相当于逐渐考虑更低的阈值。在每一步，我们都计算精确率和召回率（即，我们为 K 中的每个值计算精确率 @K 和召回率 @K）。这些值共同形成了精确率 – 召回率曲线：

```
1   for k in range(1,len(sortedByConfidence)+1):
2       retrievedLabels = [x[1] for x in sortedByConfidence[:k]]
3       precisionK = sum(retrievedLabels) / len(retrievedLabels)
4       recallK = sum(retrievedLabels) / sum(y)
5       xPlot.append(recallK)
6       yPlot.append(precisionK)
```

一 严格来说，如果置信度分数有很多并列，我们可能会调整这个排序，以避免基于标签的排序。

绘制这些 x 和 y 的坐标结果如图 3.2b 所示，ROC 曲线也可以通过类似的方法生成。在 5.4 节探讨推荐系统的评估策略时，我们重新讨论了基于排名的评估技术。

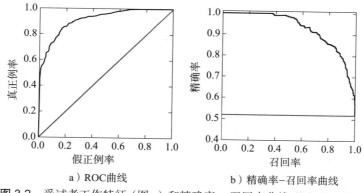

　　　a）ROC曲线　　　　　　　　　　b）精确率–召回率曲线

图 3.2　受试者工作特征（图 a）和精确率 – 召回率曲线（图 b）的例子

3.4　学习流程

　　到目前为止，我们已经介绍了许多用于构建预测模型的单独组件：模型拟合（见 2.1 节的回归模型和 3.1 节的分类模型）、特征工程（见 2.3 节）和评估（见 2.2 节和 3.3 节）。将这些组件结合起来仍然需要填充一些额外的细节。如何知道我们的模型在部署时（即在新数据上）是否有效，以及可以采用什么步骤来确保这一点？我们如何在特征设计方面的各种选择之间做出决定，以及如何能够有意义地比较这些选择？这些步骤统统都是机器学习流程中的一部分。

3.4.1　泛化、过拟合和欠拟合

　　到目前为止，在 3.3 节讨论模型评估时（以及之前的 2.2 节），我们已经考虑从数据集 X 训练一个模型以预测标签 y，然后我们通过比较预测值 $f(x_i)$ 和标签 y_i 来评估模型。关键的是，我们使用与评估模型时相同的数据来训练模型。

　　这样做的风险是，我们的模型可能不能很好地泛化到新数据。例如，在拟合一个评论长度与评分相关的模型时（如图 2.4 和图 2.8 所示），我们考虑使用线性、二次和三次函数来拟合数据。增加多项式的次数会继续降低预测器的误差，或者我们可以使用独热编码来建模评论长度（这样，每个长度都有一个不同的预测值）。这样的模型可以非常接近地拟合数据（在 MSE 方面），但并不清楚它们是否能捕捉到数据中有意义的趋势，或仅仅只是"记住"它。

　　考虑一个极端情况：想象一下只使用随机特征来拟合向量 y。下面的代码使用了 1、10、25 和 50 个随机特征来拟合 50 个观测值的向量，然后输出每个模型的决定系数 R^2：

```
1   y = numpy.random.rand(50)
2   mod = linear_model.LinearRegression()
3   for n in [1,10,25,50]:
4       X = numpy.random.rand(50,n)
5       mod.fit(X,y)
6       print(mod.score(X,y))
```

　　在这里，决定系数 R^2 的取值为 0.07、0.25、0.35 和 1.0，即一旦我们包含 50 个随机特征，我们可以完美地拟合数据。当然，鉴于我们的特征是随机的，这种"拟合"并没有什么意

义，模型也只是发现了观测数据和标签之间的随机相关性。

这些论点指出了训练模型时需要解决的两个问题：

（1）我们不应该在用于训练的同一数据上评估模型。相反，我们应该使用一个留存数据集（即测试集）。

（2）在训练数据上提高性能的特征不一定会提高在留存数据上的性能。

在留存数据上评估模型可以让我们了解到我们可以期望模型在"开放场景"中有多有效。这种留存数据，也被称为测试集，可以测量我们的模型对新数据的泛化能力。

过拟合

从根本上说，如果我们的模型在训练数据上有效但在留存数据上无效，那么它肯定意味着训练数据的某些特征不能表示留存数据。这可能是由于各种原因造成的。其中一种可能是留存数据来自不同于训练集的分布。例如，如果我们保留了最近一个月的销售数据，并根据前 11 个月的数据进行训练，那么最近一个月的观测值可能会遵循不同的趋势，或者发生在不同的季节等。原则上，我们可以通过确保训练集和测试集（不重叠的）是数据的随机样本来解决这个问题，这样一来，训练数据和测试数据将来自同一分布⊖。

即使训练数据和留存数据是从同一分布中独立抽取出来的样本，我们仍然可以观察到留存数据的性能显著下降。我们将这种情况称为过拟合（overfitting）。

图 3.3 显示了过拟合的一个简单示例。在这里我们展示了一个遵循直线的数据集，其会受到一些随机扰动的影响。虽然高阶多项式可以非常好地拟合数据，但我们并不期望这个复杂函数可以很好地泛化到新数据上。当我们拟合的模型在训练数据上有高准确率但不能很好地泛化时，我们就认为这是过拟合。

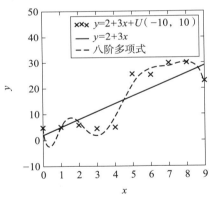

图 3.3　过拟合的例子。高阶多项式准确地拟合了观测数据，但没有很好的泛化能力

请注意，我们预计任何模型在应用于新数据时的性能相比于它的训练性能较差一些：事实上，这是我们将在 3.4.2 节中提到的关于模型性能的"定理"之一。相反，我们在调整模型（或在模型备选方案中进行选择）时的目标是最小化这种差距，这通常是通过牺牲训练时的准确率来提高泛化性能。

欠拟合

正如我们通过拟合一个在训练集上具有较好性能的模型却不能泛化到测试集上一样，当我们的模型不够复杂以至于无法捕捉数据集中的潜在动态性时，模型也会欠拟合

⊖　如果我们的目标是预测下个月的销售，那么使用最近的数据作为我们的留存样本可能是最合适的决定。

（underfitting）。同样，这可能是由于各种原因造成的。如果我们选择一个太简单的模型，例如，选择线性函数去捕捉图 2.8 中的数据（该数据似乎不遵循线性趋势），那么任何参数的选择都不会导致好的训练或留存性能。

3.4.2 模型复杂度和正则化

到目前为止，我们已经模糊地讨论了模型"太复杂"（或太简单）的含义，并建议我们应该选择一个足够复杂的模型来拟合数据，但该模型又足够简单，不会导致过拟合。这个想法通常被称为奥卡姆剃刀定律（Occam's Razor），这是一个哲学原理，它指出在解释一些现象的几个备选假设中人们应该倾向于最简单的假设。

然而，为了让这些概念有用，我们必须精确说明模型"复杂"意味着什么。我们希望根据参数 $\boldsymbol{\theta}$ 来定义复杂度，这样一来，给定一组固定的特征和标签，我们可以选择充分解释（或建模）数据的"最简单"的 $\boldsymbol{\theta}$。

我们将讨论"简单性"的两个候选概念，如下所示：

（1）一个简单的模型只包含几个项，也就是说，只有几个 θ_k 值是非零的。

（2）一个简单的模型是指所有项同等重要，也就是说，很少会出现特别大的 θ_k 值的情况。

"复杂度"的两个潜在概念可以通过以下表达式获得：

$$\varOmega_1(\boldsymbol{\theta}) = \|\boldsymbol{\theta}\|_1 = \sum_k |\theta_k| \tag{3.29}$$

$$\varOmega_2(\boldsymbol{\theta}) = \|\boldsymbol{\theta}\|_2^2 = \sum_k \theta_k^2 \tag{3.30}$$

即绝对值之和与平方和，也称为 $\boldsymbol{\theta}$ 的 ℓ_1 范数和（平方）ℓ_2 范数。我们在没有证明的情况下指出，这些表达式惩罚了有许多非零参数（见公式（3.29））或较大参数（见公式（3.30））的模型，我们在后面会进一步描述其行为。

正则化

为了拟合一个既能解释数据又不过分复杂的模型（与我们上述的目标相对应），我们提出了一个新的目标，该目标将我们最初的准确率目标和上述的复杂度表达式中的一个（这里使用平方 ℓ_2 范数）结合起来。对于回归模型，我们将正则化项加到公式（2.16）的表达式中：

$$\underbrace{\frac{1}{|\boldsymbol{y}|}\sum_{i=1}^{|\boldsymbol{y}|}(\boldsymbol{x}_i \cdot \boldsymbol{\theta} - y_i)^2}_{\text{准确率}} + \underbrace{\lambda \sum_k \theta_k^2}_{\text{模型复杂度}\|\boldsymbol{\theta}\|_2^2} \tag{3.31}$$

对于分类模型，因为我们寻求的是最大化准确率而不是最小化误差，所以我们减去正则化项（因此我们需要最大化 $-\lambda\|\boldsymbol{\theta}\|_2^2$ 而不是最小化 $\lambda\|\boldsymbol{\theta}\|_2^2$）：

$$\sum_i -\log\left(1 + e^{-\boldsymbol{x}_i \cdot \boldsymbol{\theta}}\right) + \sum_{y_i=0} -\boldsymbol{x}_i \cdot \boldsymbol{\theta} - \lambda\|\boldsymbol{\theta}\|_2^2 \tag{3.32}$$

我们添加一个惩罚项来控制模型复杂度的过程称为正则化（regularization），控制复杂度被惩罚的程度的参数 λ 称为正则化系数。

请注意，我们直接调整导数（来自公式（2.54）和公式（3.9））以包含正则化项 $\lambda\|\boldsymbol{\theta}\|_2^2$。

注意，$\dfrac{\partial}{\partial\theta_k}\lambda\|\boldsymbol{\theta}\|_2^2 = 2\lambda\theta_k$。

超参数

公式（3.31）中的正则化系数 λ 称为超参数（hyperparameter）。超参数是模型参数，其值控制模型并影响其他参数（在这种情况下 λ 控制了拟合的 $\boldsymbol{\theta}$ 值）。更复杂的模型可能有几个控制各种模型组件的可调整的超参数。请注意，通常我们不能用拟合模型参数的相同方式来拟合超参数（例如，如果我们使用训练集来选择公式（3.31）中的 λ，我们将总是选择一个简单地忽略模型复杂度以有利于准确率的模型）。因此，我们需要一个单独的策略来调整模型超参数，这将在下面介绍验证集时进行探讨。

请注意，一般来说，θ_0 是偏移项，不应该纳入正则化项中。也就是说，我们的正则化项应该是 $\sum_{k=1}^{K}\theta_k^2$ 或 $\sum_{k=1}^{K}|\theta_k|$，即我们的基本假设是很少参数是非零的，或者参数很小，不应该应用于偏移项。如果我们在正则化时纳入偏移项，我们通常会选择一个会做出系统性地较小（数量级上）预测的模型。

拟合正则化模型（回归）

在 2.1 节介绍线性模型时，我们注意到公式（2.7）中的系统有一个基于伪逆（见公式（2.10））的简单解析解。简而言之，我们注意到这个解可以相当直接地修改以适合正则化模型，如下所示：

$$\boldsymbol{\theta} = \left(\boldsymbol{X}^{\mathsf{T}}\boldsymbol{X} + \lambda\boldsymbol{I}\right)^{-1}\boldsymbol{X}^{\mathsf{T}}\boldsymbol{y} \tag{3.33}$$

其中 $\boldsymbol{I}$ 是单位矩阵。一般来说，随着我们开发更复杂的模型，我们将更远离解析解，尽管这种特定的解被证明在第 5 章（见 5.7 节）中拟合某些类型的推荐系统时是有用的。

验证集

我们现在需要一个方案来选择公式（3.31）中权衡参数 λ 的最佳值。如果我们基于训练集的准确率选择 λ，我们将总是选择 $\lambda = 0$。理想情况下，我们希望选择在留存的测试集上有最佳性能的 λ 值。然而，我们应该注意不要使用测试集来比较备选模型：测试集应该是代表真正的留存性能，严格地说，只有在我们选择了最佳模型之后，我们才应该检查测试性能。

因此，我们需要用于在备选模型中进行选择的第三个数据分区。这个验证集在某种意义上模仿了测试集，因为它不是用来拟合模型的，而是用来给我们一个在特定模型下对测试性能期望程度的估计。

一个典型的流程将由数据的三个分区组成，其作用总结如下：

- **训练集**是用于优化特定模型的参数。在本书拟合的模型类型中，这通常是指可以通过梯度上升 / 下降拟合的参数（即本章提到的 $\boldsymbol{\theta}$）。
- **验证集**是用于在模型备选方案中进行选择。"备选模型"可能仅仅是指公式（3.31）和公式（3.32）中 λ 的不同取值，但也可能是指不同的特征表示策略等。我们在下面讨论了一些其他用途。通常情况下，我们在验证集上选择具有最高准确率 / 最低误差的模型。

- **测试集**是用于评估留存模型性能的。理想情况下，它不应该被用于做出任何建模决策，而只应该用于报告性能。

　　我们验证集的核心用途是估计模型超参数，如上述提到的λ。除了正则化系数之外，"超参数"更广泛地是指在训练阶段中没有得到优化的任何可调整模型组件。例如，在第8章从文本构建模型时，我们字典中的单词数（我们从字典中构建特征）将是一个超参数的例子，并且可以使用验证集来选择泛化效果最好的模型。

　　训练集、验证集和测试集之间的关系如图3.4所示，而构建验证集的一些总体指导原则如图3.5所示。

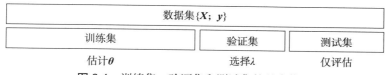

图 3.4　训练集、验证集和测试集的基本作用

- 训练集、验证集和测试集（一般来说）应该是一个数据集中不重叠且随机的样本，但也有一些例外情况是适用的，如第7章拟合时序模型时，我们可能会用最近的观测值来构建测试集，以了解一个模型当前的效果而不是平均效果。
- 训练集的大小可以由建模和实际问题决定。我们的训练集应该足够大，这样我们就可以合理期望在数据上拟合我们的模型（作为指导，我们可能希望有比模型参数多一个数量级的训练实例）。同样，如果我们有一个只有几个参数的简单模型，那么我们不需要在数百万的观测数据上进行训练。
- 同样，验证集和测试集的大小也应该足够大，以便我们对我们的结构有合理的信心。

图 3.5　构建训练集、验证集和测试集的指导原则

为什么ℓ_1范数会诱导稀疏性

　　在介绍公式（3.29）和公式（3.30）时，我们简要说明了ℓ_1正则化项会促进稀疏的参数向量$\boldsymbol{\theta}$，而ℓ_2正则化项会导致更平衡的参数分布。在没有正式证明这个结果的情况下，考虑一些简单的几何直觉来解释其原因是具有指导意义的。图3.6展示了（对于一个简单的双参数模型）为什么ℓ_1范数导致稀疏性（即，很少非零参数），而ℓ_2范数导致的是更均匀的参数分布。具有等效的ℓ_1范数的模型位于菱形轮廓上（见图3.6a），而具有等效ℓ_2范数的模型位于圆

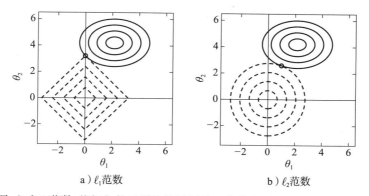

a）ℓ_1范数　　　　b）ℓ_2范数

图 3.6　ℓ_1范数（图 a）和ℓ_2范数（图 b）的正则化效果展示。虚线表示具有同等范数（ℓ_1或ℓ_2）的模型。实线表示具有同等均方误差的模型。选定的模型在任一条件下都被圈起来

上（见图 3.6b）。具有等效 MSE 的模型位于一个椭圆上。当按照公式（3.31）平衡误差和正则化项时，最佳模型将对应于边界相交的点。对于ℓ_1范数，这些曲线在菱形的一个顶点上相交。对于ℓ_2范数，它们并不相交。前一种情况对应于一个只有几个非零参数的模型。对于这种现象的更严格的解释，可以参见文献（Friedman et al.，2001）。

关于训练、测试和验证集的"定理"

为了巩固训练集、验证集和测试集的作用，下面我们概述了一些指导这些数据集之间关系的定理，因为正则化超参数λ发生了变化。

请注意，这些"定理"的意义在于它们在一般情况下是真实的，这种情况指的是在只给定足够大的数据集的限制下，并且假设我们的训练集、验证集和测试集来自同一分布等。因此，这些定理应该被视为对模型流程的正确性进行"合理性检验"的指导原则：

- 训练误差随着λ增加而增加，通常它将渐近于某个值。例如一个线性模型可能渐近于一个平方预测器的误差（即，标签的方差）。
- 验证和测试误差将至少与训练误差一样高。直观地说，该算法在"未见过的"数据上的效果不会比在训练数据上的更好。
- 当λ太小时，一个太复杂的模型会达到较低的训练误差，但验证/测试误差较高。在这种情况下，该模型被称为过拟合。
- 当λ太大时，一个太简单的模型具有较高的训练、验证和测试误差。在这种情况下，该模型被称为欠拟合。
- 一般来说，在欠拟合和过拟合之间应该有一个"最佳点"，这可以通过验证集来确定。这个点（在图 3.7 中用"×"标记）对应于我们期望在测试集上产生最佳泛化性能的模型。

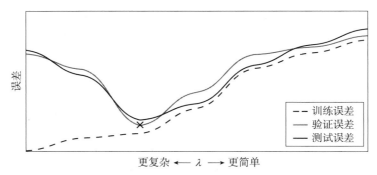

图 3.7　训练、验证和测试曲线的示例，显示了每种类型的误差之间的关系

3.4.3　模型流程准则

在介绍了模型流程的概念细节后，提供一些关于如何组合各个部分以及如何设置模型流程的各种可调节组件的实用建议是有必要的：

- 如果你没有看到欠拟合和过拟合之间的"最佳点"（如上述定理），这可能意味着你没有充分探索正则化系数的范围。例如，如果你观察到单调上升的验证误差，这可能意味着你没有考虑到足够小的λ值。或者，给定（例如）只有几个参数的简单线性模型,这可能仅仅意味着你的模型无法拟合(或过拟合)特定的数据集。

- 诸如λ的正则化参数没有绝对的范围,它的变化取决于多种因素,如模型过拟合倾向,以及特征 X 和标签 y 的具体范围。作为一个粗略的指导原则,通过考虑几个不同的量级来设置λ,然后在更窄的值范围内对λ进行调整是有用的(正如我们在 3.5 节所做的那样)。

- 当实施迭代模型时(如基于梯度下降的方法,如 2.5 节),验证集可以被用作停止进一步迭代的条件。也就是说,我们训练模型直至收敛:如果我们在验证集上没有进一步的改进(比方说,在预定的迭代次数内),我们就没有理由继续在训练集上优化我们的模型。理想情况下,模型参数 θ 可以从任何一次产生最佳验证性能的迭代中选择。

3.4.4　使用TensorFlow的回归和分类

下面我们介绍了使用 TensorFlow 来实现(正则化)线性回归[⊖],这是我们在后面的章节中用来开发更复杂模型的整体流程的基础。虽然 TensorFlow 与深度学习相关,但 TensorFlow 可以更简单地被认为是一个基于梯度优化的通用目的的库。TensorFlow 以符号方式计算导数,这意味着程序员只需要指定要优化的目标(如公式(3.31)),而不需要计算梯度。它使得快速对模型变体展开实验变得容易,即使是包含复杂模型参数转换的模型。

我们首先将我们的观测变量(X 和 y)设置为 TensorFlow 的数据常量:

```
1  X = tf.constant(X, dtype=tf.float32)
2  y = tf.constant(y, dtype=tf.float32)
```

接下来,我们设置模型。大多数情况下,这只是包含用 TensorFlow 原件来定义基本的模型组件:

```
3   class regressionModel(tf.keras.Model):
4       # 使用参数数量和正则化强度进行初始化
5       def __init__(self, M, lamb):
6           super(regressionModel, self).__init__()
7           self.theta = tf.Variable(tf.constant([0.0]*M, shape
                =[M,1], dtype=tf.float32))
8           self.lamb = lamb
9
10      # 预测(针对实例矩阵)(公式(2.7))
11      def predict(self, X):
12          return tf.matmul(X, self.theta)
13
14      # 均方误差(公式(2.16))
15      def MSE(self, X, y):
16          return tf.reduce_mean((tf.matmul(X, self.theta) - y)
                **2)
17
18      # 正则化(公式(3.30))
19      def reg(self):
20          return self.lamb * tf.reduce_sum(self.theta**2)
21
22      # 损失(公式(3.31))
23      def call(self, X, y):
24          return self.MSE(X, y) + self.reg()
```

接下来,我们定义了一个要使用的优化器(在本例中是 Kingma 和 Ba(2014)提出的 Adam 优化器),并创建一个模型的实例。这里我们创建了一个正则化强度 λ =1 的模型:

⊖　www.tensorflow.org/。

```
25  optimizer = tf.keras.optimizers.Adam(0.01)
26  model = regressionModel(len(X[0]), 1)
```

最后，我们运行了 1000 次梯度下降迭代。对于 call() 中定义的目标，相对于模型变量 θ，梯度是自动计算的：

```
27  for iteration in range(1000):
28      with tf.GradientTape() as tape:
29          loss = model(X,y)
30      gradients = tape.gradient(loss, model.
            trainable_variables)
31      optimizer.apply_gradients(zip(gradients, model.
            trainable_variables))
```

同样，尽管这段代码实现了一个简单的模型（其中我们已经可以封闭式地进行计算），但 TensorFlow 的价值在于可以很容易地调整我们的模型来处理不同的目标，包括复杂的、非线性的转换。例如，我们可以很容易地将上面的 ℓ_2 正则化项替换为 ℓ_1 正则化项：

```
32  def reg1(self):
33      return self.lamb * tf.reduce_sum(tf.abs(self.theta))
```

最后，我们注意到，TensorFlow 只是许多流行库之一（例如，参见 Theano、PyTorch 和 MXNet 等）。这些流行库都实现了相同的基本功能，即在用户定义的目标之上执行基于梯度的优化。

分类

分类目标也可以类似地进行建立。给定一个二元标签 $y_i \in \{0,1\}$ 的向量，我们的预测函数由 $\sigma(X \cdot \theta)$ 替代，同时我们的目标由公式（3.7）的目标替代（带有负号，以便我们仍然可以最小化目标）：

```
1   # 概率（对于实例矩阵）
2   def predict(self, X):
3       return tf.math.sigmoid(tf.matmul(X, self.theta))
4
5   # 目标（公式 3.6）
6   def obj(self, X, y):
7       pred = self.predict(X)
8       pos = y*tf.math.log(pred)
9       neg = (1.0 - y)*tf.math.log(1.0 - pred)
10      return -tf.reduce_mean(pos + neg)
```

在实践中，很少有人用"手写"的方式写出这样的函数，因为标准目标可以通过 TensorFlow 操作调用（例如，上述函数相当于二元交叉熵损失 tf.keras.losses.Binary-Crossentropy()）。

3.5 实现学习流程

下面，我们简要介绍如何在实际中应用 3.4 节的过程，以基于训练、验证和测试样本选择模型。

该模型的实际特征是基于第 8 章的情感分析（回归）任务，其中我们基于评论中的单词来预测评分。为了演示一个模型流程，考虑一个具有高维特征的问题是有用的，但这样的模型如果不谨慎应用正则化就容易过拟合（在这种情况下，我们考虑了只有 5000 个样本的数据集上的 1000 维特征）。

首先，我们将数据集随机打乱次序，并将其分为不重复的训练样本、验证样本和测试样本：

```
1   random.shuffle(data)
2   X = [feature(d) for d in data]
3   y = [d['review/overall'] for d in data]
4   Ntrain,Nvalid,Ntest = 4000,500,500
5   Xtrain,ytrain = X[:Ntrain],y[:Ntrain]
6   Xvalid,yvalid = X[Ntrain:Ntrain+Nvalid],y[Ntrain:Ntrain+
        Nvalid]
7   Xtest,ytest = X[Ntrain+Nvalid:],y[Ntrain+Nvalid:]
```

接下来，我们考虑了范围从 $\lambda=10^{-3}$ 到 $\lambda=10^{4}$ 的正则化系数 λ。对于每个值，我们在训练集上训练模型，并在验证集上评估准确率。在每一步中，我们都根据验证准确率来跟踪性能最佳的模型。下面的 Ridge 模型实现了正则化线性回归，如公式（3.31）所示：

```
8    bestModel = None
9    bestVal = None
10   for l in [0.001, 0.01, 0.1, 1, 10, 100, 1000, 10000]:
11       model = sklearn.linear_model.Ridge(l)
12       model.fit(Xtrain, ytrain)
13       predictValid = model.predict(Xvalid)
14       MSEvalid = sum((yvalid - predictValid)**2)/len(yvalid)
15       print('l_=_' + str(l) + ',_validation_MSE_=_' + str(
             MSEvalid))
16       if bestVal == None or MSEvalid < bestVal:
17           bestVal = MSEvalid
18           bestModel = model
```

最后，我们在测试集上评估性能最佳的模型（就验证性能而言）。注意，这是我们第一次也是唯一一次使用测试集：

```
19   predictTest = bestModel.predict(Xtest)
20   MSEtest = sum((ytest - predictTest)**2)/len(ytest)
```

图 3.8 显示了在上述步骤中发现的训练、验证和测试性能。请注意其与图 3.7 中的假设曲线的相似性。

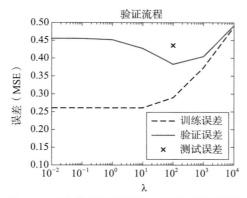

图 3.8　真实流程上的训练、验证和测试误差

显著性检验

尽管这不是本章的重点，但仍值得简要探讨。在正式的统计框架下，我们如何显式地测量一个模型的性能是否比另一个"更好"。到目前为止，我们已经使用 MSE 来比较（回归）模型，但正如我们在 2.2.2 节探讨的那样，MSE 的选择基于模型误差遵循高斯分布的基本假设。

显著性检验（significance testing）指的是确定一项统计测量是否可能仅仅因为偶然性而发生的整体过程（在某些特定模型的假设下）。例如，如果一个在 Yelp 上的老牌餐厅基于 50 条评论得到 4.3 星的评分，而一家新餐厅基于 4 条评论得到 4.5 星的评分，你会得到新餐厅评价更好的结论吗？或者你会得出更高的初始评分可能是由于偶然性而发生的结论吗？显著性检验可以让我们形式化这些问题。

从形式上看，p 值测量的是与我们实际观测到的一样（或更）极端的结果可能由于偶然性而发生的概率（在某些统计模型下）。例如，如果我们假设用户的评分遵循高斯分布，那么两个餐厅的评分相差（至少 0.2 星）的概率是多少？在这个具体测量中，这个概率可能取决于：两个平均值之间的差异量级、两个样本的大小（例如，在两个餐厅都有 50 个评分的情况下 0.2 星的差异可能是显著的，但只有 4 个评分的情况下可能是不显著的）、两个样本之间的方差（例如，如果两个样本的评分高度集中，我们可能更快得出差异显著的结论）[⊖]。

在进行模型之间的比较时，我们通常会使用 p 值来测量一个模型的残差 $\left(y - f_{\theta}(x)\right)$ 是否比另一个模型更接近于零（即，我们正在测试一个模型的预测是否比其他模型更接近于标签）。为此，我们测量了两个样本之间方差的差异。

我们将通过 F 检验来计算这个差异量。其他检验也可以用来比较两个模型的性能，如似然比检验，而每个检验都有不同的基本假设。下面我们将会使用 2.3.2 节中的啤酒评论数据来比较两个模型在估计评分方面的性能：

$$\text{模型1：评分} = \theta_0 \tag{3.34}$$

$$\text{与模型2相比：评分} = \theta_0 + \theta_1 \times (\text{ABV}) \tag{3.35}$$

这种特殊检验的假设之一是两个模型中的一个有另一个的参数子集。因此，我们真正测量的是额外参数是否显著提高了模型的性能（即，增加一个基于 ABV 的项是否能提高只包含 θ_0 的模型的性能）。

首先，我们为两个模型生成特征和标签（假设书籍已经被读取和打乱等）：

```
1   X1 = [[1] for d in data]
2   X2 = [[1, d['beer/ABV']] for d in data]
3   y = [d['review/overall'] for d in data]
```

接下来，我们拟合这两个模型（在一半的数据上），并计算它们的残差（在另一半数据上）：

```
4   model1 = sklearn.linear_model.LinearRegression(fit_intercept
        =False)
5   model1.fit(X0[:250], y[:250])
6   residuals1 = model1.predict(X1[250:]) - y[250:]
7   model2 = sklearn.linear_model.LinearRegression(fit_intercept
        =False)
8   model2.fit(X2[:250], y[:250])
9   residuals2 = model2.predict(X2[250:]) - y[250:]
```

实际的 F 统计量取决于残差平方的总和、每个模型的参数量和样本大小：

⊖ 这种具体的概率将通过 t 检验进行测量。

```
10  rss1 = sum([r**2 for r in residuals1]) # 残差的平方和
11  rss2 = sum([r**2 for r in residuals2])
12  k1,k2 = 1,2 # 每个模型的参数数量
13  n = len(residuals1) # 样本数量
```

最后，我们使用 scipy 库中的一种方法来计算 F 统计量并估计相关的 p 值：

```
14  F = ((rss1 - rss2) / (k2 - k1)) / (rss2 / (n-k2))
15  scipy.stats.f.cdf(F,k2-k1,n-k2)
```

得到的 p 值接近于零，这表明结果（ABV 提高了预测性能）在统计上是显著的 [1]。

请注意，这只是显著性检验的一个例子，它适用于特定的情况（尽管是一个相当常见的情况）。在不同的情况下可能需要其他检验，例如，参见 Wasserman（2013）的更全面的介绍。

尽管严格证明所声称的模型改进是重要的，但在本书的其余部分我们将避免进一步讨论显著性检验。一般来说，这些检验类型是为小样本背景（如，调查或临床试验等）所设计。在我们考虑的大数据集类型上，即使是模型之间的小差异也会产生极小（高度显著）的 p 值。

习题

3.1　在这个习题中，我们将使用啤酒的风格（使用的是我们从 2.3.2 节开始研究的相同的数据）来预测其 ABV（酒精含量）。对于那些出现在 1000 多条评论中的类别，构建啤酒风格的独热编码。你可以建立一个类别到特征索引的映射，如下所示：

```
1  categoryCounts = defaultdict(int)
2  for d in data:
3      categoryCounts[d['beer/style']] += 1
4
5  categories = [c for c in categoryCounts if
       categoryCounts[c] > 1000]
6  catID = dict(zip(list(categories),range(len(categories)
       )))
```

使用这个独热编码训练一个对数几率回归器，从而预测啤酒的 ABV 是否大于 5%（即 d['beer/ABV'] > 5）。报告该分类器的真正例、真反例和平衡误差率（见 3.3 节）。

3.2　由于数据高度不平衡（见 3.3.1 节），因此上述分类器的性能可能不尽人意。使用 sklearn 库的 class weight='balanced' 选项来实现该分类器的平衡版本。报告该平衡分类器的与上题相同的指标。

3.3　为你上题训练的分类器生成精确率－召回率曲线。

3.4　使用你的平衡模型实现一个完整的学习和正则化流程。将你的数据划分为 50% 的训练部分、25% 的验证部分和 25% 的测试部分。考虑 C 值的范围 $\{10^{-6}, 10^{-5}, 10^{-4}, 10^{-3}\}$。计算每个 C 值的训练 BER 和验证 BER，以及在验证集上表现最好的分类器的 BER [2]。

3.5　直观地说，为了构建一个分类器，我们可能只是通过将标签视为实值来训练一个回归器（例如，预测 $-1/+1$）。做一个简单的实验来证明这个简单模型并不如对数几率回归好用。也就是说，选择一个数据集（如你在习题 3.1 中使用的数据集）、一些特征、一

---

[1] 人们可以用预测性较低的特征或更小的测试集进行实验，来看看它们是如何影响估计的 p 值。

[2] 在公式（3.32）中 C 起着和 λ 类似的作用，尽管它颠倒了精确率和复杂度之间的关系，即小 λ 相当于大 C。参见 sklearn.linear model.LogisticRegression 中的文档。

个要预测的标签和一个适当的分类器评估指标，来证明简单分类器的性能优于对数几率回归。

项目2：出租车小费预测（第2部分）

下面我们将重新讨论项目1，包含考虑分类技术和使用学习流程来更严格评估我们的模型。使用项目1的相同数据，通过以下步骤来扩展你的项目：

（1）仔细建立一个完整的模型流程。也就是说，将你的数据分为训练、验证和测试三部分，并建立一个流程来让所有模型都在训练集上训练，同时模型之间在验证集上进行比较（类似于习题3.4）。考虑划分数据的不同方式，例如，是随机划分数据更好，还是为了选择最能预测未来趋势的模型而保留最近的观测值进行测试更好？

（2）比起将任务建模为回归问题，你可以通过评估小费是高于还是低于中位数来将问题建模为分类任务，但这可能对异常值不太敏感。考虑各种形式化的优缺点，以及你可能使用的评估指标。

（3）我们在项目1中使用的一些特征可能是高维的。例如，如果我们对一年中的每一天都使用独热编码来编码时间戳，我们的模型可能在捕捉单日趋势方面（如重大节日）非常有效，但也可能容易过拟合。使用你的流程在备选方案中选择最佳特征表示（例如，为你的时序特征选择不同的粒度水平或其他），并将正则化项纳入你的模型中。

个性化机器学习的基础知识

推荐系统简介

在第 2 章和第 3 章中修订回归和分类时,我们提供个性化预测的唯一手段是提取与用户特点(如年龄、地点、性别)相关的特征。这种模型的成功在很大程度上取决于我们提取能充分解释我们试图预测的标签的变化的特征的能力。虽然在一些回归或分类场景中是有效的,但在推荐场景中对交互进行建模时,对于哪些特征可以预测用户的行为并不太清楚,同时这些特征在一开始就不太可能收集得到。例如,考虑以下情况:

- 哪些特征对于预测用户可能会观看哪些电影是有用的?诸如用户人口统计数据等"显而易见"的特征可能只能解释交互和偏好中的变化的一小部分。
- 你将如何确定对一个晦涩或不平常的领域有用的特征类型?例如,为了推荐婴儿玩具,你会收集哪些特征?
- 是否可能存在这样的特征?在实践中,除了用户的交互历史之外,我们往往对他们知之甚少。
- 我们如何在没有可用特征的情况下进行预测?

推荐系统是在这样的情况下试图进行预测的一个基本工具,其核心是理解用户和物品之间的交互。粗略地说,推荐系统通过找到用户和物品之间的共同模式和关系来运行,因此可以从具有相似交互模式的其他用户中获得对该用户的推荐。

在本章中,我们探讨了基于简单相似度启发式的方法。我们的基本目标是识别哪些物品和哪些用户是彼此相似的。我们探讨的方法包含集合重叠(见 4.3.2 节)等简单的启发式方法,以及基于随机游走(见 4.4 节)的更复杂的方法。我们发现,即使是简单的启发式方法也可以有惊人的效果,并在实践中推动了具有较高知名度的工业推荐系统的出现,正如我们在 Amazon 推荐的案例研究中所探讨的那样(见 4.5 节)。

关键的是,我们在本章中开发的模型与我们迄今为止所看到的那些模型截然不同,它们在很大程度上避免了使用显式特征,转而采用与模式挖掘更密切相关的技术。还需要注意的是,目前,我们不会使用机器学习来构建推荐器:在第 5 章探讨机器学习(或所谓的基于模型的)方法之前,我们将使用本章来探讨整个问题设置和流程。

4.1 基本设置和问题定义

我们试图建模的具有典型模式的数据可能包含用户和物品之间的历史交互序列。例如,我们可能有这样的一个电影评分集合:

$$
\begin{array}{ll}
(\text{Julian},《教父》,4,2019年1月4日) & \\
(\text{Julian},《低俗小说》,3,2019年1月6日) & \\
(\text{Laura},《七武士》,5,2019年1月8日) & (4.1) \\
(\text{Laura},《教父》,4,2019年1月11日) &
\end{array}
$$

$$\vdots$$

这可能会在用户 ID、物品 ID 和序列性的时间戳上进一步匿名化 $^{\ominus}$：

$$
\begin{array}{cccc}
(& 264, & 547, & 4, & 1546588800) \\
(& 264, & 82, & 3, & 1546761600) \\
(3473, & 231, & 5, & 1546934400) \\
(3473, & 547, & 4, & 1547193600) \\
& & \vdots
\end{array}
\tag{4.2}
$$

这种格式在许多流行的推荐数据集和任务中普遍存在，例如流行的 Netflix 竞赛数据集（见 7.2.2 节）。这类数据可能包括"边信息"，如评论、用户的人口统计信息或电影的元数据等，但通常可能并不包括。事实上，在最简单的形式下，它甚至可能不包括评分和时间戳。

因此，从本质上讲，我们试图处理的数据只是描述用户和内容之间的交互。这种交互可以描述点击、购买、评分和喜欢等。在其他情况下，交互可以描述用户之间的社会联系、可配搭的服装物品之间的"交互"（见 9.3 节），以及其他无数的可能。

鉴于以上所述的交互数据，我们现在想问这样的问题：

- Laura 将如何评价《低俗小说》？
- 在 Laura 喜欢《教父》的前提下，Laura 还会喜欢其他哪些电影？
- Laura 接下来可能会评价哪部电影？

回答这些问题似乎很困难，因为我们似乎对所涉及的用户和物品知之甚少。然而，我们确实知道，例如 Laura 和 Julian（或用户 3473 和用户 264）最近都观看了《教父》，并给出了相似的评分。由此我们可以开始推断，他们对于其他电影也可能表现出相似的偏好。

对这些类型的问题进行推理，并对这些类型的交互进行建模，是推荐系统的主要目标。

推荐与回归或分类有什么不同

在第 2 章和第 3 章中，我们看到有几种技术似乎已经可以用来预测评分和购买等结果。例如，预测评分（如对电影的评分）似乎是一个传统的回归任务，我们可以想象各种可能与评分相关的用户和电影特征。因此，我们可以简单地尝试提取用户特征和电影特征，并拟合出如下形式的线性模型：

$$
评分(用户, 电影)=\langle\underbrace{\phi(用户, 电影)}_{用户特征和电影特征},\boldsymbol{\theta}\rangle
\tag{4.3}
$$

用户特征可能包括诸如用户年龄、性别、地点或其他可能与评分模式相关的人口统计特征等。电影特征可以捕捉时长、MPAA 评分、预算或某些演员的存在等。假设用户特征和电影特征可以独立收集，并且由于模型是线性的，上述公式可以改写成以下形式：

$$
评分（用户, 电影 ）=\langle\underbrace{\phi^{(u)}(用户)}_{用户特征}, \overbrace{\theta^{(u)}}^{用户参数} \rangle+\langle\underbrace{\phi^{(i)}(电影)}_{电影(物品)特征}, \overbrace{\theta^{(i)}}^{电影参数} \rangle
\tag{4.4}
$$

以这种方式表示时，我们可以看到，预测评分是两个独立的预测的总和：一个是对用户的预测（称为 $f(u)$），一个是对物品的预测（称为 $f(i)$）。如果我们要基于这些预测进行推荐，

$\ominus$　这里显示的时间戳称为 unix 时间，表示从 1970 年 1 月开始计算的秒数（UTC 时间）。这种表示方法通常是有用的，因为它允许在时间戳之间进行直接的比较。

例如通过推荐用户会给予最高评分的未观看过的电影，即：

$$\underset{i \in 未观看过的电影}{\arg\max} f(u) + f(i) \tag{4.5}$$

我们对每个用户的推荐将仅仅是哪部电影有最高的预测评分 $f(i)$。换句话说，每个用户都会被推荐那些具有和高评分电影相关的特征的电影。

关键的是，这样的模型不能对单个用户进行个性化推荐。即使该模型在预测评分方面达到了合理的 MSE，它也不会是一个有效的推荐系统。

为了克服这个限制，模型必须以某种方式捕捉用户和物品之间的交互，例如一个用户与某部电影的兼容性如何。显式建模用户和物品之间的交互是推荐系统的主要目标，也是将其与其他类型的机器学习区分开来的主要特点（见图 4.1）。

> 推荐系统的目标是基于历史模式对用户和消费物品之间的交互进行显式建模，这是推荐系统与其他类型的机器学习的主要区别的特征。这个特征使得模型可以理解哪些物品对哪些用户是适合的，从而以个性化的方式向每个用户进行不同的推荐。

图 4.1   推荐系统与其他类型的机器学习的比较

4.2   交互数据的表示

我们可以用几种方式来表示之前描述的交互数据。从形式上看，我们可以简单地将数据集描述为 (u, i, r, t) 元组的集合，或 $r_{u,i,t} \in \mathbb{R}$，其表示用户 u 在时间 t 为物品 i 输入评分 r。

但从概念上讲，以用户集合或矩阵的方式来考虑这些数据会更加容易。当在用户所消费的物品集合方面建立用户之间的相似度（或同样在消费过这些物品的用户集合方面建立物品之间的相似度）时，集合表示是有用的。当开发基于矩阵分解（或降维）概念的模型时，矩阵表示是有用的。

集合表示：对于我们最简单的推荐模型，我们可以在用户交互过的物品集合方面来描述用户，例如，对于一个用户 u 来说有：

$$I_u = 用户 u 所消费过的物品集合 \tag{4.6}$$

同样地，我们可以在与物品交互过的用户集合方面来描述物品：

$$U_i = 消费过物品 i 的用户集合 \tag{4.7}$$

矩阵表示：另外，我们可以以矩阵的方式表示用户/物品交互的数据集。交互矩阵可以描述用户交互过哪些物品（C），或者可以扩充我们之前的表示，以捕捉实值交互信号，如评分（R）：

$$R = \begin{bmatrix} 5 & \cdot & \cdot & 2 & 3 \\ \cdot & 4 & 1 & \cdot & \cdot \\ \cdot & 5 & 5 & 3 & \cdot \\ 5 & \cdot & 4 & \cdot & 4 \\ 1 & 1 & \cdot & 4 & 5 \end{bmatrix} \quad C = \begin{bmatrix} 1 & \cdot & \cdot & 1 & 1 \\ \cdot & 1 & 1 & \cdot & \cdot \\ \cdot & 1 & 1 & 1 & \cdot \\ 1 & \cdot & 1 & \cdot & 1 \\ 1 & 1 & \cdot & 1 & 1 \end{bmatrix} \left.\vphantom{\begin{bmatrix}1\\1\\1\\1\\1\end{bmatrix}}\right\} 用户 \tag{4.8}$$

$$\underbrace{}_{物品} \qquad\qquad \underbrace{}_{物品}$$

R 的每一行表示一个单一用户，每一列表示一个单一物品。一个特定的条目 $R_{u,i}$ 表示用户 u 给物品 i 的评分。请注意，这样一个矩阵中的绝大多数条目通常是缺失的（大多数用户没有给大多数物品评分）。事实上，缺失的条目正是我们想要预测的量 [⊖]。

集合表示和矩阵表示可以相互转换，例如，集合表示等价于：

$$I_u = \{i \mid R_{u,i} \neq 0\} \tag{4.9}$$

$$U_i = \{u \mid R_{u,i} \neq 0\} \tag{4.10}$$

我们对交互的集合表示和矩阵表示似乎都是有限的，即两者都没有传达与评分相关的时间戳（或其他任何边信息），且基于集合的表示甚至没有编码用户的评分。尽管如此，它们对于推理推荐系统背后的基本原则也是有用的，这将成为更复杂方法背后的基石。

4.3　基于记忆的推荐方法

也许最简单的（也是最普遍的）推荐方法是基于物品之间的某种"相似度"概念。也就是说，一个物品被推荐给一个用户是因为该物品与该用户最近点击过、喜欢过或消费过的物品相似。

特征诸如"浏览过 X 的人也浏览过 Y"（或"购买过 X 的人也购买过 Y"等）是这种基于相似度的推荐器的常见例子。物品是基于其与用户目前正在浏览的物品的相似度来推荐给用户的。

这样的推荐器的有效性取决于选择一个合适的相似度函数。指导这种模型的相似度函数可能基于点击或购买数据（正如我们在 4.5 节所看到的那样）。但即使如此，我们应该用什么指标来衡量点击模式是"相似的"？我们是否应该计算点击过两个物品的用户数量？或者是否需要某种标准化？还是应该考虑时序新近性？

适当地设计这种相似度函数，并基于这种相似度进行推荐，是所谓基于记忆的推荐系统的任务。这种系统被称为基于"记忆"的是因为它们是直接从数据（而不是从数据得到的模型参数）进行预测的。我们在后面看到的大多数方法都称为基于邻域的推荐系统（neighborhood-based recommender system）。在这些推荐系统中，物品因处于其他物品的邻域（即与之相似）而被推荐 [⊖]。我们在图 4.2 中总结了这一区别，并在第 5 章介绍基于模型的方法时，进一步讨论它。

> 我们在 4.3 节中研究的方法是通过写下以用户和物品的交互历史作为输入的相似度函数来进行推荐的。其中没有与每个用户或物品相关的模型（即，没有与每个用户或物品相关的参数）。原始数据被用作相似度函数的输入。这样的系统称为基于记忆（或基于邻域）的推荐器。相比之下，我们在第 5 章中开发的技术将学习每个用户和物品的表示，因此，原始数据通常不会直接用于测试时的预测。这样的系统称为基于模型的推荐器。

图 4.2　基于记忆和基于模型的推荐系统

4.3.1　定义相似度函数

定义一个基于相似度的物品到物品的推荐器本质上需要我们定义一个物品间的相似度

⊖　应该特别注意的是，矩阵表示在很大程度上是概念性的：枚举一个完整的交互矩阵是不可行的，因为这可能会有数百行（用户）和数百列（物品）。在实践中，我们使用将用户 / 物品对映射到观测值的稀疏数据结构来表示交互矩阵。

⊖　另外，各种类型的推荐系统也被称为协同过滤（collaborative filtering），但我们通常避免这个表述。这种模型是"协同的"，即用户或物品是基于其他用户或物品来进行预测的。

函数：

$$\text{Sim}(i, j) \qquad\qquad (4.11)$$

然后给定一个查询物品 i，推荐一组使给定相似度最大化的物品 j。

让我们考虑一个小玩具的例子，它有 4 个物品，以及消费过每个物品的用户集合（或者说是用户 ID）：

$$
\begin{aligned}
U_1 &= \{1,3,4,8,12,15,17,24,35,39,41,43\} \\
U_2 &= \{2,3,4,5,9,12,13,16,19,24,27,31\} \\
U_3 &= \{4,5,9,12\} \\
U_4 &= \{4,9\}
\end{aligned}
\qquad\qquad (4.12)
$$

（回想一下，在我们的符号中 U_1 表示购买过物品 1 的用户集合）。直观地说，我们可能会认为一个物品到物品的推荐器（如"购买过 X 的人也购买过 Y"）只是在计算共同购买了两个物品的用户数量。在我们的集合符号中，这将是：

$$\text{Sim}(i, j) = |U_i \bigcap U_j| \qquad\qquad (4.13)$$

在该模型下计算一些相似度，我们会发现：

$$\text{Sim}(1,2) = 4, \quad \text{Sim}(2,3) = 4, \quad \text{Sim}(3,4) = 2, \quad \cdots \qquad\qquad (4.14)$$

也就是说，我们会将物品 1 和物品 2，或物品 2 和物品 3 评定为比物品 3 和物品 4 更相似。

我们应该检查这些相对分数是否合理。物品 1 和物品 2 是流行物品，但大多数用户并没有共同购买，而购买过物品 3 的用户中有一半用户同时也购买过物品 4。如果我们在此基础上构建推荐器，我们可能会推荐如与流行牛仔裤高度相似的流行专辑，仅仅是因为它们有许多共同的用户。一般来说，这样的系统会倾向于将流行物品（如公式 4.12 中的物品 1 和物品 2）识别为相似的。具有较少相关购买的"小众"物品（如公式 4.12 中的物品 3 和物品 4）将很少被推荐。

在大多数情况下，这不是我们想要的结果，这样的系统会对流行物品进行一般性推荐，而这似乎可能不是特定于给定查询物品的上下文。

这个玩具的例子旨在证明"相似度"并不容易定义，而且不同的定义有隐式假设和不明显的结果。据推测，我们应该改进我们的相似度函数，使其具有某种合适的标准化来说明物品的流行度，正如我们后面所讨论的。

4.3.2　杰卡德相似度

我们纠正这些问题的首次尝试是以考虑每个物品的流行度的方式来标准化相似度分数。杰卡德相似度（Jaccard Similarity），或"交并比"，是通过以下公式计算得到的：

$$\text{Jaccard}(i, j) = \frac{|U_i \bigcap U_j|}{|U_i \bigcup U_j|} \qquad\qquad (4.15)$$

这种相似度函数也许可以通过图 4.3 中的文氏图得到最好的可视化 $^{\ominus}$。杰卡德相似度的取值范

$\ominus$　或者更一般地说，对于任意两个集合 A 和 B，我们有 $\text{Jaccard}(A, B) = \dfrac{|A \cap B|}{|A \cup B|}$。

围为 0（当 U_i 和 U_j 完全不重叠，因此没有交集）到 1（当交集等于并集，也就是说这些物品由完全相同的一组用户所消费）之间。

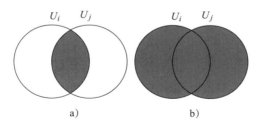

图 4.3　两个物品 i 和 j 之间的相似度可以根据以及消费过每个物品的用户集合 U_i 和 U_j 之间的交集（图 a）和并集（图 b）来计算

为了证明杰卡德相似度的作用，我们考虑了根据过去在 Amazon.com 网站上购买的物品来计算物品之间的相似度。我们将考虑 Amazon 公开可得的约 900 000 条乐器类评论的数据集 ⊖。

首先建立了一些数据结构来存储每个用户所消费的物品集合（或消费过每个物品的用户集合），即 I_u 和 U_i：

```
1   usersPerItem = defaultdict(set)
2   itemsPerUser = defaultdict(set)
3
4   for d in dataset:
5       user, item = d['customer_id'], d['product_id']
6       usersPerItem[item].add(user)
7       itemsPerUser[user].add(item)
```

我们也可以直接实现杰卡德相似度：

```
8   def Jaccard(s1, s2):
9       numerator = len(s1.intersection(s2))
10      denominator = len(s1.union(s2))
11      return numerator / denominator
```

现在，寻找一些与给定查询物品相比具有最高杰卡德相似度的物品进行推荐（即"购买过 X 的人也购买过 Y"）：

```
12  def mostSimilar(i, K): # 查询物品i, 返回结果数K
13      similarities = []
14      users = usersPerItem[i] # 已购买i的用户
15      for j in usersPerItem: # 计算每个物品的相似性
16          if j == i: continue
17          sim = Jaccard(users, usersPerItem[j])
18          similarities.append((sim, j))
19      similarities.sort(reverse=True) # 排序以查找最相似的
20      return similarities[:K]
```

最后，让我们检查一些推荐。如"AudioQuest LP 唱片清洁刷"（产品 ID B0006VM-BHI），其五个最相似的物品（mostSimilar('B0006VMBHI', 5)）是：

舒尔 SFG-2 唱针循迹力指示计
舒尔 M97xE 高性能磁性唱头
ART Pro Audio DJPRE II 唱片前置放大器

⊖　可从 https://s3.amazonaws.com/amazon-reviews-pds/tsv/index.txt 获得。

Signstek [···] 长时播放 LP 转盘唱针力标尺测试仪
Audio Technica AT120E/T 标准安装唱头

所有推荐的物品也都与唱片机有关（这只是该类别中的一小部分物品）。从语义上看，这在给定查询物品的情况下似乎是合理的。

只用几行代码，并使用一个（相当大的）真实世界数据集，我们就实现了我们的第一个推荐系统。我们的解决方案很简单（当然我们实现的效率是相当低的 [⊖]），但还是很快产生了合理的推荐。正如我们在 4.5 节所研究的那样，这些简单的基于相似度的推荐推动了网上许多引人注目的推荐系统。

4.3.3 余弦相似度

杰卡德相似度捕捉了我们关于哪些物品应该彼此相似的直觉，但只有在交互被表示为集合时才被定义。对于反馈与每个交互相关联的数据，我们希望有更精细的相似度测量方法。例如，如果两个用户都观看过电影 *Harry Potter*，但其中一个用户喜欢这个系列，而另一个不喜欢，我们可能不会认为这两个用户是"相似的"。

余弦相似度（cosine similarity）通过用向量而不是集合来表示用户（或物品）的交互历史来实现这一点。图 4.4 显示了一个示例，其中有三个物品（i_1、i_2 和 i_3）和两个用户（u_1 和 u_2），每个用户都交互过其中的两个物品。

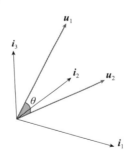

图 4.4 余弦相似度是以两个向量之间的夹角来定义的，这里描述的是用户 u_1 和 u_2

在我们之前的（集合）表示中，我们记 $I_{u_1} = \{ i_2, i_3 \}$，$I_{u_2} = \{ i_1, i_3 \}$，来描述用户 u_1 和 u_2 交互过的物品集。在向量表示中，我们可以根据表示用户交互过哪些物品的向量来简单描述用户 u_1 和 u_2。这样的向量等价于交互矩阵 R（见公式（4.8））中的行，即 $R_{u_1} = (0,1,1)$，$R_{u_2} = (1,0,1)$。

余弦相似度（在这个情况下是用户 u_1 和 u_2 之间的余弦相似度）根据向量 u_1 和 u_2 之间的夹角来定义。回想一下，两个向量 a 和 b 之间的夹角定义为：

$$\theta = \cos^{-1}\left(\frac{a \cdot b}{|a| \cdot |b|} \right) \quad \text{或} \quad \cos(\theta) = \frac{a \cdot b}{|a| \cdot |b|} \tag{4.16}$$

角度 θ 测量的是两个向量指向同一方向的程度。在交互数据的情况下，角度的范围介于

⊖ 迭代所有物品是没有必要的。相反，我们可以快速计算一个候选集，其中只有那些可能具有非零的杰卡德系数的物品。见习题 4.1。

0°（如果两个用户交互过的物品完全相同）到 90°（如果交互向量是正交的，即如果用户交互的物品集不重叠）之间。实际的余弦相似度是这个角度的余弦，如在用户 u 和 v 之间有⊖：

$$余弦相似度(u,v) = \frac{R_u \cdot R_v}{|R_u| \cdot |R_v|} \tag{4.17}$$

对于（二元）交互数据，角度的余弦的范围介于 1（当角度为零时，交互是相同的）和 0（当交互是正交时）之间。

比较公式（4.15）和公式（4.17）是很有意义的。在二元交互数据的情况下，当交互相同时，两个表达式都取值为 1，而当交互不重叠时取值为 0。对于二元交互，公式（4.17）中的分子 $R_u \cdot R_v$ 等价于 $|I_u \cap I_v|$，正如公式（4.15）中的那样。两个公式的区别仅在于它们的分母上，其本质都是基于集合 I_u 和 I_v 的大小的标准化形式（当 I_u 和 I_v 相等时，两个分母都取相同的值）。

当然，一旦我们考虑到数值交互，即与反馈相关联的交互，而不仅仅是二元（0/1）数据时，余弦相似度就会更加有趣。例如，考虑这样一个数据，其中每个交互都和"赞"或"踩"评级相关联。我们可以通过一个交互矩阵 R，如 $R_{u,i} \in \{-1,0,1\}$（其中 $-1/1$ 表示踩 / 赞，而 0 表示用户没有和该物品交互过），来进行表示。

在这种情况下，杰卡德相似度就不能很好地被定义，但是余弦相似度仍然可以在 R 的行（或列）上进行计算。图 4.5 显示了一个例子。在这里，用户 u_1 交互过两个物品（i_2 和 i_3），并都喜欢这两个物品。用户 u_2 交互过相同的两个物品，但都不喜欢这两个物品。这两个用户向量指向相反的方向，即它们的角度为 180°，余弦相似度为 -1。

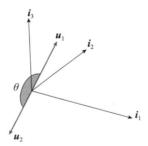

图 4.5　对相同物品评分但持相反情感倾向性的两个用户的余弦相似度

通过一些努力，我们可以将上述杰卡德相似度的代码进行修改以实现余弦相似度。这里我们使用了一个辅助数据结构（ratingDict）来检索给定的用户 / 物品对的评分：

```
1  def Cosine(i1, i2):
2      # 两个物品之间
3      inter = usersPerItem[i1].intersection(usersPerItem[i2])
4      numer = sum([ratingDict[(u,i1)]*ratingDict[(u,i2)] for u
           in inter])
5      norm1 = sum([ratingDict[(u,i1)]**2 for u in usersPerItem
           [i1]])
6      norm2 = sum([ratingDict[(u,i2)]**2 for u in usersPerItem
           [i2]])
7      denom = math.sqrt(norm1) * math.sqrt(norm2)
```

⊖　或者可以通过互换用户和物品来直接定义物品相似度。

```
8   if denom == 0: return 0 # 如果其中一个物品没有评分
9   return numer / denom
```

这样做（对于相同的查询物品）之后，排名第一的推荐仍然不变（舒尔 SFG-2 唱针循迹力指示计）。在接下来的几个推荐中，有许多并列情况（即，有相同的余弦相似度）。经检查，这些都是只有一个（重叠的）交互的物品。在这种情况下，这种物品是余弦相似度（而不是杰卡德相似度）的首选，因为对于有许多相关交互的物品来说，分母增长得很快（而公式（4.15）中并集项增长较慢，假设许多交互都是重叠的）。

哪种相似度度量标准是"更好的"？ 在这个例子中，杰卡德相似度似乎比余弦相似度"更有效"，但我们对两者之间的差异的论证还有些不精确。请注意，这个论点在很大程度上适用于这个特定的数据集（甚至是我们选择的特定查询物品）。归根结底，这些相似度测量方法本质上是启发式的。一个是否比另一个"好"取决于我们自己对相似度应该意味着什么的假设和直觉。这与我们在前几章中看到的机器学习方法不同，在这些方法中，我们有一个试图优化的具体目标（即成功的衡量标准）。我们将在第 5 章研究基于模型的推荐系统时重新讨论这个问题。

4.3.4　皮尔逊相似度

我们通过考虑二元交互数据（即集合）来提出杰卡德相似度，通过考虑如同"赞"和"踩"的极化交互来提出余弦相似度。

考虑一下这些相似度测量方法将如何在数字化的反馈分数如星级评分（如公式（4.8））上运作。以图 4.6a 所示的用户为例。其中，两个用户对相同的物品（i_2 和 i_3）进行了评分。用户 u_1 对它们分别给出了 3 星和 5 星的评分，而用户 u_2 对它们分别给出了 5 星和 3 星的评分。

根据杰卡德相似度（仅基于交互），我们会认为这两个用户是相同的（杰卡德相似度为 1）。根据余弦相似度，我们会认为它们是非常相似的，因为这两个向量之间的夹角很小。然而，人们也可以认为这些用户是彼此截然相反的：如果我们认为 5 星是正面评价，3 星是负面评价，那么这两个用户的意见确实截然不同。

我们对余弦相似度的定义并没有考虑到这种解释，本质上是因为它取决于已经具有明确的正负极性的交互。为了纠正这一点，我们可以适当地标准化评分：如果我们减去每个用户的平均值（u_1 和 u_2 都是 4 星），我们会发现他们的评分都比他们个人的平均值高或低 1 星。这样做之后，这个例子就变得和 4.3.3 节中的例子非常相似（见图 4.6b）。

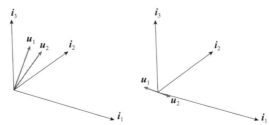

图 4.6　皮尔逊相似度。两个用户的评分向量大致指向同一方向（图 a）；在减去每个用户的平均数后，它们指向相反的方向（图 b）

这基本上是皮尔逊相似度（pearson similarity）所体现的思想。皮尔逊相关系数是评估两个变量之间关系的经典测量方法，也就是说，无论它们之间的规模和恒定差如何，它们是否具有相同的趋势。两个向量 x 和 y 之间的皮尔逊相关性被定义为：

$$\text{皮尔逊相关性}(x, y) = \frac{\sum_{i=1}^{|x|}(x_i - \bar{x})(y_i - \bar{y})}{\sqrt{\sum_{i=1}^{|x|}(x_i - \bar{x})^2}\sqrt{\sum_{i=1}^{|y|}(y_i - \bar{y})^2}} \quad (4.18)$$

将这一定义与公式（4.17）中的余弦相似度进行比较：唯一的区别是，我们从每个测量方法中减去相应向量的平均值（$\bar{x}$ 或 $\bar{y}$）。我们在图 4.7 中总结了杰卡德相似度、余弦相似度和皮尔逊相似度之间的关系。

> 我们对杰卡德相似度、余弦相似度和皮尔逊相似度的比较可以总结为以下几点：
> - 杰卡德相似度计算的是集合之间的相似度，其基本思想是找到许多用户共同购买过（或交互过）的物品（或共同购买过许多物品的用户）。集合的并集用于对数量进行标准化，以便该测量方法不会过分偏向流行物品（或高度活跃的用户）。
> - 相反，余弦相似度将交互表示为向量（基本上是交互矩阵 R 的行或列）。然后根据两个物品（或用户）的向量之间的角度来计算相似度。该定义允许计算数值交互数据的相似度，特别是如果极性（即，正或负）与每个交互都相关时。
> - 最后，皮尔逊相似度提出的动机是数值反馈可能需要适当的校准，以便将极性与每个分数相关联。例如，"3.5"的评分可能对于一个用户来说是正面的，但对于另一个用户来说是负面的。皮尔逊相似度简单地通过减去每个用户（或物品）的平均值来校准这种极性。在这种校准之后，其定义与余弦相似度类似。

图 4.7　相似度测量方法总结

当将这一概念应用于评分数据时，我们应注意不要把未观测到的评分（即公式（4.8）中 $R_{u,i}$ 的缺失值）视为零，因为这样做会扭曲我们对用户平均值的估计。因此，我们可以仅根据两个用户 u 和 v 都交互过的物品来定义他们之间的相似度：

$$\text{皮尔逊相似度}(u, v) = \frac{\sum_{i \in I_u \cap I_v}(R_{u,i} - \bar{R}_u)(R_{v,i} - \bar{R}_v)}{\sqrt{\sum_{i \in I_u \cap I_v}(R_{u,i} - \bar{R}_u)^2}\sqrt{\sum_{i \in I_u \cap I_v}(R_{v,i} - \bar{R}_v)^2}} \quad (4.19)$$

我们选择通过只考虑共同评分的物品来定义皮尔逊相似度的方式有些武断。相反，我们可以在分母中考虑每个用户评分的所有物品。使用我们的定义（其出现在如文献（Sarwar et al.，2001）中），如果用户以相同的方式对一些共同物品进行了评分，我们则认为他们是最相似的。如果我们在分母中考虑每个用户评分的所有物品，且他们评分了一些不同的物品，我们会认为他们不太相似。请记住，这些相似度函数只是启发式的。任何一个选项都不应该被认为更"正确"，而是我们应该在特定的情况下选择适合我们直觉（或产生最令人满意的结果）的定义。

我们上述的余弦相似度的代码可以很容易地进行修改，以实现皮尔逊相似度（注意上述的细节）。这里我们有一个额外的数据结构（itemAverages），用于记录每个物品的平均评分：

```
1  def Pearson(i1, i2):
2      # 两个物品之间
3      iBar1,iBar2 = itemAverages[i1], itemAverages[i2]
4      inter = usersPerItem[i1].intersection(usersPerItem[i2])
5      numer = 0
6      denom1 = 0
7      denom2 = 0
8      for u in inter:
9          numer += (ratingDict[(u,i1)] - iBar1)*(ratingDict[(u
             ,i2)] - iBar2)
```

```
10      for u in inter: # 分母求和
            usersPerItem[i1]/[i2]
11          denom1 += (ratingDict[(u,i1)] - iBar1)**2
12          denom2 += (ratingDict[(u,i2)] - iBar2)**2
13      denom = math.sqrt(denom1) * math.sqrt(denom2)
14      if denom == 0: return 0
15      return numer / denom
```

对 4.3.2 节中的查询物品进行皮尔逊相似度拟合，并不会产生特别令人满意的结果。在公式（4.19）的分母中使用 $U_i \cap U_j$ 会产生许多相似度为 1.0 的物品（通常只是由于单个重叠的交互）。在公式（4.19）的分母中分别使用 U_i 和 U_j，则会产生更有意义的结果，尽管它们来自一大类似乎并不密切相关的物品。

可能这些结果不令人满意仅仅是因为例如唱片清洁刷的评分不是那些可以有意义地转移到其他物品的因素。人们购买唱片清洁刷可能是因为它的实用性，而不是因为他们对这些物品的个人偏好。如果评分的变化主要是由于制造质量或效力，那么皮尔逊相似度可以识别具有"相似"制造质量或效力的其他物品，但是那些可能不是语义上相似的物品。在这个特殊的例子中，以购买的物品来定义相似度的杰卡德相似度似乎比以偏好来定义相似度的皮尔逊相似度更合适。

不过，这种方法可能不适合这个数据集或这个查询物品。让我们在另一个数据集上再试一次，这次是来自 Amazon 视频游戏类别。给定查询"《海贼王：海盗战士》"（*One Piece: Pirate Warriors*），根据皮尔逊相似度 ⊖，其五个最相似的物品是：

《钢之炼金术师：无法飞翔的天使》
《怪物农场 4》
《最终幻想 10/10-2 HD 版》
《苍翼默示录：连续变换 扩展版限量版》
《杀戮地带 3》等

这些推荐看起来更合理。除了适用于相似的平台（如 PlayStation）之外，大多数在类型和风格方面也相当相似（如日本的、基于动漫的等）。似乎在这种情况下，风格和类型等特征可以更好地解释评分的变化，使得皮尔逊相似度更加有效。

最后，这些相似度测量方法不需要像我们在这里所做的那样直接用于推荐（即简单地检索给定查询的最相似的物品）。实际上，它们可能是指导更复杂算法的子程序。例如，为了向用户推荐物品，我们可以首先找到相似的用户，并推荐那些用户中的许多人喜欢的物品，而不是简单地直接依赖于物品 – 物品相似度（例如，见 4.5 节和习题 4.3）。

4.3.5　使用相似度测量方法进行评分预测

在第 5 章中，我们将上述基于相似度的推荐方法与机器学习（或"基于模型"）的方法进行对比，后者直接寻求尽可能准确地预测评分（或交互）。

然而，这两个目标（测量相似度与预测评分）并不相悖，事实上，人们可以把测量相似度作为预测评分的一种手段。

这种方法的本质是，可以根据用户对相似物品的评分来估计用户对该物品的评分（同样地，是对于"相似度"的一些适当定义）。一个这样的定义（来自文献（Sarwar et al.,

---

⊖　在分母中再次分别使用 U_i 和 U_j。

2001)) 将评分预测为用户对其他物品评分的加权和：

$$r(u,i) = \frac{\sum\limits_{j \in I_u \setminus \{i\}} R_{u,j} \cdot \mathrm{Sim}(i,j)}{\sum\limits_{j \in I_u \setminus \{i\}} \mathrm{Sim}(i,j)} \tag{4.20}$$

其中 $\mathrm{Sim}(i,j)$ 可以是如上所述的任何物品 – 物品相似度函数。请注意，$r(u,i)$ 是一个预测值，而 $\boldsymbol{R}_{u,i}$ 是一个历史评分。

上述公式背后的直觉是，在预测未来的评分时，最相似的物品应该是最相关的，因此用户过去对那些物品的评分被赋予最高的权重。同样地，这只是一个预测评分的启发式方法，可以用不同的方式定义。例如，我们可以根据用户相似度写下同样的定义：

$$r(u,i) = \frac{\sum\limits_{v \in U_i \setminus \{u\}} R_{v,i} \cdot \mathrm{Sim}(u,v)}{\sum\limits_{v \in U_i \setminus \{u\}} \mathrm{Sim}(u,v)} \tag{4.21}$$

或者，我们可以通过对平均评分的偏差进行加权来提高性能，而不是通过直接评分的方式：

$$r(u,i) = \overline{R}_i + \frac{\sum\limits_{j \in I_u \setminus \{i\}} (R_{u,j} - \overline{R}_j) \cdot \mathrm{Sim}(i,j)}{\sum\limits_{j \in I_u \setminus \{i\}} \mathrm{Sim}(i,j)} \tag{4.22}$$

使用 4.3.4 节中的视频游戏数据，并遵循公式（4.22）中的预测函数（使用杰卡德相似度作为我们的相似度函数），预测评分与真实标签相比的 MSE 为 1.786，而当总是预测平均值时，MSE 为 1.838。

下面是实现公式（4.22）的评分预测模型的代码。在这里我们使用杰卡德相似度，尽管任何物品 – 物品相似度指标都可以用来代替它。注意，为了评估这类算法，我们必须小心地将查询物品（i）从所有求和中排除 [⊖]：

```
1   def predictRating(user,item):
2       ratings = [] # 收集评分用于计算平均值
3       sims = [] # 以及相似度分数
4       for d in reviewsPerUser[user]:
5           j = d['product_id']
6           if j == item: continue # 跳过查询物品
7           ratings.append(d['star_rating'] - itemAverages[j])
8           sims.append(Jaccard(usersPerItem[item],usersPerItem[
                j]))
9       if (sum(sims) > 0):
10          weightedRatings = [(x*y) for x,y in zip(ratings,sims
                )]
11          return itemAverages[item] + sum(weightedRatings) /
                sum(sims)
12      else:
13          # 用户没有评过任何相似物品
14          return ratingMean
```

4.4 随机游走方法

到目前为止，我们已经开发了推荐系统，其中用户交互数据被表示为集合或矩阵。基

⊖ 严格地说，我们存储平均评分的辅助数据结构也应该进行调整，以排除查询交互。

于这两种表示方法，即基于集合（见 4.3.2 节）和基于向量（见 4.3.3 节），相似度自然就产生了。

用户交互数据的第三种可能的表示方式是将交互视为二分图（见图 4.8）。在这里，用户和物品都是一组节点，用户和物品之间的边表示用户的交互（其中，边可以由评分或交互频率来加权）。

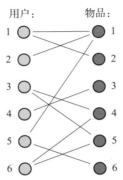

图 4.8　用户交互可以被表示为连接用户和物品的二分图。可以通过模拟图上的随机游走来进行推荐，使得"附近的"物品被认为是相似的

基于这种表示，基于随机游走的方法通过模拟随机沿着图的边遍历图的游走者来评估节点的相关性或紧密程度。具体来说，基于随机游走的方法试图通过评估从节点 x 开始的随机游走在节点 y 结束的概率来评估两个节点 x 和 y 之间的关系强度。

与 PageRank 的关系：注意，这与 PageRank 或 HITS（Brin and Page，1998; Kleinberg，1999）等算法非常相似。这些算法也对图数据的随机游走进行建模，其目标是计算平稳分布 π，其中 π_x 表示游走者在任意给定步骤中访问节点 x 的概率。这是通过定义以下关系来计算的：

$$\pi^{(t)} = \pi^{(t-1)} \boldsymbol{P} \tag{4.23}$$

（其中 $\boldsymbol{P}$ 是转移概率的矩阵），并计算 $\pi = \lim_{t \to \infty} \pi^{(t)}$。这可以通过幂迭代来计算（即迭代计算公式（4.23）中的关系），它将收敛到 $\boldsymbol{P}$ 的主特征向量（Brin and Page，1998）。PageRank 包括一个额外的细节，即阻尼因数 d，它模拟了随机游走者在任何一步终止（并随机重新开始）游走的"点击概率"。如果没有这一项，固定概率 π_i 将被"接收"页面（即没有导出链接）所支配。完整描述见文献（Brin and Page，1998）。

当在 PageRank 或 HITS 上下文中使用上述方法时，我们通常将 π_x 视为页面"质量"或"权威性"的总体衡量标准。在推荐设置中，我们可能反而对转移概率感兴趣，即一个随机游走者从物品 i 开始访问物品 j 的概率。

为此，我们从节点之间的转移概率 $p(j|i)$ 开始，它表示当前在节点 i 的游走者将在下一步中访问节点 j 的概率（我们在下面给出一些这样的转移概率的例子）。这些概率可以聚合成一个转移矩阵 $\boldsymbol{P}$（其中 $P_{i,j} = p(j|i)$）。这些一阶概率表示节点 i 处的随机游走者在下一步中访问节点 j 的概率。为了计算游走者最终在某一步访问 j 的概率，我们可以取转移矩阵 $\boldsymbol{P}$ 的幂：

$$P^* = \sum_{n=1}^{\infty} \frac{(d\boldsymbol{P})^n}{|(d\boldsymbol{P})^n|} \tag{4.24}$$

这里 d 也是一个阻尼因数。阻尼因数可以防止概率因游走者最终转移到流行物品而变得饱和（saturated）（Yildirim and Krishnamoorthy，2008）。

文献（Li et al.，2009）是其代表性论文，它最接近上述的设定（和符号）。他们使用这种范式来设置杂货店推荐。他们首先定义用户和物品之间的转移概率（在一个类似于图 4.8 的二分图上）：

$$p(i\,|\,u) = \frac{f(u,i)}{\left(\sum_j f(u,j)\right)^{\alpha_1}}, \quad p(u\,|\,i) = \frac{f(u,i)}{\left(\sum_v f(v,i)\right)^{\alpha_2}} \tag{4.25}$$

在这里，$f(u,i)$ 测量的是用户 u 和物品 i 之间的历史购买频率。α_1 和 α_2 惩罚与许多转移相关的用户或产品（物品）。物品之间的转移概率 $p(j\,|\,i)$ 可以通过对所有用户求和得到：

$$p(j\,|\,i) = \sum_{u=1}^{|U|} p(j\,|\,u)\,p(u\,|\,i) \tag{4.26}$$

Li 等人（2009）将像公式（4.24）这样的相似度函数与 4.3 节中的传统物品-物品相似度函数进行了比较。

其他学者也采用了类似的方法，尽管他们采用了不同的方式来定义物品之间的转移概率。文献（Liu and Yang，2008）根据这些物品已获得的评分来定义物品之间的转移概率。

请注意，基于随机游走的方法背后的思想是相当普遍的。我们上述只描述了最简单的设置，其中（二分）图是根据用户和物品相似度来定义的。基于这种范式的其他方法建立了更复杂的图结构，以揭示用户、物品或其他特征之间的不同类型的关系。例如，来自各组织的作者可以在各种场合发表论文（本质上是一个"四方"图）（Dong et al.，2017b），或者可以根据在同一个购物篮中共同购买了哪些物品来定义更丰富的物品关系（除了用户-物品关系之外）（Wan et al.，2018）。最终，基于图的表示为我们提供了一种直接的手段，并通过一个共同框架来合并几种类型的关系。我们在 7.3.2 节中研究了一个对会话中的交互进行建模的具体实例。

4.5　案例研究：Amazon.com 的推荐

在 2003 年的一篇论文中（Linden et al.，2003），研究人员描述了 Amazon 推荐技术的基础技术。该论文描述了推荐相关物品的系统，例如，"购买了你的购物车中的物品的顾客也购买了"。

该论文描述的第一个推荐方法是基于余弦相似度（见 4.3.3 节）的方法。有趣的是，余弦相似度是定义在用户之间，而不是像我们在 4.3.2 节中定义在物品之间的。其目标是推荐类似客户以前购买过的物品。该论文讨论了将这种类型的相似度计算扩展到大量 Amazon 用户的问题，并讨论了一种基于用户-用户相似度测量方法对用户进行聚类的替代策略。然后，可以通过确定用户的聚类成员来找到与给定用户相似的顾客（这是一个分类问题）。

尽管 Linden 等人（2003）对 Amazon 所实现的具体细节谈得不多，但他们的工作确实强调了一个关键点，即真实世界中的大规模推荐器不需要基于复杂的模型。相反，主要的考虑因素是构建简单但可伸缩的模型。

继文献（Linden et al.，2003）之后，又有一篇后续论文发表，该论文描述了 Amazon 上更现代的推荐技术（Smith and Linden，2017）。它首先描述了对前面描述的算法的微小修改。例如，他们描述了一种基于物品到物品的方法，该方法更容易让人想起 4.3.2 节中的方法，并描述了这类问题的大部分计算是如何离线完成的。其次，它还强调了选择良好的相似度启发式方法的重要性，并讨论了这样做的一些策略。最后，它讨论了在设计推荐器时考虑时序因素的重要性，这也是我们在第 7 章的主要关注点。

习题

4.1 这些习题可以使用任何有用户、物品和评分的数据集来完成（包括下面在项目 3 中使用的同一数据集）。我们在 4.3.2 节实现的基于杰卡德相似度的推荐器被证明是一个有效的推荐器，尽管实现时效率低。效率低的主要原因是对所有物品进行迭代。一个更有效的实现方法可能是先建立一个较小的候选物品集，并注意到只有那些与查询物品至少有一个共同用户的物品可能具有非零的杰卡德相似度。这个候选集可以通过获取购买了查询物品 i 的所有用户，以及他们购买的其他物品的并集（除了 i 之外）来构建，即 $\bigcup_{u \in U_i} I_u \setminus \{i\}$。在 4.3.2 节修改我们的实现方法以使用该候选集后，确认它产生了相同的推荐，并将其运行时间与原始实现方法的运行时间进行比较。

4.2 尽管我们在第 5 章详细讨论了评估指标，但在这个习题中，我们将为基于相似度的推荐器建立一个简单的质量测量。具体来说，如果一个物品到物品的推荐器倾向于将由用户 u 购买的物品 i 和物品 j 评为比不是由同一用户购买的两个物品更相似，那么它可能被认为是"有用的"。对于每个用户来说，随机采样他们的两个交互 i 和 j，以及不由用户 u 购买的第三个交互 $k \in I \setminus I_u$。测量系统评定 $\mathrm{Sim}(i, j) \geq \mathrm{Sim}(i, k)$ 的频率。用杰卡德相似度、余弦相似度和皮尔逊相似度（或其他变体）的测量方法进行计算，以获得最适合特定数据集的测量方法[⊖]。

4.3 我们在 4.3.2 节和习题 4.1 中开发的代码到目前为止只是一个物品到物品的推荐器，并不能根据用户的历史产生推荐。但是它可以通过集中方式进行调整，例如：

- 基于与用户历史上所有物品 j 相比的平均相似度，推荐一个物品 i。
- 只对最近 K 个物品进行平均，或以其他方式对平均值进行加权，而不是对用户历史上的所有物品进行平均。
- 选择一个高度相似的用户所消费的物品。

探索诸如上述的备选方案，以确定哪种方案最能根据用户的历史推荐其未来的交互。为了便于评估，将分数 (u, i) 和每个候选推荐相关联的变体是有用的。例如，这个分数可以是用户 u 历史上的物品 i 和物品 j 之间的平均余弦相似度，或者可以是用户 u 和消费过物品 i 的最相似用户 v 之间的杰卡德相似度。可以使用与习题 4.2 相似的方法来比较这些方法：即与随机选择的物品相比，该方法是否倾向于为用户交互的（保留的）物品

⊖   还需要考虑处理并列情况的最有效方法。并列可以被算作算法的失败，也可以与成功或失败分开计算。

分配更高的分数 ⊖。

4.4 按照公式（4.20）到公式（4.22）的形式实现评分预测模型。比较三者的 MSE（使用整个数据集或随机采样）。

项目3：针对书籍的推荐系统（第1部分）

在这个项目中，我们将建立推荐系统，以对来自 Goodreads 的书评进行推荐（我们在第 2 章中稍做研究）。在这里，我们将建立简单的基于相似度的推荐器，然后在第 5 章（见项目 4）中采用更复杂的推荐方法来继续这个项目。我们还将使用这个项目来为这种类型的任务建立一个评估流程（尽管我们在第 5 章中更详细地讨论了推荐系统的评估策略）。

虽然这个项目可以使用任何包括用户、物品和评分的数据集来完成，但我们仍建议使用 Goodreads 数据的一个小子集（如诗歌或漫画书类别的评论），以便快速对其他方法进行基准测试。

（1）首先，实现简单的物品到物品的推荐策略，如习题 4.3（你可以按照该习题中类似的评估策略）。

（2）尽管在本章中探讨的方法在很大程度上不是基于机器学习，但我们也没有理由不能训练一个分类器来预测（或排名）用户可能会阅读的书籍。我们将在第 5 章中探讨这种情况下更复杂的方法，但现在让我们看看，通过试图提取一些简单的特征来描述用户 / 物品的交互，我们能进行到哪步。首先，构建一个训练集，该训练集包含由用户 u 阅读过的书籍 i 所组成的所有 (u,i) 对；接着，构建一个（同样大小的）负样本集，该负样本集由用户没有阅读过的书籍组成的 (u,j) 对所构成（如通过随机抽样产生）。现在，我们希望构建一个可以用来预测用户 u 是否阅读过书籍 i 的特征向量 $\phi(u,i)$。为了建立一个有用的推荐系统，我们必须包括描述用户和书籍之间的交互的特征。你会使用到的例子可能包括：

- 书籍的流行度（如物品 i 在训练集中的出现次数，或其平均评分）。
- 书籍 i 和用户 u 阅读过的最相似的书籍之间的杰卡德相似度（或其他任何相似度测量方法）（即 $\max_{j \in I_u} \mathrm{Sim}(i,j)$）。
- 同样地，用户 u 和阅读过书籍 i 的最相似用户之间的相似度。
- 其他任何相似度测量方法、用户或物品特征。

你的分类器可以用标准的准确率或排名标准（尽管我们在 5.4 节中进一步讨论了这个情况下的评估）。将这种基于分类的方法与习题 4.3 中的方法进行比较 ⊖。

（3）最后，考虑使用数据预测评分，如习题 4.4。我们将在项目 4 中把这些预测与基于模型的方法进行比较。

⊖ 当保留一个交互以进行评估时，要仔细确保这个交互也保留在你构建的任何辅助数据结构中。如果使用稀疏的数据集，这很可能会让许多候选物品的分数为零。你可以考虑使用一个更稠密的数据集，或在 5.4 节中我们开发出更复杂的评估技术后重新进行练习。

⊖ 如果实现得当，分类方法应该表现得更好，因为其他相似度测量方法被分类器用作特征。实质上，我们的分类器正在实现一种简单的集成（ensembling）形式。

第 5 章

Personalized Machine Learning

基于模型的推荐方法

我们在第 4 章开发推荐系统时,已经避免了对机器学习的任何讨论。尽管到目前为止我们开发的"基于记忆"这种类型的推荐系统(见图 4.2)可以用来做预测(通过估计下一个物品或预测评分,如 4.3.5 节),但从某种意义上来说,它们并没有通过优化来这么做。也就是说,我们使用启发式的方法来对物品进行排序和预测评分。这与我们在第 2 章和第 3 章中开发的方法不同,我们在第 2 章和第 3 章中关注的是通过一些模型参数进行优化的目标(涉及准确率或误差项)。

在本章中,我们开发了基于模型的推荐方法,将第 2 章和第 3 章中的回归和分类方法修改为估计用户和物品之间的交互的问题。也就是说,我们关注的是拟合模型,该模型将用户 u 和物品 i 作为输入,以便估计交互标签 y(如购买、点击或评分):

$$f(u, i) \rightarrow y \tag{5.1}$$

从表面上看,解决这样一个预测任务似乎与我们已经开发的回归或分类场景没有什么不同:我们可能会天真地想象收集一些适当的用户或物品特征,并应用我们已经开发的技术。然而,正如我们在第 4 章开始讨论的那样(见 4.1 节),这种设置的某些特征使传统的回归和分类方法变得无效,并要求我们探索专门为捕捉交互数据动态而设计的新方法,具体来说有:

- 在这一章中,我们开发的大部分技术都完全抛弃了特征,并纯粹基于历史交互来进行预测。这部分归因于收集有用特征的困难,也归因于作为用户偏好和行为的基础的复杂语义。

- 因此,与我们在第 2 章和第 3 章中将参数和特征相关联不同,我们在这里开发的模型将参数与单个用户或物品相关联。正如我们在 1.7.2 节中所讨论的那样,这将是我们对基于模型的个性化的思想的介绍。

- 为了对用户(和物品)进行建模,我们将在 5.1 节中引入潜在空间(latent space)的概念,通过该概念我们可以自动发现解释人们观点变化的隐藏维度(hidden dimension),但不必确切知道这些维度对应于什么。

我们对推荐系统的讨论将构成我们在本书其余部分开发的许多模型的基础。尽管在这一章中我们将构建纯粹基于交互历史的预测模型,但稍后我们将展示如何通过纳入特征(见第 6 章)和时序信息(见第 7 章)来扩展相似的模型。之后,当我们进一步开发结合文本(见第 8 章)和图像(见第 9 章)的个性化模型时,这种通过潜在空间对用户进行建模的概念将会反复出现。

与"基于记忆的"推荐方法相比,基于模型的方法试图学习用户和物品的参数化表示,从而可以根据学到的参数来进行推荐。基于模型的方法通常是根据监督学习进行的,因此其目标是尽可能准确地预测评分、购买和点击等。我们在图 5.1 中总结了这两类方法的区别。

选择基于模型还是基于记忆的方法有多种原因。我们总结了其中的一些优点和缺点，如下所示：

训练和推理的复杂性：基于模型的方法通常需要（昂贵的）离线训练，并且一旦训练完成，推荐就有可能被快速检索。例如，通过检索参数空间中的最近邻或最大内积（见 5.6 节）。相比之下，基于记忆的方法虽然不需要训练，但可能依赖于计算密集型的启发式方法。

可理解性：通常，简单的推荐可能更受欢迎，因为它们很容易向用户解释。相比之下，基于机器学习的推荐可能会因为其"黑箱"的性质而让用户感到不舒服（我们将在 8.4.3 节进一步探讨可解释性（explainability）和可理解性（interpretability）的概念）。

准确率：基于模型的系统很有吸引力，因为它们直接优化了所需要的误差测量。另一方面，易处理的误差测量可能与用户满意度没有较大关系，并且可能会偏离推荐质量的改进。

图 5.1　基于记忆的方法与基于模型的方法

Netflix竞赛

在 2006 年，Netflix 发布了一个包含 100 000 000 条电影评分的数据集（涉及 17 770 部电影和大约 480 000 个用户）。他们的数据集采用了 4.1 节中描述的形式，即完全由（用户、物品、评分、时间戳）元组所组成。与该数据集相关的是一个比赛（Bennett et al., 2007），即与 Netflix 现有的解决方案相比，将 RMSE（在保留评分的测试集上）降低 10%。第一个做到这一点的团队将赢得 100 万美元的奖金。

该比赛的历史本身就很有趣。早期领先团队联合起来开发集成方法，获胜的团队几乎在紧张的比赛中打成平手。这次比赛还引发了对这种具有较高知名度的比赛的价值的广泛讨论，以及缩小 MSE 是否真的能改进推荐的问题。而后比赛数据去匿名化也导致了对 Netflix 的诉讼 ⊖（Narayanan and Shmatikov, 2006）。最后，还有一个问题是，取得最佳竞赛性能的复杂模型（具有许多复杂的、交互的和精心调试的组件，并且训练成本高昂）是否真的可以部署。

除了比赛本身的具体内容外，数据集和具有较高知名度的比赛催生了大量关于推荐系统的研究，尤其是评分预测的特定场景。获胜的方法是通过矩阵分解实现的基于模型的解决方案，我们将在下面介绍相关内容。

5.1　矩阵分解

基于模型的推荐器的基本假设是，在我们试图预测的交互中存在一些潜在的低维结构。换句话说，基于模型的推荐系统本质上是一种降维的形式。

简单来说，我们假设用户的意见，或者说是他们消费的物品的属性，可以被有效地总结。你是否倾向于动作片（以及这是动作片吗）？你是否倾向于喜欢高预算、特定演员或时间较长的电影？在某种程度上，购买、点击或评分可以用这些因素来解释，而基于模型的推荐的目标就是要发现这些因素。

考虑到 4.1 节中的数据形式，这似乎是一个困难的过程：我们对发现这些重要因素所需要的必要特征一无所知（即我们不知道哪些电影是动作片、哪些电影时间较长等）。但令人惊讶的是，即使对它们一无所知，人们仍然可以知道这些潜在的维度。例如，考虑下面描述的交互（如点击）数据：

⊖　这也是一个有趣的故事，因为带有匿名的用户和物品 ID 的竞赛数据乍一看似乎是充分匿名的。

$$\boldsymbol{R} = \begin{bmatrix} 1 & \cdot & 1 & \cdot & \cdot \\ 1 & 1 & 1 & \cdot & \cdot \\ \cdot & 1 & 1 & \cdot & \cdot \\ \cdot & \cdot & \cdot & 1 & 1 \\ \cdot & \cdot & \cdot & 1 & \cdot \end{bmatrix} \begin{matrix} u_1 \\ u_2 \\ u_3 \\ u_4 \\ u_5 \end{matrix} \qquad (5.2)$$
$$ i_1 \; i_2 \; i_3 \; i_4 \; i_5$$

这个矩阵似乎可以大致分解为两个"块",如:

$$
\begin{aligned}
\gamma_{u_1} &= [1,0] & \gamma_{i_1} &= [1,0] \\
\gamma_{u_2} &= [1,0] & \gamma_{i_2} &= [1,0] \\
\gamma_{u_3} &= [1,0]; & \gamma_{i_3} &= [1,0] \\
\gamma_{u_4} &= [0,1] & \gamma_{i_4} &= [0,1] \\
\gamma_{u_5} &= [0,1] & \gamma_{i_5} &= [0,1]
\end{aligned}
\qquad (5.3)
$$

然后,我们可以(大致)用 $R_{u,i} = \gamma_u \cdot \gamma_i$ 来概括公式(5.2)中的矩阵 $\boldsymbol{R}$。$\boldsymbol{R}$ 中的两个块可能与数据中的某些特征相对应,如购买男装和女装的男性和女性用户。如果是这样,公式(5.3)中的值将对应于用户和物品的性别。但要严格注意的是,我们发现这些因素只是因为它们概括了矩阵的结构,而不需要依赖观测到的特征。

矩阵分解(matrix factorization)遵循相同的思想,即同样是通过寻找解释观测到的交互的潜在结构。

从本质上来说,我们的目标是用低维因子来描述一个(只有部分观测得到的)矩阵,即

$$\underbrace{\left[\; \boldsymbol{R} \;\right]}_{|U| \times |I|} = \underbrace{\left[\; \boldsymbol{\gamma}_U \;\right]}_{|U| \times K} \times \underbrace{\left[\; \boldsymbol{\gamma}_I^{\mathrm{T}} \;\right]}_{K \times |I|} \qquad (5.4)$$

也就是说,我们假设维度为 $|U| \times |I|$ 的矩阵 $\boldsymbol{R}$(用户数乘以物品数),可以近似为一个"高"矩阵 γ_U 和一个"宽"矩阵 γ_I^{T}。现在,$R_{u,i}$ 可以通过取 γ_U 的对应行和 γ_I^{T} 的对应列来估计:

$$R_{u,i} = \gamma_u \cdot \gamma_i \qquad (5.5)$$

这就如同我们所提到的例子一样。$\gamma_u \in \mathbb{R}^K$ 描述的是一个用户的潜在向量,$\gamma_i \in \mathbb{R}^K$ 描述的是一个物品的潜在向量。

我们在图 5.2 描述了这种向量的例子。直观地说,γ_u 可以认为是描述用户 u 的"偏好",而 γ_i 描述的是物品 i 的"属性"。如果物品 i 的属性符合用户 u 的偏好(即,它们的内积较高),那么该用户会喜欢该物品(如,给予高评分或与之交互)。潜在维度 $\gamma_{.1}$ 和 $\gamma_{.2}$ 等描述了那些最能解释 $\boldsymbol{R}$ 的变异性的潜在因子。例如,如果在 Netflix 数据集上训练这样一个模型,它们可能会测量一部电影是喜剧片还是爱情片的程度,或者其特效的质量。然而,这些因子是潜在的,发现这些因子纯粹是为了最大限度地解释观测到的交互。基于矩阵分解原则的模型通常称为潜在因子模型(latent factor model)。

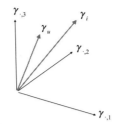

图 5.2　潜在因子模型中的用户 u 和物品 i 的表示

与奇异值分解的关系

简而言之，我们注意到公式（5.4）中描述的分解与奇异值分解（Singular Value Decomposition, SVD）密切相关。在奇异值分解下，矩阵 M 可以分解为

$$M = U \sum V^{\mathrm{T}} \tag{5.6}$$

其中 U 和 V 是 M 的左右奇异值（MM^{T} 和 $M^{\mathrm{T}}M$ 的特征向量），$\sum$ 是 MM^{T}（或 $M^{\mathrm{T}}M$）的特征向量的对角矩阵。重要的是，通过取 U、$\sum$ 和 V 中的前 K 个特征向量 / 特征值，就 MSE 而言，可以找到 M 的最佳可能秩 K 近似（Eckart-Young 定理）。虽然这似乎给我们提供了一个选择公式（5.5）中最佳的 γ_u 和 γ_i 的方法，但是奇异值分解只针对完全能观测到的矩阵，而不是像 R 中那样针对部分观测到的交互。即使这可以解决例如通过对缺失值进行数据填补（data imputation）的问题，但在一个可能有数百行和列的矩阵上计算 SVD 也是不切实际的。因此，在实践中，我们不会计算特征向量和特征值，而是采用基于梯度的方法，如下所述。然而，与 SVD 的关系给了我们一个提示，即 γ_u 和 γ_i 可能对应于因子的类型。

5.1.1　拟合潜在因子模型

迄今为止，我们已经描述了对潜在用户和物品因子的交互进行建模的直觉，但还没描述如何根据这一原则来拟合模型。也就是说，我们希望通过选择 γ_U 和 γ_I 可以最接近地拟合交互数据。例如，按照上述的 Netflix 竞赛的设置，通过最小化 MSE 等一些损失：

$$\arg\min_{\gamma} \frac{1}{|\boldsymbol{R}|} \sum_{(u,i)\in\boldsymbol{R}} \left(f(u,i) - R_{u,i}\right)^2 \tag{5.7}$$

其中，$f(u,i)$ 是我们的预测函数 $f(u,i) = \gamma_u \cdot \gamma_i$。

正如上述讨论 SVD 时所提到的，我们寻求一种基于梯度下降的解决方案。当最小化 MSE 时，该解决方案应该类似于我们在 2.5 节所看到的那样。请注意，像往常一样，我们应该小心将交互 $(u,i) \in \boldsymbol{R}$ 划分为训练集、验证集和测试集，并引入一个正则化项以避免过拟合，如下所述。

用户和物品偏置

在描述基于梯度下降的解决方案来拟合诸如公式（5.7）中的模型之前，我们首先建议一些步骤来扩充模型，以提高预测准确率。

尽管形式为 $r(u,i) = \gamma_u \cdot \gamma_i$ 的简单解决方案似乎可以捕捉到我们希望的交互类型，但这很难正则化。考虑添加一个简单的 ℓ_2 正则化项，如：

$$\Omega(\boldsymbol{\gamma}) = \sum_{u=1}^{|U|} \sum_{k=1}^{K} \gamma_{u,k}^2 + \sum_{i=1}^{|I|} \sum_{k=1}^{K} \gamma_{i,k}^2 \qquad (5.8)$$

这个正则化项（对于较大的）会使参数接近于零。因此，预测值 $\gamma_u \cdot \gamma_i$ 也将接近于零，系统也将系统性地低估评分。

有几种方法可以避免这种情况。简单地说，我们可以在训练之前简单地从所有的评分中减去平均值（$\overline{R}$），从而使其以零为中心。或者，回想一下 3.4.2 节，我们小心地从正则化项中排除截距项 θ_0。尽管我们目前的模型缺少这样一个截距项，但我们可以直接添加一个：

$$r(u,i) = \alpha + \gamma_u \cdot \gamma_i \qquad (5.9)$$

注意，我们仍然会像公式（5.8）中那样进行正则化。

尽管偏移项（offset term）α 纠正了系统性地低估评分的问题，但它在单个用户或物品的层面上仍存在类似的问题。同样，正则化项使 γ_u 和 γ_i 接近于零，因而预测也将接近于 α。但是单个用户或物品可能倾向于系统性地给出比 α 高得多（或低得多）的评分，这意味着我们的正则化项再次使得我们系统性地低估（或高估）评分。

我们再次通过添加额外的偏置项（bias term）来纠正这一点，这次是在单个用户或物品的层面上：

$$r(u,i) = \alpha + \beta_u + \beta_i + \gamma_u \cdot \gamma_i \qquad (5.10)$$

β_u 现在编码用户 u 的评分倾向于高于或低于 α 的程度，而 β_i 编码物品 i 倾向于得到高于或低于 α 的评分的程度 [⊖]。

添加这些偏置项会给模型引入额外的 $|U|+|I|$ 个参数。这些项是否应该包含在正则化项 Ω 中尚有争议：一方面，它们类似于偏移项，而我们通常不会对偏移项进行正则化（与我们不对 α 进行正则化的原因一样）；另一方面，不对其进行正则化可能会导致过拟合。在实践中，这些项可能会简单地包含在正则化项中：

$$\Omega(\boldsymbol{\beta}, \boldsymbol{\gamma}) = \sum_{u=1}^{|U|} \beta_u^2 + \sum_{k=1}^{K} \gamma_{u,k}^2 + \sum_{i=1}^{|I|} \beta_i^2 + \sum_{k=1}^{K} \gamma_{i,k}^2 \qquad (5.11)$$

或者，我们可以用不同强度来对 $\boldsymbol{\beta}$ 和 $\boldsymbol{\gamma}$ 进行正则化（因为我们通常希望 $\boldsymbol{\beta}$ 值较大）：

$$\lambda_1 \Omega(\boldsymbol{\beta}) + \lambda_2 \Omega(\boldsymbol{\gamma}) = \lambda_1 \left(\sum_{u=1}^{|U|} \beta_u^2 + \sum_{i=1}^{|I|} \beta_i^2 \right) + \lambda_2 \left(\sum_{u=1}^{|U|} \sum_{k=1}^{K} \gamma_{u,k}^2 + \sum_{i=1}^{|I|} \sum_{k=1}^{K} \gamma_{i,k}^2 \right) \qquad (5.12)$$

尽管这样做会导致要调节多个正则化常数。

梯度更新公式

在公式（5.10）的新模型下，我们希望最小化的目标（在交互 $\mathcal{T}$ 的训练集上）是：

$$\mathrm{obj}(\alpha; \boldsymbol{\beta}; \boldsymbol{\gamma} \mid \mathcal{T}) = \frac{1}{|\mathcal{T}|} \sum_{(u,i) \in \mathcal{T}} (r(u,i) - R_{u,i})^2 + \lambda \Omega(\boldsymbol{\beta}; \boldsymbol{\gamma}) \qquad (5.13)$$

⊖ 注意，我们小心地不把 α 称为"平均"评分，事实上，一般来说，一旦我们拟合模型 $\alpha \neq \overline{R}$，就会如同偏移项 θ_0 不是线性回归模型中的平均值 $\overline{y}$ 一样。

$$= \frac{1}{|\mathcal{T}|} \sum_{(u,i)\in\mathcal{T}} (\alpha + \beta_i + \beta_u + \gamma_i \cdot \gamma_u - R_{u,i})^2 + \lambda\Omega(\boldsymbol{\beta},\boldsymbol{\gamma}) \qquad (5.14)$$

假设正则化项采用公式（5.11）中的形式，则偏导数（对于 α、β_u 和 $\gamma_{u,k}$）为：

$$\frac{\partial\text{obj}}{\partial\alpha} = \frac{1}{|\mathcal{T}|} \sum_{(u,i)\in\mathcal{T}} 2(r(u,i) - R_{u,i}) \qquad (5.15)$$

$$\frac{\partial\text{obj}}{\partial\beta_u} = \frac{1}{|\mathcal{T}|} \sum_{i\in I_u} 2(r(u,i) - R_{u,i}) + 2\beta_u \qquad (5.16)$$

$$\frac{\partial\text{obj}}{\partial\gamma_{u,k}} = \frac{1}{|\mathcal{T}|} \sum_{i\in I_u} 2\gamma_{i,k}(r(u,i) - R_{u,i}) + 2\gamma_{u,k} \qquad (5.17)$$

注意，最后两项的和的变化：用户 u 的导数只基于他们消费过的物品 I_u（在训练集中）。β_i 和 $\gamma_{u,k}$ 的导数可以用类似的方法进行计算。

梯度下降的其他考虑因素：当我们在 2.5 节第一次介绍梯度下降时，我们注意到一些潜在的问题，如局部最小值和学习率等。考虑到我们在这里要拟合更复杂的模型，我们有必要重新讨论其中的一些问题：

- 公式（5.14）中的问题肯定是非凸的，并且具有许多局部最小值 ⊖。但令人惊讶的是，这个问题不容易出现"伪"局部最优，同时如果仔细实现，应该会收敛到全局最优（Ge et al.，2016）。

- 然而，这个问题对初始化较为敏感。例如，如果 γ_U 和 γ_I 中的多列初始化为相同值，那么它们将会具有相同的梯度，并在连续迭代期间保持"同步"。这通常可以简单地通过随机初始化来避免。

- 相比于计算全部梯度（见公式（5.15）～公式（5.17）），随机梯度下降或交替最小二乘法等方法可能收敛得更快或需要更少的内存 ⊜。例如，见文献（Bottou，2010；Yu et al.，2012）。

5.1.2　用户特征或物品特征发生了什么变化

有趣的是，简单考虑一下，在第 2 章的回归模型和我们上述开发的基于模型的推荐系统之间，我们已经从完全依赖特征的模型变成了完全不依赖特征的模型。

在首次探讨推荐系统时，这可能会令人惊讶：显然，诸如电影预算或电影类型的特征应该可以预测用户对其的偏好。然而，在某种程度上，特征是可预测的，并可以通过 γ_u 或 γ_i 来捕捉。这些参数将捕捉任何能最大限度地解释交互中的方差的维度，而不需要显式地测量这些特征。

因此，人们可能会认为，如果我们观测足够多的交互，那么 γ_u 或 γ_i 将会捕捉到任何有用

⊖　这个证明可以大致概括如下。目标是平滑的，给定任何全局最优 γ_U 和 γ_I，应用于两者的任何排列组合（即 $\gamma_U\pi$ 和 $\gamma_I\pi$）都会导致一个等价的局部最优。

⊜　在交替最小二乘法中，如果 γ_U 或 γ_I 是固定的，则公式（5.14）中的优化问题是有解析解的。优化是通过交替固定一个项和优化另一个项来进行的。

的用户和物品特征。我们将在后面的章节重新讨论这个论点，并探讨各种例外情况，例如，如果我们没有足够的交互数据（如在 6.2 节中，对于新用户或新物品），或如果用户偏好或物品属性不是随时间固定不变的（见第 7 章），我们应该怎么做。

5.2　隐式反馈和排序模型

迄今为止，我们对（基于模型的）推荐系统的讨论主要侧重于使用基于 MSE 的目标来预测评分等实值输出。也就是说，我们已经根据回归方法描述了基于模型的推荐。

正如我们在考虑点击、购买或评分数据时为基于邻域的推荐开发了单独的方法（见 4.3 节）一样，在这里我们也考虑了基于回归的方法如何适用于处理二元输出（如点击和购买）。

直观地说，我们可以想象我们可以调整基于回归的方法以处理二元输出，这与我们在第 3 章中开发的对数几率回归的方式相同。也就是说，我们可以将模型输出（见公式（5.10））传入一个 sigmoid 函数中，从而使得正交互和高概率相关、负交互和低概率相关。

然而，在处理点击或购买数据时，我们应该考虑到没有被点击或购买的物品不一定是负交互。事实上，没有被点击或购买的物品正是我们打算推荐的物品。

目前已经提出了几种技术来处理这种情况下的推荐。这种设置通常被称为单类推荐（one-class recommendation），其中观测到的只有"正"类（点击、购买和收听等）。这种设置也被称为隐式反馈推荐（implicit feedback recommendation），因为信号（是否要购买某个物品）只是隐式地衡量我们是否喜欢某个物品。

5.2.1　样本重加权方案

一类处理隐式反馈数据的方法试图将实例重新加权为具有各种"置信度"的正实例或负实例。

Hu 等人（2008）考虑了正实例与"置信度"度量 $r_{u,i}$ 相关的情况，该度量可以测量如用户收听歌曲或观看特定节目的次数。负实例仍然会有 $r_{u,i}=0$，从而使得该模型本质上假设负实例必然会与低置信度关联，而置信度在正实例之间可能会变化很大。

最终，目标仍然是预测一个二元输出 $p_{u,i}$，并且训练该模型以进行预测：

$$p_{u,i} = \begin{cases} 1 & \text{if } r_{u,i} > 0 \\ 0 & \text{其他} \end{cases} \tag{5.18}$$

这种预测的形式和公式（5.14）相似，即使用（正则化的）MSE 以根据潜在的用户和物品因子来预测 $p_{u,i}$。主要的区别在于 MSE 是根据每个观测值的置信度来进行加权的 [⊖]：

$$\underset{\gamma}{\arg\min} \sum_{(u,i) \in T} c_{u,i} (p_{u,i} - \gamma_u \cdot \gamma_i)^2 + \lambda \Omega(\gamma) \tag{5.19}$$

其中 $c_{u,i}$ 是与每个观测值相关的加权函数，其最终是 $r_{u,i}$ 的单调变换，如：

$$c_{u,i} = 1 + \alpha r_{u,i}; \text{ 或 } c_{u,i} = 1 + \alpha \log(1 + r_{u,i}/\epsilon) \tag{5.20}$$

⊖ 为了简洁起见，我们有时会在训练目标中省略归一化 $\frac{1}{|T|}$。在实践中，这一项是可选的，因为它只是用一个常数来缩放目标的大小。

其中，α和ϵ是可调节的超参数。请注意，变换$c_{u,i}$确保负实例具有较小但非零的权重，而正实例则根据其相关的置信度获得越来越高的权重。

Pan 等人（2008）以类似的方法处理这个问题，其也拟合了公式（5.19）中的函数形式，尽管它们的加权方案适用于负实例。目前已有几种方案，其中两种如下所示：

$$c_{u,i} = \alpha \times |I_u|; \ \text{或} \ c_{u,i} = \alpha(m - |U_i|) \tag{5.21}$$

第一种（他们称之为"面向用户"的加权）表明，如果相应的用户交互过许多物品，那么应该给予负实例更高的权重。第二种假设，如果相应的物品只有很少的相关交互，那么应该给予负实例更高的权重。

尽管上述方案最终是对公式（5.14）中开发的模型进行重新加权的简单启发式方法，但Hu 等人（2008）和 Pan 等人（2008）的实验表明，这些方案优于试图直接预测$p_{u,i}$（或$r_{u,i}$）的模型。

5.2.2　贝叶斯个性化排序

虽然上述重新加权的方案证明了在隐式反馈设置中仔细对待"负"反馈和"正"反馈的重要性，但它们最终优化的还是回归目标，因此其仍然试图将"负"分数分配给未见过的实例。

对这种方法的一个潜在反对意见是未见过的实例正是我们想要推荐的，因此我们不应该在模型中给予它们一个负的分数。一个较弱的假设可能是，虽然相比于正实例，未见过的实例应该有较低的分数，但也不代表就需要给予负的分数。这也就是说，我们知道用户喜欢的物品比未见过的物品"更正面"，但未见过的物品仍然可以有正分数。

Rendle 等人（2012）通过借用排序的思想，建立了基于上述原则的模型。回想一下3.3.3 节，上述原则与我们在修改分类器以进行排序时的目标相似：虽然正（或相关）物品应该出现在排序列表的顶部附近，但我们并不关心它们的实际（正或负）分数。

同样地，他们的方法即贝叶斯个性化排序（Bayesian Personalized Ranking，BPR）背后的原则是，我们应该生成物品排序列表以便正物品会出现在列表前面。这是通过训练一个预测器$x_{u,i,j}$来实现的，其中该预测器根据用户u更偏好两个物品（i或j）中的哪一个（即排名更高的物品）来分配分数：

$$x_{u,i,j} > 0 \to u \ \text{更偏好物品} \ i \tag{5.22}$$

$$x_{u,i,j} \leq 0 \to u \ \text{更偏好物品} \ j \tag{5.23}$$

现在，如果我们知道i是用户u的正物品，j是用户u的负物品，那么一个好的模型应该倾向于输出$x_{u,i,j}$为正值。这种类型的预测策略（比较两个样本，而不是给单个样本分配一个分数）称为成对（pairwise）模型（见图5.3）。

$x_{u,i,j}$可以是任何预测器，但最直接的选择是用两个预测之间的差来定义，如：

$$x_{u,i,j} = \underbrace{x_{u,i}}_{u\text{对}i\text{的偏好值}} - \underbrace{x_{u,j}}_{u\text{对}j\text{的偏好值}} \tag{5.24}$$

我们在公式（5.25）中开发的这种预测器——比较两个样本 i 和 j，而不是给单个样本分配一个分数，并称为成对预测器（pairwise predictor）。

逐点预测器（pointwise predictor）评估与特定样本 i 相关的分数或标签。第 2 章和第 3 章中的所有回归和分类模型都是逐点预测器的示例，5.1 节中的潜在因子模型也是如此。

成对预测器对两个样本 i 和 j 进行比较。在训练排序函数时，这种预测器通常是更可取的（因为它们可作为 AUC 等目标的替代预测器，如公式（5.26）所示）。它们通常用于隐式反馈设置，其中两个样本都没有"负"标签，但我们仍然可以假设正实例应该有更高的排名。我们还将在结果和样本对相关的情况下使用这种预测器，例如在第 9 章中生成可配搭的服装时。

图 5.3　逐点推荐与成对推荐

兼容性 $x_{u,i}$ 可以通过潜在因子模型来定义，类似于公式（5.10）[⊖]：

$$x_{u,i,j}=x_{u,i}-x_{u,j}=\gamma_u \cdot \gamma_i - \gamma_u \cdot \gamma_j \tag{5.25}$$

再次注意，我们的目标不是让正物品的 $\gamma_u \cdot \gamma_i$ 为正，也不是让未见过的物品的 $\gamma_u \cdot \gamma_j$ 为负，而只是让它们的差值为正，即正物品应该有更高的兼容性得分。

我们现在可以根据在给定一个正物品 i 和一个未见过的物品 j 的情况下，模型是否能正确输出正的 $x_{u,i,j}$ 值来定义我们的目标。理想情况下，我们希望计算模型能够正确地将正物品排在比未见过的物品更高位置的频率。对于特定用户 u，有

$$AUC(u) = \frac{1}{|I_u||I \setminus I_u|} \sum_{\substack{i \in I_u \\ \text{用户}u\text{的正物品}}} \sum_{\substack{j \in I \setminus I_u \\ \text{用户}u\text{未见过的物品}}} \delta(x_{u,i,j}>0) \tag{5.26}$$

"AUC"表示"ROC 曲线下面积（Area Under the ROC Curve，AUC）"（相当于我们在 3.3.3 节中介绍的计算 ROC 曲线下的面积）。对于整个数据集，我们对所有用户的上述数据进行平均：

$$AUC = \frac{1}{|U|} AUC(u) \tag{5.27}$$

注意，这个量的取值在 0 到 1 之间，其中 AUC 为 1 意味着模型总是将正物品排在比未见过的物品更高的位置，AUC 为 0.5 则意味着模型并不比随机好。

优化上述内容涉及两个问题。首先，考虑所有的 (u,i,j) 三元组是不可行的。为了解决这个问题，我们可以对每个正物品 i 随机抽样固定数量的未见过的物品 j [⊖]。

其次，公式（5.26）中的目标是一个阶跃函数，其导数几乎处处为零。这与我们在 3.1 节中开发对数几率回归时遇到的问题基本相同。因此，我们可以采取同样的方法，用一个可微分的替代函数如 sigmoid 函数（见图 3.1）来代替阶跃函数 $\delta(x_{u,i,j})$。使用 sigmoid 函数，我们可以将 $\sigma(x_{u,i,j})$ 解释为一个概率：

$$p(\text{比起物品} j，\text{用户} u \text{更喜欢物品} i) = \sigma(x_{u,i,j}) \tag{5.28}$$

⊖　Rendle 等人（2012）对 BPR 的实现不包括偏置项 β_i 或 β_j，尽管这些偏置项可以直接包含在公式（5.25）中。

⊖　此外，在训练的每次迭代中，抽样物品可能会发生变化。

从这一点来看，优化过程与我们开发对数几率回归的方式基本相同：我们用 $\sigma\left(x_{u,i,j}\right)$ 来定义给定训练集的模型的（对数）概率，并减去一个正则化项：

$$\text{obj}^{\text{(BPR)}} = \ell(\gamma;\mathcal{T}) - \lambda\Omega(\gamma) \tag{5.29}$$

$$= \sum_{(u,i,j)\in\mathcal{T}} \log\sigma(\gamma_u \cdot \gamma_i - \gamma_u \cdot \gamma_j) - \lambda\Omega(\gamma) \tag{5.30}$$

假设 ℓ_2 正则化项 $\Omega(\gamma) = \|\gamma\|_2^2$，我们可以计算导数，例如，对于 $\gamma_{u,k}$ 有：

$$\frac{\partial\text{obj}}{\partial\gamma_{u,k}} = \frac{\partial}{\partial\gamma_{u,k}} \sum_{(u,i,j)\in\mathcal{T}} \log\sigma(\gamma_u \cdot \gamma_i - \gamma_u \cdot \gamma_j) - \lambda\|\gamma\|_2^2 \tag{5.31}$$

$$= \frac{\partial}{\partial\gamma_{u,k}} \sum_{(u,i,j)\in\mathcal{T}} -\log(1 + e^{\gamma_u \cdot \gamma_j - \gamma_u \cdot \gamma_i}) - \lambda\|\gamma\|_2^2 \tag{5.32}$$

$$= \sum_{(i,j)\in I_u} (\gamma_{i,k} - \gamma_{j,k})(1 - \sigma(\gamma_u \cdot \gamma_i - \gamma_u \cdot \gamma_j)) - 2\lambda\gamma_{u,k} \tag{5.33}$$

（稍微忽略符号使用的严谨性，$(i,j)\in I_u$ 包括用户历史中抽样的正物品和未见过的物品）。其他项的导数可以用类似的方法进行计算。正如我们在 5.8.3 节中探讨的那样，在实践中使用自动计算这种导数的库是更可取的。

5.3 基于"无用户"模型的方法

在本章一开始我们就区分了基于记忆和基于模型的推荐器。粗略地说，基于记忆的方法是使用对与用户和物品相关的历史进行操作的算法来进行推荐，而基于模型的方法通常将这些历史提取成低维的用户和物品表示。

在实践中，这种区别并不总是那么明显。下面我们研究两个学习物品表示但避开用户表示的模型。在推理时，我们根据用户历史中的物品相关联的参数进行预测，尽管用户本身并不与任何参数相关联。

出于一些原因，这样的模型可能更可取。首先，避免用户项并直接利用用户的交互历史可以让模型更容易部署：在观测到新的用户交互时，模型不必更新。第二，当用户交互稀疏时，这种方法可能更可取。这意味着我们可以拟合复杂的物品表示，但不能可靠地拟合 γ_u 等参数。第三，当我们在第 7 章探讨序列设置时，用户历史中可能有用户表示捕捉不到的重要信息（如物品消费的顺序）。

我们在下文简要探讨了一些这样的方法，并在表 5.1 中对这些方法进行了总结。

表 5.1 无用户推荐模型的总结（参考文献：Kabbur et al.，2013；Ning and Karypis，2011）

参考文献	方法	描述
NK11	稀疏线性方法（Sparse Linear Methods, SLIM）	每个用户都与一个线性模型相关联，其中线性模型对用户在过去的物品中的交互进行加权；稀疏性诱导（sparsity-inducing）的正则化项被用于处理大量的模型参数（见 5.3.1 节）
K13	分解的物品相似度模型（Factored Item Similarity Models, FISM）	将潜在因子模型中的用户项替换为另一项，即对用户历史中的物品表示进行平均来表示用户（见 5.3.2 节）

5.3.1   稀疏线性方法

避免包含显式的用户项（即 γ_u）的直接方法是根据列举用户交互过的物品的二元特征向量（即长度为 $|I|$ 的向量）来描述用户的所有交互。为了预测和物品 i 相关的分数，我们可以训练一个线性模型（同样地，它有 $|I|$ 个参数），正如我们在第 2 章所做的那样：

$$f(u,i)=\boldsymbol{R}_u \cdot \boldsymbol{W}_i \tag{5.34}$$

这里，$\boldsymbol{R}_u$ 是一个描述用户所有交互的（稀疏）向量，也就是说，相当于公式（4.8）中交互矩阵 $\boldsymbol{R}$ 的一行。

考虑到所涉及的高维特征和参数向量，拟合这样的模型并不简单。Ning 和 Karypis（2011）试图通过利用向量 $\boldsymbol{R}_u$ 的特定稀疏结构来拟合这种模型。请注意，公式（5.34）可以仅根据用户交互过的物品 I_u 来表示：

$$f(u,i) = \sum_{j \in I_u} R_{u,j} W_{i,j} \tag{5.35}$$

这里，$\boldsymbol{W}$ 是一个 $|I| \times |I|$ 的参数矩阵，本质上测量的是物品与物品的兼容性（或相似度）。

从概念上讲，公式（5.35）和我们在 4.3.5 节开发的简单启发式方法相似。在公式（5.35）中，我们对以前的评分进行加权平均来预测评分，其中加权函数由物品与物品的相似度测量方法（如余弦相似度）决定。从本质上来说，SLIM 遵循相同的原理，但其用学习矩阵 $\boldsymbol{W}$ 代替了 4.3.5 节中的启发式的物品与物品的相似度。

拟合 $\boldsymbol{W}$ 的主要挑战是它的维度 $|I| \times |I|$。如果 $\boldsymbol{W}$ 是一个稠密的矩阵（即每个物品都和每个物品有交互），那么训练和推理将是昂贵的。这可以通过使用确保 $\boldsymbol{W}$ 是稀疏的正则化方法来避免[⊖]。通过包含 ℓ_2 和 ℓ_1 正则化项的正则化策略可以得到一个稀疏的矩阵：

$$\underset{\boldsymbol{W}}{\arg\min}\|\boldsymbol{R}-\boldsymbol{R}\boldsymbol{W}^{\mathrm{T}}\|_2^2+\lambda\Omega_2(\boldsymbol{W})+\lambda'\Omega_1(\boldsymbol{W}) \tag{5.36}$$
$$\text{约束条件为}\quad W_{i,j} \geqslant 0;\ \ W_{i,i} = 0$$

注意，$\|\boldsymbol{R}-\boldsymbol{R}\boldsymbol{W}^{\mathrm{T}}\|_2^2$ 仅仅是一个对公式（5.35）中所有交互 (u,i) 的预测的矩阵表示。公式（5.36）中的第一个约束确保了加权函数的所有项都是正的，第二个约束（$W_{i,i} = 0$）确保了每一个物品 i 的评分只根据和其他物品 j 的交互来进行预测。Ω_1 是一个 ℓ_1 正则化项（即 $\Omega_1(\boldsymbol{W}) = \sum_{i,j}|W_{i,j}|$）。正如我们在 3.4.2 节讨论的那样，$\ell_1$ 正则化导致了矩阵 $\boldsymbol{W}$ 的稀疏性。

Ning 和 Karypis（2011）讨论了这种方法的各种优点。值得注意的是，与标准推荐方法相比，该方法具有快速的推理时间（即进行推荐的速率）和在长尾物品上较好的性能。对于后者，与（例如）潜在因子方法相比，其表示倾向于支持在数据中占据主导地位的任何类型的物品，但却无法捕捉更低频的物品的动态。稀疏线性方法（SLIM）即使对于长尾物品也能保持（相对）良好的性能。

⊖ 尽管在实践中，实验是在适度的物品词汇表（如，$|I| \cong 50000$）的情况下进行的，并且使用了各种计算技巧来实现并行和高效推理。

5.3.2 分解的物品相似度模型

分解的物品相似度模型（Factored Item Similarity Models, FISM）（Kabbur et al.，2013）试图用一个聚合了用户历史上的物品表示来代替潜在因子模型（见公式（5.10））中的用户项 γ_u。具体来说，公式（5.10）的用户项被替换为该用户消费过的所有物品的平均物品项：

$$f(u,i) = \alpha + \beta_u + \beta_i + \frac{1}{|I_u \setminus \{i\}|} \sum_{j \in I_u \setminus \{i\}} \gamma'_j \cdot \gamma_i \tag{5.37}$$

（回想一下，I_u是用户 u 消费过的物品集，我们在模型训练期间排除了查询物品 i）。注意，物品项 γ_i 与用于平均用户行为的项 γ'_j 是分开的，也就是说，该模型为每个物品学习了两组潜在因子 [⊖]。

从本质上讲，平均值 $\frac{1}{|I_u|} \sum_j \gamma'_j$ 通过总结与特定用户相关的维度来发挥与 γ_u 相同的作用。

Kabbur 等人（2013）考虑了公式（5.37）的变体，以用于评分预测和排序问题（即优化 5.1.1 节中的 MSE 或 5.2.2 节中的 AUC）。

Kabbur 等人（2013）认为，上述方法在稀疏的数据集中（与用户相关的交互很少，而与物品相关的交互有一些）特别有用。也就是说，像公式（5.10）中的传统潜在因子模型将很难对只有很少交互的用户的 γ_u 进行有意义地拟合，而如果物品历史比较稠密，则可以通过将物品项进行平均来合理评估用户的偏好。事实上，Kabbur 等人（2013）的实验表明，FISM 的有效性与数据的稀疏程度密切相关。

5.3.3 其他无用户方法

虽然我们在上面只介绍了两个无用户模型的例子，但在本书中开发更复杂的基于深度学习（见 5.5.3 节）、序列（见 7.7 节）和文本（见 8.2.1 节）的模型时，我们将重新讨论无用户的方法。我们这里简要介绍几个例子，只是为了让大家对整体方法有一个了解。

基于自编码器的推荐模型（AutoRec）：在 5.5.3 节，我们讨论了 AutoRec（尤其是 AutoRec-U），它是一个基于自编码器的推荐模型（Sedhain et al.，2015）。从本质上讲，该模型类似于 FISM，即显式的用户项被用户历史中所有物品的聚合（表示）的函数所替代。其主要的区别在于，自编码器框架可以包含各种非线性操作。

物品向量模型（item2vec）：文献（Barkan and Koenigstein，2016）是对词向量模型（word2vec）的改编版。word2vec 是一个学习描述词之间语义关系的表示的自然语言模型（见 8.2 节）。正如 word2vec 发现哪些词出现在句子的相同上下文中（本质上是"同义词"），item2vec 学习能够预测哪些物品出现在交互序列的相同上下文中的物品表示 γ_i。

序列模型：我们在 7.7 节讨论的许多基于神经网络的序列模型也是无用户的。像 item2vec 一样，这种模型也借用了自然语言处理的思想，通常将物品（或物品表示）视为"词元"的序列，以便预测下一个词元是什么。因此，这个模型没有用户表示，而是通过模型的一些潜在状态来隐式地表示用户。

⊖ 严格来说，FISM 并不是"无用户的"，因为它包含了一个偏置项 β_u。但是包含该偏置项只需要每个用户的一个参数，或者也可以排除该项。

5.4   评估推荐系统

迄今为止，在 5.1 节开发模型以预测评分时，我们是通过优化基于平方误差之和（或等价于 MSE）的目标来实现的。回想一下，在 2.2.2 节中，我们讨论了 MSE 背后的动机，以及使用 MSE 时的一些潜在陷阱。

在推荐系统中，我们必须注意到同样的陷阱，但也需要注意一些不同的陷阱。至关重要的是，由于推荐系统可能用于向用户提供物品排序列表，因此只要想要的物品出现在排序的前列即可，实际的评分预测可能并不重要。例如，在推荐环境中 MSE 的一些潜在问题如下所示：

- 使用 MSE，将 5 星评分错误地预测为 4 星比将 3 星错误地预测为 1 星的惩罚要小。可以说，后者的惩罚应该更小，因为它涉及一个无论如何都不应该被推荐的物品。
- 同样地，将 3 星和 3.5 星分别错误预测为 4 星和 4.5 星会比将它们错误预测为 3.5 星和 3 星产生更大的惩罚。但是，前者保留了两个项目的排序，而后者并没有。
- 正如我们在 2.2.2 节中所看到的，MSE 对应于一个隐式的假设，即误差是正态分布的。重要的是，这假设异常值极其罕见，同时也应该受到相应的惩罚。在实践中，异常值可能很常见，或者误差可能是双峰的（或者违反了我们的模型假设）。
- Bellogin 等人（2011）指出了"流行偏置"的问题，即在流行物品上的强大表现可能会掩盖不太流行的物品上的表现问题[⊖]。

最终，这些问题提出了这样一个疑问：MSE 的降低是否真的对应于推荐系统的效用的提升。有趣的是，Koren（2009）指出，一个精心实现的带有时序演变的偏置项的模型（我们在 7.2.2 节中讨论过）在 RMSE 上优于 Netflix 以前的解决方案（cinematch）。重要的是，一个没有任何交互项（如 γ_u 或 γ_i）的系统只能随时间推移来推荐流行的物品。因此他们的实验表明，具有更好的 MSE 的系统不一定是更好的推荐器。

上述的一些问题建议使用替代的回归指标，如平均绝对误差（Mean Absolute Error, MAE），正如我们在 2.2.5 节所讨论的那样，其（例如）对异常值不那么敏感。还有一些其他建议提出，也许不应该像回归问题那样，而应该像排序问题一样去评估推荐系统。也就是说，只要符合用户兴趣的物品具有最高的预测分数，我们预测的精确的准确率就不重要了。

可以说，MSE 的这种问题正在推动研究转向依赖隐式反馈（点击和购买等）而不是评分的设置。另外，这些设置可能更可取，因为这些数据比显式反馈更容易获得（很少有用户对物品进行评分，但每个用户都会点击这些物品）。更粗略地说，与识别高评分的物品相比，优化点击或购买可能会更加直截了当地响应商业目标。

我们已经在 5.2.2 节中看到了一种用来训练推荐系统以优化基于隐式反馈的排序损失的技术，即 AUC。从概念上讲，AUC 反映了我们猜测两个物品中哪一个是"相关的"的能力：AUC 为 1 意味着我们总是选择正确的物品，而 AUC 为 0.5 意味着我们的猜测并不比随机选择好。

然而，AUC 只是排序损失的一种选择，并且选择它主要是在公式（5.30）中制定优化问题时更加方便。正如在 3.3.3 节中，当考虑通过界面向用户显示推荐情况时，我们可能对推荐系统在前 K 个排序物品中的表现特别感兴趣。

⊖   这不是 MSE 特有的问题，而是在不平衡的数据集中评估的一般问题。

下面我们介绍一些备选的评估函数来测量推荐性能，其中大多数都侧重于在排名靠前的物品中实现较高的准确率。

5.4.1　精确率@K和召回率@K

当我们在 3.3 节中评估分类器时，我们提出了将精确率 @K 和召回率 @K 作为评估用户界面的有用指标，其可以返回固定的结果个数（K）。同样地，在推荐物品时，我们可以考虑相关物品（例如，用户最终交互的那些物品）是否被给予较高的排名。

为了方便起见，在这种情况下评估推荐器时，定义一个变量 $\text{rank}_u(i)$ 是有用的，其指定了特定用户 u 对物品 i 的排序位置。也就是说，给定一个兼容函数 $f(u,i)$ 和可能被推荐的 N 个物品的集合（例如，可能排除已经在训练集中出现过的交互），那么 $\text{rank}_u(i) \in \{1,\cdots,N\}$ 的定义为：

$$\text{rank}_u(i) < \text{rank}_u(j) \Leftrightarrow f(u,i) > f(u,j) \tag{5.38}$$

$$\text{rank}_u(i) = \text{rank}_u(j) \Leftrightarrow i = j \tag{5.39}$$

现在，给定一个观测到的交互为 I_u 的测试集，我们将精确率 @K（对于特定用户 u）定义为：

$$\text{精确率}@K(u) = \frac{|\{i \in I_u \mid \text{rank}_u(i) \le K\}|}{K} \tag{5.40}$$

如同公式（3.23）一样，分子是检索到的相关物品的数量，而分母是检索物品的数量。现在，为了计算精确率 @K，我们简单地对所有用户进行平均：

$$\text{精确率}@K = \frac{1}{|U|} \sum_{u \in U} \text{精确率}@K(u) \tag{5.41}$$

同样地，召回率 @K 也可以类似地定义为：

$$\text{召回率}@K = \frac{1}{|U|} \sum_{u \in U} \frac{|\{i \in I_u \mid \text{rank}_u(i) \le K\}|}{|I_u|} \tag{5.42}$$

5.4.2　平均倒数排名

平均倒数排名（Mean Reciprocal Rank，MRR）是另一个评估推荐系统（或任何分类器）是否将正物品排在较高位置的指标。与精确率 @K 和召回率 @K 不同，这种表达式并不取决于返回的物品集的特定大小，而是一种奖励将相关物品排在列表前列的方法。

一般来讲，在搜索设置中，平均倒数排名是根据检索结果的排序列表中的第一个相关物品来定义的，尽管在推荐设置中通常是通过构建只包含每个用户的一个相关物品 i_u 的测试集来使用该指标。然后，平均倒数排名是根据相关物品排名的倒数来定义的：

$$\text{MRR} = \frac{1}{|U|} \sum_{u \in U} \frac{1}{\text{rank}_u(i_u)} \tag{5.43}$$

分数为 1 意味着相关物品总是排在第一位置，分数为 $1/n$ 意味着物品平均排在第 n 的位置。

5.4.3　累积增益和NDCG

累积增益（及其变体）旨在在类似于用户浏览搜索结果页面的设置中测量排序性能：相关结果应该在前 K 个结果中，并且在理想情况下应该接近排序列表前列。累积增益（这里针对某个特定的用户 u）简单地计算了前 K 个结果中相关物品的数量：

$$累积增益@K = \sum_{i \in \{i | \text{rank}_u(i) \leq K\}} y_{u,i} \tag{5.44}$$

其中，$y_{u,i}$ 是一个二元标签（例如，是否购买了某个物品）或一个相关分数（如评分）。也就是说，如果在前 K 个结果中存在许多相关的物品（或评分很高的物品），那么累积增益将很高。

理想情况下，相关的结果应该出现在更靠近列表前列的位置。折损累积增益（DCG）通过折损排名较低的物品的奖励来实现这一点：

$$DCG@K = \sum_{i \in \{i | \text{rank}_u(i) \leq K\}} \frac{y_{u,i}}{\log_2(\text{rank}_u(i)+1)} \tag{5.45}$$

该表达式通常与理想的排序函数进行比较来归一化，以获得归一化折损累积增益（Normalized Discounted Cumulative Gain，NDCG）：

$$NDCG@K = \frac{DCG@K}{IDCG@K} \tag{5.46}$$

其中，$IDCG@K$ 是"理想的"折损累积增益，即通过最优排序函数 $\text{rank}_u^{\text{opt}}$ 实现的折损累积增益（即标签 $y_{u,i}$ 按相关性递减排序）。Wang 等人（2013）从理论上证明了这种归一化以及公式（5.45）中对数刻度的具体选择。

5.4.4　模型准确率之外的评估指标

最后应该注意的是，除了推荐系统对用户的直接效用（即预测下一步行动的能力）之外，我们还可能希望推荐系统具有其他一些特性。例如，我们可能对向用户展示不同的观点感兴趣，以确保推荐不会对特定群体产生偏见，同时确保用户不会被推向"极端"的内容等。我们将在第 10 章中重新讨论这些问题，届时我们将考虑个性化机器学习更广泛的后果和伦理问题。其中有几项研究得到了用户研究的支持，旨在确定推荐系统在质量上的理想特征。

5.5　用于推荐的深度学习

越来越多的最先进推荐模型是基于深度学习的方法。从原则上来说，基于深度学习的推荐器的吸引力在于它们可以捕捉用户和物品之间的复杂的非线性关系，这超出了诸如公式（5.10）中的简单聚合函数的所能做到的。并且，该方法使得我们可以揭示复杂的序列模式（见第 7 章），或结合文本（见第 8 章）和图像（见第 9 章）中的复杂特征。目前，我们探讨了一些在"传统"场景中对交互数据进行建模的主要方法，尽管在之后的章节中我们会反复讨论基于深度学习的模型。

5.5.1　为什么是内积

为了激发深度学习在推荐方面的潜力，有必要简要回顾一下我们在 5.1 节中对目标的具体选择，其中我们通过内积来计算用户和物品之间的兼容性，即：

$$兼容性 (u,i)= \gamma_u \cdot \gamma_i \qquad (5.47)$$

这似乎是一个足够合理的选择，其动机是与矩阵分解和奇异值分解相联系。然而，应该特别注意的是，这只是兼容函数的一种选择，绝不是唯一的。例如，考虑通过一个（平方）距离函数来测量表示之间的兼容性：

$$兼容性 (u,i)= \left\| \gamma_u - \gamma_i \right\|_2^2 \qquad (5.48)$$

图 5.4 显示了在这两种兼容性条件下可能产生的推荐。从概念上讲，这些推荐具有完全不同的语义：大致上，基于内积的兼容性（见公式（5.47））意味着喜欢动作片的用户应该被推荐具有大量动作的电影，而基于距离的兼容性则表明喜欢动作片的用户应该被推荐其他具有相似动作量的电影。

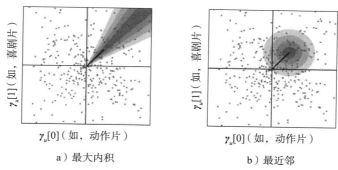

a）最大内积   b）最近邻

图 5.4　潜在空间中的用户向量 γ_u 以及要推荐的候选物品。高度符合用户偏好的物品出现在内积（图 a）和欧氏距离（图 b）兼容模型下的突出显示的区域中

这两种兼容函数中的任何一种都不是"更好的"，而在某些条件下又都可能是更可取的。理想情况下，基于深度学习的推荐器可以为模型提供灵活性，以确定特定场景的正确的兼容函数。

Zhang 等人（2019）讨论了基于深度学习的推荐系统的各种潜在优势和限制。可以说，基于深度学习的模型的主要优势是能够揭示用户和物品表示之间的复杂的非线性关系。例如，稍后我们将研究各种设置（如 7.5.3 节），在比较表示时，欧氏距离可能优于内积。原则上，深度学习的方法可以学习更灵活的聚合函数，从而减少对人工工程的需求。

Zhang 等人（2019）提出了基于深度学习的推荐器的其他吸引人的属性，包括深度学习在处理序列、图像或文本等结构化数据时的有效性，以及易于直接实现的高级库的普遍性。我们在本书中重新讨论了这些话题。

相反，对于基于深度学习的推荐系统是否在其感知价值方面过度承诺，或者"传统的"推荐系统如果仔细微调是否仍然可以提供更好的结果，还存在一些疑问。我们将在 5.5.5 节讨论这些问题。

5.5.2　基于多层感知机的推荐

多层感知机（Multilayer Perceptron，MLP）是人工神经网络的一个主要部分，它提供了一种直接的方法来学习非线性变换和特征之间的交互。

粗略地说，多层感知机的一 "层" 将输入变量的向量转化为输出变量的（可能是低维的）向量。通常，输出变量通过线性变换和非线性激活与输入变量相关，例如：

$$f(\boldsymbol{x}) = \sigma(\boldsymbol{Mx}) \tag{5.49}$$

这里 $\boldsymbol{x}$ 是输入变量的向量，$f(\boldsymbol{x})$ 是输出变量的向量，$\boldsymbol{M}$ 是学习矩阵，这样 $\boldsymbol{Mx}$ 中的每一项都是 $\boldsymbol{x}$ 中原始特征的加权组合。sigmoid 函数（或其他非线性激活函数）按元素方式进行应用，在这种情况下是将输出变量转化为（0,1）的范围内。

虽然这只是多层感知机的一层，但为了让网络可以学习到复杂的非线性函数，可以 "堆叠" 几个这样的层。最终，最后一层预测一些期望的输出，例如回归或分类目标。例如，最后一层可能只是简单地对前一层的特征进行加权组合：

$$f(\boldsymbol{x}) = \sigma(\boldsymbol{\theta} \cdot \boldsymbol{x}) \tag{5.50}$$

即类似于对数几率回归器的输出（对于分类任务）。

我们在图 5.5 中描绘了一个多层感知机。请注意，形式为 $\boldsymbol{y} = \boldsymbol{X\theta}$ 的简单线性模型可以用类似的图来描述，其中输入直接连接到输出。

最终，多层感知机处理的数据模态和问题与我们在第 2 章和第 3 章中看到的类似，即特征向量作为输入，回归或分类目标作为输出。这与我们早期模型相比，主要的区别只是它们学习特征之间的复杂的非线性变换和关系的能力。

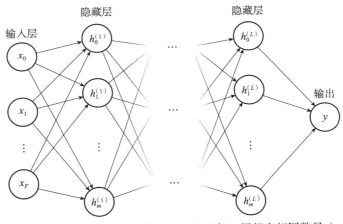

图 5.5　具有 L 层的多层感知机的表示。为了简单起见，这里每一层都有相同数量（m）的单元，而且我们只有一个输出 $\boldsymbol{y}$（因此，输入和输出类似于我们在第 2 章和第 3 章中研究的回归和分类问题）

神经协同过滤

He 等人（2017b）试图将多层感知机的优势应用于潜在因子推荐系统，其基本思想相当直接：模型输出的预测是通过多层感知机来组合 $\boldsymbol{\gamma}_u$ 和 $\boldsymbol{\gamma}_i$，而不是通过内积来组合用户和物品的潜在因子（如公式（5.10））（请注意，潜在因子和 MLP 参数是同时学习的）。正如我们在 5.5.1 节讨论的那样，当结合用户和物品偏好时，内积函数只是一种可能的选择，其他选择（如欧氏距离）在其他情况下可能更适合。从概念上讲，基于多层感知机的解决方案的承诺是，人们可以不了解这些选择，而只是期望模型能自动学习正确的聚合函数。虽然 He 等人（2017b）表明这种方法在某些情况下是有效的，但是最近对于这种技术的价值存在一些质疑：虽然 MLP 原则上可以学习相当通用的函数，但在实践中，特定的函数（如内积）不容易被这种模型恢复，这意味着更简单的模型可能仍然优于这些更复杂的方法。我们将在5.5.5 节进一步讨论这个问题。

5.5.3 基于自编码器的推荐

粗略地说，自编码器（autoencoder）的作用是学习一些输入数据的低维表示、保留从低维表示中重构原始（高维）数据的能力。图 5.6 描述了自编码器的基本原理。在这里，输入向量 x 通过函数 $g(x)$ 投影到低维空间中（遵循类似于上述的多层感知机的方法），这可能包含几层。然后，低维表示通过 $f(g(x))$ 映射回原始空间。目标是 $f(g(x))$ 应该尽可能地与原始数据 x 相匹配。这样一来，$g(x)$ 就成了一个"瓶颈"（bottleneck），迫使模型学习一个压缩的表示，以简洁地捕捉 x 中的有意义的信息。目前有几种自编码器的变体，例如局部破坏输入以学习对噪声有鲁棒性的表示的去噪自编码器，以及试图学习稀疏的压缩表示的稀疏自编码器等。

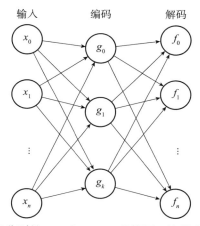

图 5.6　自编码器。g_i 和 f_i 分别是 $g(x)_i$ 和 $f(g(x))_i$ 的简写。编码或解码操作都可以包括多层

Zhang 等人（2019，2020）调查了自编码器在推荐的特定上下文中的各种使用方法，包括将自编码器作为复杂推荐框架中的一个组件以及对使用自编码器对序列动态性进行建模的方法等（如第 7 章，见文献 Sachdeva et al，2019）。下面我们探讨了一个能代表一般设置的方法。

基于自编码器的推荐模型

Sedhain 等人（2015）将自动编码器的原理用于推荐问题。在他们的设置中，要编码的数据是一个物品 i 的评分向量，或者说是交互矩阵 $R_{\cdot,i}$ 的一列。由于 $R_{\cdot,i}$ 只有部分观测得到（而不是像传统自编码器中的稠密向量），因此压缩表示只表征（同时梯度更新只应用于）观测项 $R_{u,i}$。在推理时，压缩表示可以用来评估未观测到的用户－物品对中的项。Sedhain 等人（2015）称这个版本的模型为 AutoRec-I，因为该版本的模型中，自编码器用于学习压缩的物品表示；另外，AutoRec-U 由应用于用户向量 $R_{u,\cdot}$ 的相同方法组成。

请注意，AutoRec-U 缺乏任何用户参数（同样地，AutoRec-I 缺乏物品参数）。因此，这是一种无用户个性化的形式（正如 5.3 节中的那些一样），它使用了一个聚合整个用户历史数据的模型来进行个性化预测，而不是采用通过一个显式的参数来"记住"用户偏好的方

式 ⊖。我们在 7.7 节探讨基于序列的方法时进一步探讨了这种无用户个性化的概念。

5.5.4 卷积和循环网络

最后，Zhang 等人（2019）研究了基于循环网络（recurrent network）和卷积神经网络（convolutional neural network）的各种推荐系统。循环网络通常被选为是探索用户活动中的序列动态的一种方式。我们在第 7 章探讨了这种类型的方法（如在 7.7 节中基于深度学习的方法）。卷积神经网络通常作为一种将丰富内容（如图像）的表示纳入推荐系统的手段，我们在第 9 章探讨了这类方法。

Zhang 等人（2019）还讨论了基于深度学习的方法的潜在局限性，包括解释深度学习系统的预测所涉及的挑战，以及在具有许多复杂的交互部分的系统中调节超参数的困难。他们也强调了基于深度学习的模型可能缺乏可解释性（尽管这在某种程度上是对任何基于潜在表示的模型的挑战），以及深度学习方法的"数据饥渴"。后一个问题会出现在拟合具有大量参数的模型时，实际上，在 5.1.1 节中拟合传统的潜在因子模型时其也会出现。一方面，这可能会限制基于深度学习的方法有效的条件。例如，在每个用户或每个物品只有很少交互的冷启动情况下（见 6.2 节），它们可能表现不佳。另一方面，深度学习方法可以扩展用于推荐方法的模态数据（包括在冷启动情况下）。例如，通过利用文本或图像数据。我们在第 8 章和第 9 章探讨了这类方法。

我们在第 6 章（见表 6.1）总结了本节的方法，之后我们介绍了其他利用内容和结构的基于深度学习的推荐器。

5.5.5 基于深度学习的推荐器能多有效

尽管基于深度学习的推荐方法越来越多，但相比于更简单和更传统形式的推荐，它们的优势也许值得怀疑。Dacrema 等人（2019）对几种主流的基于深度学习的推荐系统（包括之前讨论的几种方法）进行了全面的评估，并发现深度学习方法往往比不过简单的方法，只要这些方法经过了仔细的调参。迄今为止，我们见过的大多数推荐模型都涉及许多可调节的因素（例如，因子的数量、正则化方案和特定训练方法的细节），以及在数据集和预处理等方面的选择，这些都会使某些模型优于其他模型。尽管文献（Dacrema et al.，2019）中的评估仅限于一些特定的（但流行的）方法，但这引起了推荐系统中更广泛的评估和基准的问题。提出的一些一般性问题包括难以复现报告的结果（虽然发布研究代码是常见的做法，但发布确切的超参数设置或调参策略并不常见），以及数据集、指标和评估协议的激增使得公平的比较变得困难。

Rendle 等人（2020）探讨了相同的问题，侧重于比较基于内积的推荐与基于多层感知机的解决方案。他们重申了 Dacrema 等人（2019）的主要观点，即只要仔细调参，更简单的方法仍然具有竞争力。他们还认为，尽管人们希望多层感知机能学习复杂的非线性关系，但在实践中，即使是简单的函数（如内积），也难以被这种模型重现。

最后，Dacrema 等人（2019）和 Rendle 等人（2020）都讨论了计算复杂度的问题，以及基于深度学习的方法的边际效益是否证明了大量增加复杂性是合理的。Rendle 等人（2020）认为，在生产环境中，更简单的模型可能更可取，尤其是考虑到物品检索的效率时

⊖　注意，AutoRec-U（而不是 AutoRec-I）是我们所说的"无用户"版本：其输入是用户交互过的物品集。因此，这是根据用户历史中的物品表示的聚合来描述用户，在本质上与 FISM 类似（见 5.3.2 节）。

（正如我们在下面讨论的那样）。

请注意，这些批评并不是针对基于深度学习的方法，而只是针对它们对特定类型的交互数据的建模能力（基本上与本章讨论的设置相同）。在后面的章节中，我们将探讨基于深度学习的方法在其他设置中的使用，以便在冷启动性能和可解释性等目标下对序列、文本和图像数据进行建模。

5.6　检索

简而言之，值得讨论的是在部署推荐系统时的基本考虑，即如何有效地检索物品。直观地说，在定义了用户和物品之间的兼容函数 $f(u,i)$（如公式（5.1））之后，我们的目标可能是根据它们的兼容性对（未见过的）物品进行排序，即：

$$\text{rec}(u) = \arg\max_{i \in I \setminus I_u} f(u,i) \tag{5.51}$$

一般认为必须快速做出推荐，以便在交互场景中使用。给定一个较大的物品集，如果我们试图列举所有物品 $i \in I$ 的分数，那么这个过程可能会非常昂贵。因此，什么类型的相关性函数 $f(u,i)$ 能为公式（5.51）提供有效解是值得考虑的 [○]。

欧氏距离（euclidean distance）：也许有效检索的最直接的函数是欧氏距离函数，即：

$$f(u,i) = \|\gamma_u - \gamma_i\| \tag{5.52}$$

在这种情况下，使用 K-D 树等传统的数据结构可以高效地进行检索（即平均来说是 $O(\log(|I|))$）。K-D 树（Bentley，1975）是一种数据结构，它表示的是 K 维的点（在这种情况下是指每个物品的 γ_i），以便在给定查询（γ_u）的情况下可以进行有效的检索。这样的数据结构早于推荐系统，并在分类的最近邻检索中有着经典的应用。

内积和余弦相似度：Bachrach 等人（2014）表明，相同类型的数据结构可以适用于其他类型的相关性函数。从根本上说，他们表明基于内积和余弦相似度的相关性函数都可以通过适当的变换与最近邻搜索（如上）相关：

$$\arg\max_{i} \|\gamma_u - \gamma_i\| \quad \text{最近邻（NN）} \tag{5.53}$$

$$\arg\max_{i} \gamma_u \cdot \gamma_i \quad \text{最大内积（MIP）} \tag{5.54}$$

$$\arg\max_{i} \frac{\gamma_u \cdot \gamma_i}{\|\gamma_u\|\|\gamma_i\|} \quad \text{最大余弦相似度（MCS）} \tag{5.55}$$

这样做可以使促进最近邻搜索的相同数据结构用于基于内积（如 5.1 节）或余弦相似度（如 4.3.3 节）的推荐器。

近似搜索和杰卡德相似度：在实践中，有效的检索可以通过近似方案来完成，如基于局部敏感哈希（locality-sensitive hashing）的技术（其中"相似的"物品散列到相同的桶中）。不同版本的局部敏感哈希可以用于检索基于相似度函数的相似物品，其中相似度函数包括欧氏距离（Indyk and Motwani，1998）、杰卡德相似度（Broder，1997）和余弦相似度（Charikar，2002）等。Bachrach 等人（2014）将用于检索的精确技术（如前所述）与这类

○　诚然，公式（5.51）的设置过于简单。计算这样的排序可能是更复杂的流程中的一部分。

基于哈希的近似方法以及其他用于推荐的精确技术（Koenigstein et al.，2012）进行比较。类似这里的搜索技术可以在 FAISS 等库中进行实现 $^{\ominus}$。

5.7 在线更新

迄今为止，我们对推荐系统的介绍假设我们可以访问历史交互数据，从中我们可以训练模型来进行预测。也就是说，我们假设我们可以离线训练模型。实际上，当部署这样一个系统时，我们可能会不断地收集新的交互信息（以及新的物品和新的用户）。鉴于模型训练的复杂性，为每个新的交互、物品或用户"从头"重新训练模型自然是不切实际的。尽管我们在本书中的重点不是模型部署，但是下面我们概述了一些在在线环境中处理新的交互信息的一般策略。

γ_u 或 γ_i 上的回归：最直接的是，我们可以更新一些模型参数，而不需要重新训练整个模型。尤其需要注意的是，公式（5.5）中的模型（及其变体）在 γ_u 和 γ_i 中被称为双线性：如果 γ_u 或 γ_i 中的任何一个被固定（即被视为常数），拟合模型的剩余部分就等价于线性回归（可以像公式（2.10）或公式（3.33）中那样求解）。这样做可以使我们采用一个拟合的模型，并根据一些观测结果加入新用户和新物品（或者类似地，为现有的用户和物品更新 γ_u 或 γ_i，而不更新整个模型）。这种特定的方法只适用于有限的一类模型，其中单个参数可以用解析式进行更新，但也可以使用基于梯度的方法只更新选择的模型参数。

冷启动和无用户模型：另外，有些模型是专门为处理新用户和物品而设计的。在 6.2 节，我们探讨了为冷启动（cold-start）场景（即用户和物品只有很少或没有相关的交互）设计的模型。这类模型通常利用特征或边信息来弥补历史观测数据的不足。第二类模型完全避免了对用户的建模，直接利用推理时的交互历史（这意味着这类模型可以自然地适应用户冷启动设置），如我们在 5.3 节中探讨的那些方法。

在线训练的策略：最后，我们提到了专门为处理在线情况下的模型更新而设计的方案。这类方法通常遵循我们前面描述的概要，即在存在一个完全训练好的模型的情况下，有效地更新模型参数的子集。例如，见文献（Rendle and Schmidt-Thieme，2008），它概述了在这种情况下基于梯度下降的有效更新方案。

5.8 Python中带有Surprise库和Implicit库的推荐系统

尽管到目前为止我们所见到的推荐系统的类型可以（通过一些努力）通过计算公式（5.15）到公式（5.17）中的梯度表达式或使用诸如 TensorFlow 的高级优化库来"从头开始"实现（我们将在 5.8.3 节中探讨 TensorFlow 的实现），但到目前为止我们所涉及的推荐技术已经得到了流行的 Python 库的合理支持。

这里我们研究了两个特定的库，用于潜在因子推荐的 Surprise 和 Implicit 库（如 5.1 节），以及贝叶斯个性化排序（如 5.2.2 节）。但是这些例子更多的是用来介绍整个推荐流程，而不是深入研究这些库的具体细节。

$\ominus$ https://github.com/facebookresearch/faiss。

5.8.1　潜在因子模型

Surprise（Hug，2020）是一个实现基于显式反馈（如评分）的各种推荐算法的库。下面我们展示了如何使用 Surprise 库实现公式（5.10）中的潜在因子模型（文献（Koren et al.，2009）中的"SVD"）。

首先，我们导入模型（"SVD"）和实用程序来读取和划分数据集：

```
1  from surprise import SVD, Reader, Dataset
2  from surprise.model_selection import train_test_split
```

虽然库中有各种读取数据的程序，但最直接的是从一个 csv/tsv 文件中读取。这里我们对 Goodreads 的"fantasy"数据进行了处理，并只提取其中的"user_id""book_id"和"rating"字段，尽管这个例子可以应用于任何类似的数据集。在读取数据后，我们将其划分为训练和测试两部分，其中 25% 的数据用于测试：

```
3  reader = Reader(line_format='user_item_rating', sep='\t')
4  data = Dataset.load_from_file('goodreads_fantasy.tsv',
       reader=reader)
5  dataTrain, dataTest = train_test_split(data, test_size=.25)
```

接下来我们拟合模型，并收集测试集上的预测结果：

```
6  model = SVD()
7  model.fit(dataTrain)
8  predictions = model.test(dataTest)
```

然后，我们可以从"预测"中提取并比较模型的预测值（p.est）和原始值（p.r_ui）。这里我们计算了它们的 MSE：

```
9   sse = 0
10  for p in predictions:
11      sse += (p.r_ui - p.est)**2
12
13  MSE = sse / len(predictions)
```

5.8.2　贝叶斯个性化排序

Implicit 是一个基于隐式反馈数据集的推荐系统的库 ⊖。在这里，我们展示了如何使用这个库来进行贝叶斯个性化排序，如 5.2.2 节所示。

首先，我们读取数据。这一次，所需要的数据形式是一个描述所有用户 / 物品交互的稀疏矩阵。尽管这个矩阵有成千上万的行和列，但只有观测到的交互被存储下来：

```
1  from implicit import bpr
2
3  Xiu = scipy.sparse.lil_matrix((nItems, nUsers)) # 在提取用户
       和物品数量后进行初始化
4  for d in data:
5      Xiu[itemIDs[d['book_id']],userIDs[d['user_id']]] = 1 #
           只存储正反馈实例
6
7  Xui = scipy.sparse.csr_matrix(Xiu.T)
```

接下来，我们初始化并拟合 BPR 模型：

```
8  model = bpr.BayesianPersonalizedRanking(factors = 5)
9  model.fit(Xiu)
```

⊖　https://github.com/benfred/implicit。

在拟合模型之后，我们可以检索用户因子和物品因子γ_u或γ_i，以及推荐物品（高$\gamma_u \cdot \gamma_i$）和相似物品（与γ_i高相似度的物品）：

```
10   itemFactors = model.item_factors
11   userFactors = model.user_factors
12
13   recommended = model.recommend(0, Xui) # 对第一个用户的推荐
14   related = model.similar_items(0) # 与第一个物品高度相似
         （余弦相似度）
```

5.8.3 在TensorFlow中实现潜在因子模型

在 3.4.4 节中对 TensorFlow 的介绍之后，现在实现诸如本章开发的那些更复杂的模型是相当简单的。这里我们按照 5.1.1 节的要求拟合了一个潜在因子模型。

我们从初始化模型开始，其中将模型维度K和正则化强度λ作为参数。在这里我们定义将拟合的变量（$\alpha, \beta_u, \beta_i, \gamma_u, \gamma_i$）。在实践中，适当地初始化这些变量是重要的。这里 alpha 被初始化为平均评分μ，而其他所有参数都按照正态分布进行初始化：

```
1   class LatentFactorModel(tf.keras.Model):
2       def __init__(self, mu, K, lamb):
3           super(LatentFactorModel, self).__init__()
4           self.alpha = tf.Variable(mu)
5           self.betaU = tf.Variable(tf.random.normal([len(
                userIDs)],stddev=0.001))
6           self.betaI = tf.Variable(tf.random.normal([len(
                itemIDs)],stddev=0.001))
7           self.gammaU = tf.Variable(tf.random.normal([len(
                userIDs),K],stddev=0.001))
8           self.gammaI = tf.Variable(tf.random.normal([len(
                itemIDs),K],stddev=0.001))
9           self.lamb = lamb
```

接下来，我们定义为给定用户/物品对进行预测的函数（同一个类下的方法），即公式（5.10）中的$f(u,i) = \alpha + \beta_u + \beta_i + \gamma_u \cdot \gamma_i$：

```
10      def predict(self, u, i):
11          p = self.alpha + self.betaU[u] + self.betaI[i] +\
12              tf.tensordot(self.gammaU[u], self.gammaI[i], 1)
13          return p
```

同样地，我们在公式（5.8）中定义了正则化项（例如，这可以很容易地适用于包含不同项的不同系数）：

```
14      def reg(self):
15          return self.lamb * (tf.reduce_sum(self.betaU**2) +\
16              tf.reduce_sum(self.betaI**2) +\
17              tf.reduce_sum(self.gammaU**2) +\
18              tf.reduce_sum(self.gammaI**2))
```

最后，我们定义了计算单个样本的平方误差的函数，并在计算梯度时调用该函数：

```
19      def call(self, u, i, r):
20          return (self.predict(u,i) - r)**2
```

5.8.4 TensorFlow中的贝叶斯个性化排序

贝叶斯个性化排序（如 5.2.2 节）可以用类似的方法进行实现。我们再次初始化模型变

量（这次只包含 β_i、γ_u 和 γ_i）：

```
1  class BPR(tf.keras.Model):
2      def __init__(self, K, lamb):
3          super(BPR, self).__init__()
4          self.betaI = tf.Variable(tf.random.normal([len(
               itemIDs)],stddev=0.001))
5          self.gammaU = tf.Variable(tf.random.normal([len(
               userIDs),K],stddev=0.001))
6          self.gammaI = tf.Variable(tf.random.normal([len(
               itemIDs),K],stddev=0.001))
7          self.lamb = lamb
```

预测函数评估了未归一化的分数 $x_{u,i} = \beta_i + \gamma_u \cdot \gamma_i$：

```
8      def predict(self, u, i):
9          p = self.betaI[i] + tf.tensordot(self.gammaU[u],
               self.gammaI[i], 1)
10         return p
```

最后，我们为单个样本定义了损失，这次包括用户 u，以及该用户交互过的物品 i 和未交互过的物品 j：

```
11     def call(self, u, i, j):
12         return -tf.math.log(tf.math.sigmoid(self.predict(u,i
               ) - self.predict(u,j)))
```

5.8.5 基于批处理的高效优化

尽管上述实现很直接，但是如果我们试图计算整个数据集完整的 MSE（见公式（5.14））或似然性（见公式（5.30）），那么它们就不是特别有效。相反，我们在由数据的随机样本组成的批处理（batch）下计算梯度和更新参数。

首先，生成样本。对于一个类似 BPR 的模型，它包括三个列表，即分别对应于用户、正物品和负物品的三元组 (u,i,j)：

```
1  sampleU, sampleI, sampleJ = [], [], []
2  for _ in range(Nsamples):
3      u,i,_ = random.choice(interactions) # 正样本
4      j = random.choice(items) # 负样本
5      while j in itemsPerUser[u]:
6          j = random.choice(items)
7      sampleU.append(userIDs[u])
8      sampleI.append(itemIDs[i])
9      sampleJ.append(itemIDs[j])
```

接下来，必须重新定义我们的评分函数，以在单个样本而不是单个数据点上进行运算。请注意，我们应使用有效的向量运算来计算批处理中所有样本的估计值，而不是简单地迭代所有点：

```
10     def score(self, sampleU, sampleI):
11         u = tf.convert_to_tensor(sampleU, dtype=tf.int32)
12         i = tf.convert_to_tensor(sampleI, dtype=tf.int32)
13         beta_i = tf.nn.embedding_lookup(self.betaI, i)
14         gamma_u = tf.nn.embedding_lookup(self.gammaU, u)
15         gamma_i = tf.nn.embedding_lookup(self.gammaI, i)
16         x_ui = beta_i + tf.reduce_sum(tf.multiply(gamma_u,
               gamma_i), 1)
17         return x_ui
```

对"调用"函数进行类似的修改：

```
18        def call(self, sampleU, sampleI, sampleJ):
19            x_ui = self.score(sampleU, sampleI)
20            x_uj = self.score(sampleU, sampleJ)
21            return -tf.reduce_mean(tf.math.log(tf.math.sigmoid(
                  x_ui - x_uj)))
```

完整的实现（包括各种"模板"组件）参见在线补充资料（见 1.4 节）。

5.9   超越推荐的"黑箱"观点

最后，我们从机器学习的视角来看待推荐只是推荐系统研究的一部分。在大多数情况下，我们采取了一种"黑箱"观点，其中我们仅仅把"推荐系统"视为一个尽可能准确预测用户/物品交互（点击、购买和评分等）的模型。

尽管高仿真预测对于一个成功的推荐器来说显然是必要的，但这只是其中的一部分。例如，我们没有考虑更广泛的问题，即是什么使得推荐系统"可用"或最终能提高用户的满意度或参与度。例如，如果用户观看了《哈利·波特》，那么他们应该被推荐其续集，还是同种类型的另一部电影？前者可能最大化一些简单的指标，如点击率，而后者则更可能产生用户还没意识到的建议。但无论哪一种都可能是构建推荐系统的合理目标：通过预测用户的下一个交互来帮助他们快速浏览用户界面，这与推荐新奇物品或发现同样重要。

这类问题超越了"黑箱"监督学习的推荐观点：它们与其说是关于如何准确预测下一个行动的问题，不如说是关于我们应该用这个预测做什么的问题。至少，如果不是用户研究的话，这类问题需要更细致的评估指标。虽然本书在很大程度上避免对用户界面设计的讨论，但是在第 10 章中，我们将重新讨论如何应用推荐系统的后果，并着眼于改进个性化推荐的策略，而不仅仅是优化预测的准确率。

5.10   历史和新兴方向

迄今为止，我们试图构建推荐系统发展背后的历史：我们从简单的"基于记忆的"解决方案开始（见第 4 章），接着是"基于模型的"方法，如潜在因子模型（见第 5 章）。之后，我们论证了利用隐式反馈（点击和购买等）而不是依赖评分的好处（见 5.2.2 节）。最后，我们开始讨论基于神经网络的推荐的新趋势（见 5.5 节）。虽然这一叙述反映了当前对这一主题的思考，但是推荐系统的实际历史要复杂得多。例如，一篇综述论文（Burke，2002）指出，即使是基于神经网络的推荐系统，也是在 20 世纪 90 年代初就被提出的（Jennings and Higuchi，1993）。

大规模基准数据集的发布和采用在很大程度上推动了推荐系统的研究。诸如 Netflix 竞赛（Bennett et al.，2007）等具有较高知名度的竞赛引起了人们对推荐问题的广泛兴趣：数据的特定性质（纯粹基于没有边信息的交互）、所用指标的选择（MSE），以及数据本身的特定动态性（如时序动态的关键作用），都显示了它们对我们在本章中所探讨的模型的影响。同样地，其他数据集和竞赛，如工业数据集（如 Yelp、Criteo）和学术项目（如 MovieLens（Harper and Konstan，2015）），也催生出了基于其他设置和评估指标的模型。

这类研究的永恒主题是，新模型必须设计到何种程度才能适应新数据集的特定动态。正如我们将在接下来的章节中探讨的那样，对推荐系统的研究已经试图纳入文本、时序和社交信号或图像等形式的丰富信号。这些因素不仅有助于提高推荐模型的准确率，而且也有助于使推荐模型更具可解释性，还能够处理传统推荐方法中不支持的数据模态。我们将在本书的其余部分重新讨论这种内容感知的方法，如在我们开始开发利用社交（见第 6 章）、时序（见第 7 章）、文本（见第 8 章）和视觉（见第 9 章）信号的技术时。

在方法上，最近对推荐系统的研究已经被基于深度学习的方法所主导，正如我们在 5.5 节所讨论的那样。除了基于多层感知机、卷积神经网络或自编码器的模型以外，一个主要的趋势是结合自然语言处理的思想。粗略地说，自然语言模型涉及对离散词元（即单词或字符）序列的语义建模，并因此自然地转化为涉及离散物品集上的交互序列的推荐问题。基于自然语言模型的推荐系统（如自注意力、Transformer 和 BERT 等）可以说是代表了当前的最先进水平（Kang and McAuley，2018; Sun et al.，2019）。在第 7 章和第 8 章开发序列和文本的通用模型时，我们将探讨这种关系。

对利用图像、文本和其他形式的结构化边信息的数据的复杂推荐系统的研究将主导我们接下来几章的讨论。在一定程度上，这些复杂形式的边信息使得我们可以构建越来越准确的、利用复杂信号的推荐系统（见第 6 章）。它们也促进了新类型的推荐，如生成适合用户的物品集（见第 9 章）或具有自然语言界面的推荐系统（见第 8 章）。我们还将论证这些领域的个性化远远超出了推荐的范围，并在个体差异能解释数据显著差异的一些场景中发挥作用。

一些综述论文介绍了推荐系统更详细的历史。Konstan 等人（1998）讨论了 GroupLens 项目的早期研究，我们在本书中讨论了其中的一些论文和数据集。他们的综述给出了关于推荐系统的有趣的早期观点，其中他们的重点主要集中在基于记忆的方法上（如 4.3 节），但也讨论了诸如用户界面和准确率之外的基准测试等更广泛的主题。Burke（2002）讨论了混合推荐系统，该系统结合了多种类型的推荐、特征表示或知识提取方法。他们的综述侧重于餐馆推荐的场景，尽管其广泛地介绍了推荐技术的广度、它们的权衡以及如何有效地结合它们。最近文献（Bobadilla et al.，2013）等综述对我们迄今为止提出的许多相同技术以及我们将在后面章节中探讨的诸如社会意识和基于内容的方法等技术进行了更高层次的综述；其他综述侧重于特定的技术集合，如基于深度学习的推荐（Zhang et al.，2019）。

习题

5.1 本节中的所有习题都可以在包含用户、物品和评分的任何数据集上完成。在实现公式（5.10）中描述的潜在因子推荐系统之前，为了理解模型拟合过程，实现更简单的变体是有意义的。实现一个仅包含偏置的模型，即根据 $r(u,i)=\alpha+\beta_u+\beta_i$ 进行预测。这可以通过计算这个简化模型的导数来实现（正如我们在 5.1.1 节中所做的那样），或简单地从 5.8.3 节中的 TensorFlow 代码中删除潜在因子项。实现该模型并将其性能（就 MSE 而言）与总是预测平均评分的模型的性能进行比较。找到 β_i 值最大的物品，并将其与最高平均评分的物品进行比较 ⊖。

5.2 通过计算公式（5.14）中目标函数中的所有项的导数（$\dfrac{\partial \mathrm{obj}}{\partial \gamma_{i,k}}$、$\dfrac{\partial \mathrm{obj}}{\partial \gamma_{u,k}}$ 等），或按照 TensorFlow 的实现方法，实现一个完整的潜在因子模型。为了使你的模型优于习题 5.1

⊖　考虑为什么这两个列表可能不一样：例如，一个倾向于被"慷慨的"用户评价（高 β_u）的普通物品可能具有较高的平均评分，但 β 的值较低。

中的仅包含偏置的模型，你需要仔细试验潜在维度K的值、初始化测量和正则化[⊖]。

5.3   在习题 5.2 中，我们使用了一个优化 MSE 的模型来预测星级评分。然而，我们在许多数据集中预测的评分是整数的值，例如$r_{u,i} \in \{1,2,3,4,5\}$。鉴于这种情况，把我们模型的预测值四舍五入到最接近的整数可能很有诱惑。令人惊讶的是，这种类型的四舍五入通常不是很有效，同时与非四舍五入的值相比会导致更高的 MSE。请解释为什么会出现这种情况（例如，通过构建一个简单的反例），并考虑其他四舍五入策略是否更有效（例如，对于高于 5 或低于 1 的评分进行四舍五入）。

5.4   实现贝叶斯个性化排序（从 5.8.4 节的代码或其他方式开始），并将该方法与我们在第 4 章中研究的那些基于物品 – 物品兼容性或用户 – 用户兼容性的更简单的方法进行比较（例如，推荐与用户最近消费过的物品相比具有较高杰卡德相似度的物品）。在这样做时，考虑 5.4 节中的几个评估指标，如 AUC 和平均倒数排名（Mean Reciprocal Rank, MRR）等。

项目4：针对书籍的推荐系统（第2部分）

在这里，我们将扩展项目 3 的工作，以纳入和比较基于模型的推荐技术。

（1）首先，将基于模型的方法和你在项目 3 中开发的基于相似度的推荐器进行比较。从比较评分预测方法（如公式（4.20）到公式（4.22）中的模型）和潜在因子建模方法（如 5.1 节）开始。分几个阶段开发你的模型可能是有用的：例如，开始于只包括偏移项的模型$f(u,i) = \alpha$，随后使用只有偏移项和偏置的模型$f(u,i) = \alpha + \beta_u + \beta_i$，最后使用潜在因子模型$f(u,i) = \alpha + \beta_u + \beta_i + \gamma_u \cdot \gamma_i$。

（2）接着比较隐式反馈模型，例如 5.2.2 节中的贝叶斯个性化排序模型。正如我们用 AUC（见公式（5.26））等评估指标来测量 BPR 的性能一样，我们在项目 3 中开发的那些简单的基于记忆的排名方案也可以根据它们如何有效地区分交互（正样本）和非交互来进行评估。

（3）尝试对你上述开发的潜在因子模型进行彻底调整和正则化。你可以考虑的一些因素包括：（a）潜在因子的数量K。（b）正则化方法。例如，你可以通过对偏置项和潜在因子使用单独的正则化项来提高性能，即$\lambda_1 \Omega(\boldsymbol{\beta})$和$\lambda_2 \Omega(\boldsymbol{\gamma})$。（c）其他因素，如学习率和初始化方案等。

（4）使用快速检索技术（或库）进行实验，正如我们在 5.6 节中研究的那些。

⊖   在调试梯度下降模型时，隔离单个项（即每次只更新单个参数或一个参数子集）以确定每次更新都会导致目标的改进是有指导意义的。在对更高维的模型进行实验之前，仅从单个潜在因子（即$K=1$）开始也是有用的。

推荐系统中的内容和结构

迄今为止，我们为个性化推荐构建的系统完全基于交互数据。我们在第 4 章和第 5 章中简单地通过在用户和物品中找到最能解释差异的模式来论证为什么交互通常足以捕捉我们需要的所有关键信号。这个论点在一定条件下理论上是成立的，尽管相当有限。首先，当我们考虑关于新用户和很少被消费的物品这一长尾现象时，收集足够的交互数据来拟合参数饥渴的潜在因子模型是不可行的。即使我们可以获得足够的交互数据，一些推荐设置也不符合在给定用户-物品对的情况下预测交互的规范设置。

在实践中，有几种情况偏离了我们迄今为止描述的经典设置，并且需要利用边信息（side information）或问题结构（problem structure）的更复杂的模型来提高性能。利用内容和结构在各种情况下都很有用，如：

- 可能只有有限的交互数据可用。我们认为交互数据足以捕捉微妙的偏好信号，而这一观点只适用于有限的情况，即当每个用户（或物品）都有大量交互时。当可用的交互很少时（或者在冷启动设置中没有交互时），我们必须依靠用户或物品特征来估计初始偏好模型。
- 除了提高性能之外，为了提高模型的可解释性，将特征结合到推荐系统中可能是合乎需求的。例如，我们可能希望了解用户对价格变化的反应，而要有效地做到这一点，可能需要将价格特征适当地"嵌入"到模型中（我们在 6.5 节中研究了这个具体案例）。
- 用户偏好或物品属性可能不是固定的。即使是圣诞节影片不可能在七月观看这一简单的事实，也不能简单地通过增加更多的潜在维度来捕捉。尽管这不是本章的主题，但我们在第 7 章中将重新讨论这种时序和序列动态的模型。
- 许多设置根本不遵循我们在第 4 章和第 5 章中开发的设置。例如，许多推荐场景都有社交组件（约会和易货等），或者除了用户与物品的兼容性之外必须考虑其他限制因素。

在本章中，我们将开发一些模型来帮助我们适应这些情况。首先，我们将从 6.1 节中的分解机（factorization machine）开始，探讨将内容（或简单的特征）纳入推荐系统中的通用策略。在大多数情况下，我们的目标是研究纳入简单的数值特征和类别特征的策略。我们在第 7 章到第 9 章中为时序、文本和视觉特征的具体情况制定策略。我们特别感兴趣的是，为了解决所谓的冷启动问题（见 6.2 节），即我们只有很少（或没有）与新用户或新物品相关的数据，特征应该如何纳入模型中以推断出关于他们偏好的初始模型。

除了将特征纳入推荐系统中，我们还将探讨不同于第 5 章中的基本设置的各种推荐模式。我们将探讨如在线交友（见 6.3.1 节）、易货贸易（见 6.3.2 节）以及社交和群体推荐（见 6.4 节）等例子。在探讨这些设置时，我们的目标不仅是探讨一些感兴趣的特定应用，更重要的是了解设计和调整个性化机器学习技术的整体过程，以应对呈现出额外结构或与传统设置不完全一致的情况。

6.1   分解机

分解机（Rendle，2010）是一种通用方法，旨在将特征纳入捕捉成对交互的模型中（如用户和物品之间的交互）。

本质上，分解机扩展了潜在因子模型（见 5.1 节）背后的方法。潜在因子模型通过 γ_u 和 γ_i 将用户和物品嵌入到低维空间中，然后通过内积对它们之间的交互进行建模；分解机扩展了这种方法，以纳入用户、物品和其他特征之间的任意成对交互。

模型的输入是一个特征矩阵 X 和一个目标 y。在最简单的情况下，X 可能只是通过独热编码来编码用户 ID 和物品 ID，但是也可以扩展到包含与交互相关的任何额外属性：

$$\begin{bmatrix} 1000000 & \dots & 000100000 & \dots & 0001000 & \dots & 15.95 \\ 0001000 & \dots & 000000010 & \dots & 0001000 & \dots & 12.25 \\ 0100000 & \dots & 000100000 & \dots & 0000010 & \dots & 15.00 \\ 0000100 & \dots & 010000000 & \dots & 0010000 & \dots & 17.50 \\ 1000000 & \dots & 000000010 & \dots & 1000000 & \dots & 19.95 \\ \underbrace{0000100}_{\text{用户}} & \dots & \underbrace{000010000}_{\text{物品}} & \dots & \underbrace{0000010}_{\text{星期几}} & \dots & \underbrace{10.15}_{\text{价格}} \end{bmatrix} \tag{6.1}$$

分解机的基本思想是对特征之间的任意交互进行建模。每个特征维度都与潜在表示 γ_i 相关联。模型公式可以根据所有（非零）特征对（特征维度为 F）来定义：

$$f(x) = \underbrace{w_0 + \sum_{i=1}^{F} w_i x_i}_{\text{偏移项和偏置项}} + \underbrace{\sum_{i=1}^{F} \sum_{j=i+1}^{F} \langle \gamma_i, \gamma_j \rangle x_i x_j}_{\text{特征交互}} \tag{6.2}$$

考虑公式（6.1）中的交互矩阵只包含用户和物品编码的情况是有意义的。在这种情况下，公式（6.2）扩展为等价于潜在因子模型（如公式（5.10）），即用户 u 和物品 i 只有唯一的交互项 $\gamma_u \cdot \gamma_i$。

因此，分解机可以视为潜在因子模型的泛化，它允许考虑其他类型的交互。例如，如果我们在公式（6.1）中包含一个额外的独热特征来编码用户消费过的上一个物品，那么分解机将包括编码下一个物品与上一个物品的兼容性的表达式，即该模型可以学习上一个物品与下一个物品的上下文相关性。将这种方法与我们在第 7 章（见 7.5 节）中专门为处理序列输入而设计的模型进行比较是有用的。Rendle（2010）讨论了这些主题，并描述了通用分解机公式涵盖各种旨在处理特定类型特征的方法的程度。

Rendle（2010）通过表明交互项可以改写为以下形式来描述如何有效地计算公式（6.2）的模型公式（以及如何有效地进行参数学习）：

$$\sum_{i=1}^{F} \sum_{j=i+1}^{F} \langle \gamma_i, \gamma_j \rangle x_i x_j = \frac{1}{2} \sum_{f=1}^{K} \left(\left(\sum_{i=1}^{F} \gamma_{i,f} x_i \right)^2 - \sum_{i=1}^{F} \gamma_{i,f}^2 x_i^2 \right) \tag{6.3}$$

这使得我们可以在 $O(KF)$（潜在因子的维度乘以特征维度）复杂度下完成计算。

6.1.1　神经因子分解机

正如我们在第 5 章（见 5.5 节）中所看到的，基于深度学习的模型可以潜在地用于提高传统推荐系统的性能，其本质上是通过学习潜在特征之间的复杂非线性关系。同样，神经因子分解机（neural factorization machine）（He and Chua，2017）是分解机的泛化，其通过使用多层感知机来学习复杂的非线性特征交互。这个想法与我们在第 5 章（见 5.5.2 节）中提出的想法类似：正如 He 等人（2017b）将用户和物品嵌入结合起来开发神经协同过滤一样，He 和 Chua（2017）将几个项（用户、物品和以前的物品等）的嵌入结合起来。与神经协同过滤相比，其主要的附加组件是一个池化（pooling）操作，它将潜在表示之间的成对交互聚合成一个特征向量以传递给多层感知机。

推荐系统的宽度和深度学习：Cheng 等人（2016）提出的宽度 & 深度模型（Wide & Deep model）的模型结构虽然不完全是分解机，但也启发于分解机的设置和第 5 章中的神经协同过滤。Cheng 等人（2016）指出，虽然神经网络有可能学习潜在特征之间的复杂交互，但是它们可能还是难以学习特征之间简单但有用的成对交互。宽度和深度架构本质上是通过添加一个路径来扩展类似上述的架构（深度组件），该路径允许模型使用简单的线性交互来"绕过"模型的多层部分（宽度组件）。宽度组件是基于简单的线性模型（即 $x \cdot \theta$），其包括（除其他组件之外）特征的简单二元组合。这使得宽度组件可以专注于重要但简单的特征交互，而深度组件可以专注于更复杂的交互。

最后，我们提到文献（Guo et al.，2017a）（DeepFM），它采用了与文献（Cheng et al.，2016）相同的宽度 & 深度架构。他们的介绍更紧密地围绕 6.1 节中的分解机架构，并采用了其中的特定组件。

表 6.1 总结了一些基于深度学习的推荐模型（包括第 5 章的一些模型）。请注意，这只是一个小样本，旨在涵盖所涉及的各种技术和架构（例如，见文献（Zhang et al.，2019）的更完整的综述）。

表 6.1　基于深度学习的推荐技术（参考文献：Cheng et al.，2016；Guo et al.，2017a；He et al.，2017b；He and Chua，2017；Sedhain et al.，2015）

参考文献	技术	描述
H17	神经协同过滤	使用多层感知机来学习用户和物品潜在因子之间的复杂交互（见第 5 章）
HC17	神经因子分解机	与上述类似，但在分解机架构内使用多层感知机
C16	面向推荐的宽度 & 深度学习	包含一个"宽度"组件，以帮助模型直接捕捉成对特征交互，从而使得深度组件可以专注于更复杂的隐藏交互
G17	深度分解机	与上述类似；将宽度 & 深度架构与分解机的特定组件相结合
S15	基于自编码器的推荐模型（AutoRec）	学习物品（或用户）交互向量的压缩表示；该压缩表示可以用来评估与未观测到的交互相关的分数（见第 5 章）

6.1.2　在Python中使用FastFM的分解机

正如我们前面所见，分解机是一种高度灵活的通用技术，可以将数值特征或类别特征纳入推荐系统中。在本章的后半部分和第 7 章中，我们将探讨可以通过分解机捕捉特定类型的动态，但目前我们将通过 FastFM 库（Bayer，2016）探讨"普通"分解机的实现（这里使用 Goodreads 数据，如项目 4 中所示）。

首先，我们读取数据集并构建从每个用户到特定索引（从 0 到 $|U|-1$）的映射。该索引用于将每个用户和物品与我们独热编码中的特征维度相关联（如公式（6.1））：

```
1  userIDs,itemIDs = {},{}
2  for d in data:
3      u, i = d['user_id'], d['book_id']
4      if not u in userIDs: userIDs[u] = len(userIDs)
5      if not i in itemIDs: itemIDs[i] = len(itemIDs)
6
7  nUsers, nItems = len(userIDs), len(itemIDs)
```

接下来，我们构建与每个交互相关的特征矩阵。每个特征都是用户 ID 和物品 ID（独热编码）的简单拼接。请注意，我们使用一个稀疏数据结构（`lil_matrix`）来表示特征矩阵。虽然我们这里只使用了用户 ID 和物品 ID，但是这些特征向量可以直接扩展为包含其他特征的向量，例如我们在本章后面探讨的那些特征向量：

```
8   X = scipy.sparse.lil_matrix((len(data), nUsers + nItems))
9   for i in range(len(data)):
10      user = userIDs[data[i]['user_id']]
11      item = itemIDs[data[i]['book_id']]
12      X[i,user] = 1 # 本质上是公式（6.1）中的一行
13      X[i,nUsers + item] = 1
14
15  y = numpy.array([d['rating'] for d in data])
```

最后，我们将数据划分为训练部分和测试部分，然后拟合模型，并在测试集上计算预测值：

```
16  X_train, y_train = X[:2000000], y[:2000000]
17  X_test, y_test = X[2000000:], y[2000000:]
18
19  fm = fastFM.als.FMRegression(n_iter=1000, init_stdev=0.1,
        rank=2, l2_reg_w=0.1, l2_reg_V=0.5)
20
21  fm.fit(X_train, y_train)
22  y_pred = fm.predict(X_test)
```

该模型有几个可调节参数：`n_iter` 控制了迭代次数、`init_stdev` 控制了随机参数初始化的标准差、`rank` 控制了潜在因子的数量（K）、`l2_reg_w` 和 `l2_reg_V` 控制了模型的线性和成对项的正则化（类似于公式（5.12）中的 λ_1 和 λ_2）。

6.2 冷启动推荐

迄今为止，我们开发的推荐方法都依赖于拥有与用户和物品相关的详细交互历史的情况。所以我们也就无法找到与没有购买历史的用户的相似用户（如 4.3 节）。同样地，我们也无法为一个从未评价过或购买过任何物品的用户估计潜在参数 γ_u（甚至偏差 β_u 也无法估计，如 5.1 节）。

因此，我们需要开发在所谓的冷启动场景中有用的推荐方法。根据设置的不同，用户或物品都可能是"冷门"的（即没有相关的交互）。

我们将研究两类处理冷启动问题的方法。首先，我们可以尝试通过使用关于用户或物品的边信息来处理冷启动情况。其中，边信息可以是产品图像、文本和社交互动等。在每种情况下，边信息都能提供物品属性的线索，无论是通过学习用户对观测到的物品特征的偏好

（见 6.2.1 节）、获取用户朋友的偏好等较弱的信号（见 6.4.2 节），还是通过使用物品特征来评估物品潜在因子。虽然我们在下面探讨了一些简单的方法，但在本书中我们会重新讨论边信息的使用。其次，我们将通过问卷调查直接寻求新用户偏好的方法（见 6.2.2 节）。

6.2.1　用边信息解决冷启动问题

在缺乏用户或物品相关的历史交互数据的情况下，一种选择是求助于辅助信号。Park 和 Chu（2009）在电影推荐的背景中考虑了冷启动设置。对于电影，相关特征是可用的，如发行年份和类型等，这些特征可以编码为独热向量。对于用户，可以使用用户年龄、性别、职业或位置等人口统计学特征。这些特征通过每个用户 u 的用户特征向量 $\boldsymbol{x}_u$ 和每个物品 i 的物品特征向量 $\boldsymbol{z}_i$ 来捕捉。

回想一下，在 4.1 节一开始，我们讨论了推荐和回归之间的区别，并认为推荐与用户和物品特征的简单线性回归有着本质的区别。重要的是，我们认为推荐系统必须对用户和物品之间的交互进行建模，以便能够为每个用户进行有意义的个性化预测。

为了捕捉交互，Park 和 Chu（2009）使用所谓的双线性模型（我们在 5.7 节中简要提到了双线性）来估计用户和物品特征之间的兼容性。模型参数可以通过矩阵 $\boldsymbol{W}$ 来描述，而用户 / 物品兼容性可以表示为：

$$s_{u,i} = \boldsymbol{x}_u \boldsymbol{W} \boldsymbol{z}_i^{\mathrm{T}} = \sum_{a=1}^{|x_u|} \sum_{b=1}^{|z_i|} x_{u,a} z_{i,b} W_{a,b} \tag{6.4}$$

在这里，与（如）公式（4.4）中的线性回归模型不同，$\boldsymbol{W}$ 现在编码的是用户特征应该如何与物品特征交互。也就是说，参数 $W_{a,b}$ 编码了第 a 个用户特征与第 b 个物品特征的兼容程度。因此，该模型可以学习例如 35 到 50 岁年龄段的用户对青春爱情片的积极反应程度。

$\boldsymbol{x}_u$ 和 $\boldsymbol{z}_i$ 都包括一个常数特征。这些特征（或者说，$\boldsymbol{W}$ 中的对应项）大致发挥了偏置项的作用（即公式（5.10）中的 α、β_u 和 β_i），也就是说，它们使得模型可以学习特定人群中的用户或特定类型的电影在多大程度上倾向于产生比其他用户或电影更高或更低的评分。

训练该模型，使得兼容性 $s_{u,i}$ 应该与观测到的交互（如评分）相一致。Park 和 Chu（2009）使用一种特定类型的成对损失（即一次考虑两个物品的损失，类似于公式（5.30）中的 BPR 损失）来实现这一点，尽管这是一个对该方法的主要思想并不重要的实现细节。

最后，该方法在两个电影数据集（MovieLens 和 EachMovie）上进行了评估。这些数据集中的冷门用户和物品都是模拟的，只是在训练时留存了一部分用户和物品的交互，在测试时用这些用户的交互来评估系统。实验表明，在考虑冷门用户和物品时，该方法优于不使用特征的其他方法。

6.2.2　通过问卷解决冷启动问题

在用户冷启动设置中，依赖边信息的另一个替代方法是，一旦新用户首次与系统交互，就简单直接地征求他们的偏好。

Rashid 等人（2002）研究了生成初始用户问卷的策略。在这种情况下，"问卷"仅仅是收集关于一组信息量大的物品的评分，以便最快学到新用户的偏好动态。为了选择信息量大的物品，我们研究了几种策略。呈现流行物品的优势在于，用户通常会与它们有过交互（因此可以提供有根据的意见），但如果所有用户通常都喜欢最流行的物品，那么这些意见可能并不能提供有意义的信息。相比之下，基于熵的策略选择意见差异很大的物品：每个评分提供较多的信息，但用户可能无法对大量的未知物品进行评分。除此之外，他们还探索了平衡流行度和熵的混合策略，以及对（一旦找到一些已知物品）用户可能交互过的类似物品的个性化策略进行问卷调查。

Zhou 等人（2011）基于相同的原则研究了更复杂的策略，其中在物品上构建决策树（用户可以在每一步提供正反馈、负反馈或"未知"反馈），以迭代的方式选择信息量最大的物品呈现给用户。

当然，这种设置只适用于用户实际上可能已经对一部分物品有所体验的情况（Rashid 等人（2002）和 Zhou 等人（2011）考虑了电影推荐场景）。我们将在后面的章节中定期重新讨论冷启动推荐的主题，以及"冷启动"设置（每个用户或物品只有很少交互），因为我们开发的系统是对序列、文本和图像的特征进行操作的。无论是否显式地为冷启动而设计，这种方法通常都寻求使用边信息来规避缺乏可用交互数据的问题。

6.3 多边推荐

迄今为止，我们对推荐和个性化的看法是最大化每个用户的一些预测效用，例如估计他们的评分或他们将交互哪些物品。此外，每个用户的预测都是相互独立的。

在考虑电影推荐等情况时，这样的设置似乎是自然的，但在一些情况下，这样的模型却是不合适的。例如，在线交友平台上的推荐将需要完全不同的假设。由于这个问题具有对称性，即用户被推荐的同时也收到推荐，因此用户必须对他们的匹配对象感兴趣，并且这些匹配对象必须有合理的互惠机会。同样地，我们必须确保每个人都能收到推荐，也要确保每个人都能推荐给某人。

这些类型的问题被称为多边（multisided）或多利益相关者（multistakeholder）推荐（Abdollahpouri et al., 2017）。这种约束出现在一些场景中，我们将在本书中讨论其中的多个场景。在 6.4.3 节中，我们将研究群体推荐，其中推荐必须同时满足群体中多个用户的兴趣。而在 6.7 节中，我们将考虑广告设置，其中我们必须考虑用户的偏好和个别广告商的预算（这使我们无法向每个人推荐最合适的广告）。最后，我们将在第 10 章深入地讨论这个主题，其中我们考虑了公平、校准和平衡等问题。例如，在推荐电影时，我们可能希望合理覆盖不同的类型（Steck, 2018）；在推荐作者时，我们可能希望我们的推荐在性别或国籍方面不要太狭隘（Ekstrand et al., 2018b）。

现在，我们将考虑两个多利益相关者推荐的具体例子，即在线交友和易货贸易（即推荐贸易伙伴）。

6.3.1 在线交友

Pizzato 等人（2010）研究了在线交友背景下的推荐。在线交友有几个限制条件，这些限制条件是我们目前所看到的推荐问题类型所不具备的，特别是因为收到推荐的用户与被推荐的用户是同一批人。

他们考虑了互利交流的具体目标，这在一定程度上是由研究的数据（来自一个大型的澳大利亚在线交友网站）中的特定机制所推动的。也就是说，只有当用户 u 给用户 v 发信息，并且用户 v 回应他们的信息时，将用户 v 推荐给用户 u 才被认为是成功的。

文献（Pizzato et al.，2010）中的实际兼容分数 $f(u,v)$ 是使用一个相当简单的基于特征的策略来估计的，即寻找 u 的偏好和 v 的属性之间的匹配（其中一些可能是严格匹配的，例如如果用户在历史上只对某种性别表示过兴趣）。接下来，互利相容性只是两个兼容分数的调和平均值：

$$互利相容性(u,v) = \frac{2}{f(u,v)^{-1} + f(v,u)^{-1}} \tag{6.5}$$

这里的调和平均值比算术平均值更可取，因为它不允许任何一个用户的偏好"支配"兼容性估计，也就是说，只有当两个用户对彼此的兼容性分数都很高时，他们才是兼容的。

除了 Pizzato 等人（2010）所考虑的互利概念之外，在线交友还有某些在其他问题中尚未见过的"平衡"或"多样性"约束。例如我们无法确定具有"理想"特点的用户并将其推荐给每个人（这对于电影来说可能是完全合理的）。相反，只有当用户既能接收到推荐又能出现在推荐中时，系统才有效用。在 6.7.1 节中考虑在线广告问题时，我们会进一步考虑这种约束。

6.3.2　易货平台

Rappaz 等人（2017）考虑了为易货平台构建推荐系统的问题，即用户交换物品的设置。

他们研究了几种产品交换的设置，包括 CD 和 DVD，但他们的大部分分析都围绕着三个数据集，即书籍（来自 bookmooch.com）、啤酒（来自 ratebeer.com）和电子游戏（来自 reddit.com/r/gameswap）。

在每一个网站上，用户都有一个"愿望清单" W_u 和一个"赠送清单" G_u，即他们希望赠送或接收的物品集。鉴于这个问题的限制，人们可能会认为推荐合适的贸易就像识别合适的贸易对一样简单。然而，令人惊讶的是，数据显示"符合条件的"交换伙伴极其罕见，绝大多数记录的贸易发生在没有明确包含在用户愿望清单中的物品之间；因此，构建一个可以通过潜在偏好来对可能的贸易伙伴进行建模的系统是有必要的。他们还指出，用户会反复与相同的伙伴进行贸易，这表明贸易中存在社交成分。

鉴于上述两个因素，基本模型将标准潜在因子表示与社交项相结合。给定用户 u、物品 i 和潜在贸易伙伴 v，他们的兼容性为：

$$f(u,v,i) = \gamma_u \cdot \gamma_i + S_{u,v} \tag{6.6}$$

这里的 γ_u 和 γ_i 是公式（5.10）中的低秩因子，而 $S_{u,v}$ 是一个（潜在的满秩）矩阵 $S \in \mathbb{R}^{|U| \times |U|}$；尽管 S 潜在地编码了大量参数，但实际上 S 非常稀疏（至少在他们的数据集中），因为观测到的贸易伙伴的数量是有限的。

请注意，这个模型只捕捉到一个用户对另一个物品的兴趣。为了对互惠的兴趣进行建模，Rappaz 等人（2017）简单地捕捉了双向的平均兴趣（见图 6.1）：

$$f(u,i,v,j) = \frac{1}{2}(f(u,v,i) + f(v,u,j)) \tag{6.7}$$

除了算术平均值之外，还可以使用其他聚合函数（如调和平均值），不过算术平均值被证明是最有效的，这表明一个用户的较弱偏好可以被另一个用户的较强偏好所弥补（与 6.3.1 节中的在线交友场景相反）。该模型还包含一个时序项，用来编码某些用户特别活跃和某些物品特别流行的时间点，尽管我们将时序模型的讨论留到第 7 章。

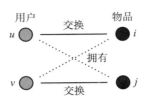

图 6.1 互惠兴趣背后的基本思想，如文献（Rappaz et al., 2017）。在易货贸易的场景中，一个用户的强烈偏好可以补偿另一个用户的潜在的较弱偏好。兼容性是 u 和 v 之间的社会凝聚力的函数，也是他们对期望物品的兴趣的函数（见公式（6.6）和公式（6.7））

最后，根据对观测到的交互比未观测到的交互分配更高的分数的能力来评估该方法（即使用类似 BPR 的训练和评估方案，如 5.2.2 节）。该实验的主要结论是，在易货贸易场景中有几个重要的组件：互惠的兴趣、贸易的社交历史以及跨用户和物品的时序"趋势"。

6.4 群体感知推荐和社交感知推荐

我们的观点和决定会受到社交关系的影响。在推荐的范围内，一种可能的动态是社交信任：一个朋友喜欢或购买了一个物品的事实是用户未来行为的一个强有力的预测因素（见 6.4.1 节）。另外，在某些情况下，推荐必须同时满足几个用户的兴趣（如为一群用户选择将要观看的电影），因此，用户的偏好应该与他们的朋友的偏好相平衡（见 6.4.3 节）。

更通俗地说，社交关系可以只是一种获得额外交互数据的方式，以提高推荐系统的准确率或冷启动性能。考虑到缺乏某些特定用户的数据，他们的社交网络中的交互可以作为弱信号来增加用于训练的数据量。我们在下面探讨了一些有代表性的方法，并在表 6.2 中进行了总结。

表 6.2 社交感知推荐技术的比较（参考文献：Amer-Yahia et al., 2009; Ma et al., 2008; O'connor et al., 2001; Pan and Chen, 2013; Zhao et al., 2014）

参考文献	社交数据	描述
M08	Epinions	信任关系有助于正则化 γ_u，其必须同时解释评分和信任因素（见 6.4.1 节）
Z14	Epinions、Delicious、Ciao、LibraryThing	朋友的交互作为推荐的附加隐式信号（见 6.4.2 节）
O01	MovieLens	研究用于群体推荐的良好界面的理想特征（见 6.4.3 节）
A-Y09	MovieLens	设计了群体共识的测量方法并提出推荐算法来最大化它们（见 6.4.3 节）
PC13	MovieLens、Netflix	将群体偏好视为弱信号来设计 BPR 的成对抽样策略（见 6.4.4 节）

6.4.1 社交感知推荐

一些方法试图纳入社交网络中的信号来改善推荐。这样做背后的主要思想是，社交关系会帮助我们规避交互数据中的稀疏性问题。也就是说，即使一个用户只有少量的观测到的交互，我们也可以（在某种程度上）利用他们朋友的交互，因为他们可能会信任朋友的意见。

从概念上讲，社交感知推荐背后的典型方法是将社交关系作为正则化项使用，这说明用户的偏好应该与他们在社交网络中的关系类似。例如，对于交互很少的用户，我们可以假设他们的偏好与他们的朋友的（平均）偏好一致。这可能是一个比公式（5.11）的正则化项更好的假设，因为后者在实践中基本上会丢弃用户潜在因子（γ_u）。

早期将社交网络引入推荐系统的尝试扩展了潜在因子模型的基本框架（Ma et al., 2008）。他们研究了 Epinions 的数据，其中除了评分形式的交互数据（如同公式（4.8）），还包含一个"信任"和"不信任"关系的网络。与典型的社交网络不同，这些是有标记的关系，其中用户会显式地表明他们"信任"（1）或"不信任"（−1）另一个用户。也就是说，除了交互矩阵，我们还有一个（有向的）邻接矩阵：

$$A = \begin{bmatrix} 1 & \cdot & \cdot & -1 & 1 \\ \cdot & 1 & -1 & \cdot & \cdot \\ \cdot & 1 & 1 & -1 & \cdot \\ 1 & \cdot & 1 & \cdot & 1 \\ -1 & -1 & \cdot & 1 & 1 \end{bmatrix} \Big\} 用户 \qquad (6.8)$$

但最终，Ma 等人（2008）没有使用不信任的关系，因为他们认为"不信任"的语义比用户有不同的偏好维度要更复杂一些。

因此，给定一个评分矩阵 R 和一个邻接矩阵 A，我们希望通过 A 告知我们每个用户可能的潜在偏好来预测 R 中的评分。其基本思想是对每个用户使用共享参数 γ_u。对于评分数据，γ_u 和矩阵分解模型中的用户潜在因子并没有什么不同，也就是说，它与物品潜在因子相结合后用于预测评分。在这种情况下是通过 sigmoid 函数来进行预测[⊖]：

$$r_{u,i} = \sigma(\gamma_u \cdot \gamma_i) \qquad (6.9)$$

接下来，再次使用参数 γ_u 来预测 A 中的信任关系：

$$a_{u,v} = \sigma(\gamma_u \cdot \gamma_v') \qquad (6.10)$$

原论文中 A 可以是加权矩阵，以表示不同程度的社交信任，但为了简单起见，我们这里假设 A 只包含信任（1）和不信任（0）的值。

注意，虽然 γ_u 是一个共享参数，但 γ_v' 不是。因为矩阵 A 有向，所以，γ_u 解释了为什么 u 信任他人，而 γ_v' 解释了为什么别人会信任 v。实际上，我们通常对预测 $a_{u,v}$ 不感兴趣。相反，信任关系应该是帮助我们更有效地校准 γ_u 的额外数据。图 6.2 描述了该想法。

然后，总体目标的形式为：

$$\underbrace{\sum_{(u,i) \in R} (r_{u,i} - \sigma(\gamma_u \cdot \gamma_i))^2}_{评分预测误差} + \lambda^{(\text{trust})} \underbrace{\sum_{(u,v) \in A} (a_{u,v} - \sigma(\gamma_u \cdot \gamma_v'))^2}_{信任预测误差} + \lambda \| \gamma \|_2^2 \qquad (6.11)$$

其中，$\lambda^{(\text{trust})}$ 权衡了预测信任网络（相对于预测评分）的重要性。最终，Ma 等人（2008）的实验表明，信任网络比单独的矩阵分解更有助于准确地预测评分。当然，应该注意的是，

⊖　sigmoid 函数这一具体选择只是一个实现的细节。并且为了适应这个选择，应该将评分缩放到 [0, 1] 的范围内。

Epinions 上的信任关系与意见维度的联系非常紧密，可能比其他社交网络更紧密。

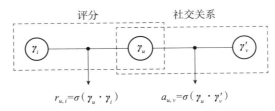

图 6.2 社交推荐技术通常使用一个共享参数（在这种情况下是 γ_u）来同时解释评分维度和社交关系。通过这种方式，即使是对于历史评分很少的用户，社交关系也可以估计偏好维度

请注意，上述情况本质上是一种更复杂的冷启动推荐（如 6.2 节）。从某种意义上说，我们正利用一种边信息（社交关系）来弥补交互数据的不足。在用户从未评分过某个物品（但有社交关系）的情况下，系统仍然可以从 u 的朋友的偏好维度来合理估计 γ_u。

6.4.2 社交贝叶斯个性化排序

前面我们展示了如何扩展矩阵分解框架以纳入社交网络信号。这个想法背后的直觉简单地说明了解释偏好的相同因素也应该能解释"信任"关系。

接下来，我们将看到如何通过将社交关系纳入 5.2.2 节的贝叶斯个性化排序框架，使得该想法适用于预测交互（而不是评分）。

从概念上讲，使用社交关系来预测交互依赖于一个可能与上述不同的假设。虽然我们之前的直觉是基于某种信任的概念，但在这里我们只是假设如果用户的朋友们之前与物品交互过，那么该用户就更有可能与这些物品交互（例如，观看电影或阅读书籍）。

Zhao 等人（2014）试图将贝叶斯个性化排序（BPR）的假设应用于涉及社交关系的数据集。回想一下，BPR 假设用户与他们交互过的物品的兼容性 $x_{u,i}$ 应该高于与他们没有交互过的物品的兼容性 $x_{u,j}$。这是通过 sigmoid 函数来捕捉的（见公式（5.30））：

$$x_{u,i} \geq x_{u,j} \quad \rightarrow \quad \sigma(x_{u,i} - x_{u,j}) \text{应该最大化} \tag{6.12}$$

为了适应涉及社交网络的设置，Zhao 等人（2014）假设了第三种类型的反馈：对于用户 u，除了正反馈 i 和负反馈 j（与 BPR 一样），我们还有社交反馈 k，其由 u 在社交网络中的关系所消费的物品组成。

Zhao 等人（2014）测试了如何纳入社交反馈的两个假设。第一个假设是社交交互弱于正交互，但仍强于负交互，其本质上说明了用户更有可能与他们的朋友交互过的物品进行交互：

$$\underbrace{x_{u,i} \geq x_{u,k}}_{\text{正} \quad \text{社交}} \; ; \; \underbrace{x_{u,k} \geq x_{u,j}}_{\text{社交} \quad \text{负}} \tag{6.13}$$

另一个假设则相反：如果我们的朋友交互过某个物品而我们没有，那么这可能是一个信号，其表明我们知道这个物品，但故意选择不与之交互。在这种情况下，我们放弃公式（6.13）中的第二个假设，并用一个较弱的假设来代替：

$$\underbrace{x_{u,i}}_{\text{正}} \geqslant \underbrace{x_{u,k}}_{\text{社交}} \quad ; \quad \underbrace{x_{u,i}}_{\text{正}} \geqslant \underbrace{x_{u,j}}_{\text{负}} \tag{6.14}$$

请注意，这些假设中没有一个比另一个"更好"。相反，它们只是假设，必须通过确定哪个能最佳拟合真实数据集来进行测试。

为了训练模型，我们使用了类似 BPR 的目标（见公式（5.30）），但现在涉及两个项。例如，使用公式（6.13）中的假设：

$$\sum_{(u,i,k)\in\mathcal{T}} \log\sigma(x_{u,i} - x_{u,k}) + \sum_{(u,k,j)\in\mathcal{T}} \log\sigma(x_{u,k} - x_{u,j}) + \|\gamma\|_2^2 \tag{6.15}$$

其中$\mathcal{T}$是由每个用户 u 的正反馈、负反馈和社交反馈（i、j 和 k）组成的训练集。

最终，Zhao 等人（2014）表明，这两种模型的表现都优于不利用社交关系的其他模型。除了 Epinions，他们还使用了几个数据集，包括来自 Ciao、Delicious 和 LibraryThing（产品评论、社交化书签和书籍）的数据。总的来说，在所有的数据集上，公式（6.14）中的假设都略优于公式（6.13）中的假设。

6.4.3 群体感知推荐

与社交推荐主题有点相关的是群体推荐的思想，其认为应该整体地向一群用户推荐而不是向个人推荐。了解群体动态有助于提高推荐的准确率，尽管下面这些方法的另一个目标是设计与群体满意度相对应的评估标准。

PolyLens（O'connor et al.，2001）是关于这一主题的早期工作，不过这一工作主要涉及为群体推荐目标设计用户界面，而不是使用群体数据来提高推荐性能。虽然侧重于界面的构建，但该工作显示了基于群体的推荐器的效用，其可以帮助用户找到更符合他们群体共同兴趣的物品。

后来，Amer-Yahia 等人（2009）试图通过定义有用的目标来定义一组物品与一个群体的兼容性，从而形式化群体推荐的概念。给定预定义的兼容函数$f(u,i)$（如，潜在因子模型的输出），我们简单地尝试将一群用户$\mathcal{G}$和物品 i 之间的群体兼容性定义为：

$$i\text{的平均兼容性}: \mathrm{rel}(\mathcal{G},i) = \frac{1}{|\mathcal{G}|}\sum_{u\in\mathcal{G}} f(u,i) \tag{6.16}$$

或者，我们可以将兼容性定义为群体中最不兼容的用户的兼容性，即最小痛苦（least misery）：

$$\text{最小痛苦}: \mathrm{rel}(\mathcal{G},i) = \min_{u\in\mathcal{G}} f(u,i) \tag{6.17}$$

后者在用户有约束的情况下更可取。例如对于一群用户中有一些用户是素食主义者的情况，需要避免向他们推荐牛排餐馆。

Amer-Yahia 等人（2009）认为，除了最大化相关性（或最小化痛苦）之外，群体对物品的质量有一定程度的共识也很重要。也就是说，一个群体中的用户不应该在$f(u,i)$上有很大的分歧，但这并不是指他们给予物品的实际分数。提出的两个分歧函数是平均的成对分歧：

$$\mathrm{dis}(\mathcal{G},i) = \frac{2}{|\mathcal{G}|(|\mathcal{G}|-1)} \sum_{(u,v)\in\mathcal{G},\, u\neq v} |f(u,i) - f(v,i)| \tag{6.18}$$

以及分歧方差：

$$\text{dis}(\mathcal{G}, i) = \frac{1}{\mathcal{G}} \sum_{u \in \mathcal{G}} (f(u,i) - \underbrace{\frac{1}{\mathcal{G}} \sum_{v \in \mathcal{G}} f(v,i)}_{\mathcal{G}\text{中的平均兼容性}})^2 \qquad (6.19)$$

最后，Amer-Yahia 等人（2009）认为，群体共识函数应该是这两个因素的组合，即相关性函数（见公式（6.16）或公式（6.17））和分歧函数（见公式（6.18）或公式（6.19））的组合：

$$\mathcal{F}(\mathcal{G}, i) = w_1 \times \text{rel}(\mathcal{G},i) + w_2 \times (1 - \text{dis}(\mathcal{G},i)) \qquad (6.20)$$

其中，w_1 和 w_2 权衡了这两项的相对重要性。那么，群体推荐则是寻找使（调整过的）群体共识函数最大化的合适物品（如，群体中没有用户观看过的电影）。

除了定义群体共识的概念之外，Amer-Yahia 等人（2009）还展示了如何有效地选择使上述标准最大化的物品（注意，直接进行优化时涉及大量的比较）。他们还通过实验表明（通过一项基于 Mechanical Turk 的电影推荐的用户研究），相关性和分歧都是群体内获得满意度的重要因素。

6.4.4 群体贝叶斯个性化排序

与 Zhao 等人（2014）通过将朋友的交互视为附加隐式信号而将社交关系纳入贝叶斯个性化排序非常类似，"群体 BPR"（Group BPR；Pan and Chen，2013）试图将群体偏好视为一种可以在 BPR 框架内使用的隐式信号。

虽然 BPR 假设用户 u 与观测到的交互 i 的兼容性大于他们与未观测到的交互 j 的兼容性（即 $x_{u,i} > x_{u,j}$，如公式（5.25）），但是 Pan 和 Chen（2013）假设群体偏好也是一种类似的隐式反馈。如同社交性 BPR（见 6.4.2 节）一样，群体 BPR 的目标本质上是利用来自相关用户的微弱信号作为获得隐式成对偏好反馈的方式。

具体来说，如果一群用户 $\mathcal{G}$ 交互过某个物品 i，那么他们对该物品的共同偏好可以定义为：

$$x_{\mathcal{G},i} = \frac{1}{|\mathcal{G}|} \sum_{g \in \mathcal{G}} x_{g,i} \qquad (6.21)$$

其中，假设这群用户对物品 i 的共同偏好大于其中某个用户 u 对未见过的物品 j 的偏好（即 $x_{u,j}$）。这个群体偏好的概念与公式（5.25）中的成对偏好模型相结合后可以得到以下形式的偏好模型：

$$\rho x_{\mathcal{G},i} + (1-\rho)x_{u,i} > x_{u,j} \qquad (6.22)$$

其中，ρ 是一个控制个人与群体偏好的相对重要性的超参数。

有趣的是，Pan 和 Chen（2013）用于评估的训练数据是不包含显式群体的"标准"交互数据。相反，群体是在消费了特定物品的用户中随机抽样得到的。因此，群体 BPR 可能最好被认为是在隐式反馈设置中利用显式和隐式信号的不同手段，而不是一种群体方法。

Pan 和 Chen（2013）的实验表明，在各种基准数据集上，与标准 BPR 相比，公式

（6.22）中的成对偏好抽样更能提高性能。

6.5 推荐系统中的价格动态

尽管价格对用户决策有明显的影响，但令人惊讶的是，很少有工作试图将价格因素纳入个性化预测模型中。这一部分归因于缺少合适的数据集：迄今为止我们研究的绝大多数数据集（涉及电影、书籍和餐馆等）几乎没有包含用来构建价格模型的有用特征。

即使在包含价格变量的数据集中，我们也不清楚该变量应该如何纳入我们迄今为止见到的算法类型中（Umberto（2015）等讨论了纳入这些变量的困难）。人们可能会天真地认为，价格可以像其他任何特征一样纳入（如）分解机（见6.1节）中。虽然这样的特征在冷启动设置中可能会有帮助，但在一般情况下不太可能提高预测性能：如果价格能解释用户偏好或物品属性的显著变化的程度，那么它可能已经被用户或物品潜在因子所捕捉。在实现内容感知的模型时，这种形式的无效性经常令人惊讶：解释最大差异（价格、品牌和类型等）的特征正是那些潜在因子模型已经捕捉到的特征，并且几乎没有增加预测能力（见图6.3）。一个值得注意的例外是非静态的特征：虽然像物品价格这样的简单特征可能已经"嵌入"到一个潜在因子表示中，但我们当前的模型无法告诉我们用户对价格变化的反应。因此，下面我们探讨的大部分研究都是关于价格变动的问题，以及根据价格变化对用户偏好的影响来进行建模。

- 我们在本章中考虑的大多数设置基本上是冷启动的形式。换句话说，这些特征弥补了历史交互数据的不足（可以是用户侧或物品侧）。
- 在用户或物品有较多交互的设置中，这些特征不太可能特别有用：即使是解释方差的特征（价格、品牌、类型），高方差的维度也已经通过潜在项（即γ_u和γ_i）捕捉得到。
- 上述情况的一个例外是非静止的特征。我们在本章中研究价格变动，以及在第7章中更广泛地研究时序动态。潜在项将难以捕捉到这种类型的变化性，除非对其进行显式的建模。
- 特征的另一个重要用途是用于模型的可解释性：即使是在预测性能中产生适度提升的特征，也可能帮助我们比从潜在表示中更好地理解某个特定问题的潜在动态。我们在第8章中讨论了这种可解释性的概念（在文本感知模型的背景下）。

图6.3 边信息在什么时候对推荐有用

我们在表6.3总结了本节涵盖的模型。

表6.3 价格感知推荐技术的比较（参考文献：Ge et al.，2011；Guo et al.，2017b；Hu et al.，2018；Wan et al.，2017）

参考文献	价格数据	描述
G11	旅游观光的购买（专有）数据	将价格和时间约束纳入旅游观光推荐中（见6.5.1节）
G17	Amazon的各种类别	根据偏好与价格兼容性来区分交互（见6.5.1节）
H18	Etsy的购买和浏览数据	从浏览物品序列中预测用户的目标购买价格（见6.5.2节）
W17	从西雅图杂货店的购买数据	评估购买决策（物品选择和数量等）如何受到价格波动的影响（见6.5.3节）

6.5.1 分离价格和偏好

Ge等人（2011）从用户的角度来考虑价格，其中用户希望推荐能满足预算的约束。他们在推荐"旅游观光"的背景下考虑该问题，其中用户在时间（假期的长度）和能够花费的金额方面都有限制。然而，他们指出，虽然实际旅行套餐的时长和价格是可观测的，但用户的约束可能是观测不到的，因此必须基于他们的历史活动来建模（或估计）。

为了实现这种类型的价格感知推荐，他们考虑了对潜在因子模型进行修改，包括偏好兼容性和价格兼容性两项：

$$f(u,i) = \underbrace{S(\boldsymbol{C}_u, \boldsymbol{C}_i)}_{\text{价格兼容性}} \cdot \overbrace{\boldsymbol{\gamma}_u \cdot \boldsymbol{\gamma}_i}^{\text{用户偏好}} \tag{6.23}$$

$\boldsymbol{\gamma}_u$ 和 $\boldsymbol{\gamma}_i$ 是用户和物品（旅游观光）相关的潜在因子，如公式（5.10）所示。$\boldsymbol{C}_u$ 和 $\boldsymbol{C}_i$ 是与成本相关的因子；我们假设旅游成本（$\boldsymbol{C}_i$）是可观测的同时编码时间和价格的二维向量、$\boldsymbol{C}_u$ 是编码用户价格约束的相应潜在兼容性，S 则是兼容函数，如（负）欧氏距离：

$$S(\boldsymbol{C}_u, \boldsymbol{C}_i) = 1 - \left\| \boldsymbol{C}_u - \boldsymbol{C}_i \right\|_2^2 \tag{6.24}$$

研究人员对这一基本模型提出了一些改进（包括在后续论文（Ge et al.，2014）中），例如基于不同类型的显式和隐式反馈提出了不同的训练策略，以及仔细地正则化用户因子 $\boldsymbol{C}_u$（由于简单的 ℓ_2 正则化项会将用户价格约束集中在零附近）。

实验（在历史旅游观光交互的专有数据集上）表明，该模型优于未考虑价格信息的变体。

Guo 等人（2017b）也构建了一个模型来分别捕捉价格和偏好动态。尽管其具体方法与我们讨论过的那些方法有些不同（泊松因子分解的一种形式，参见文献（Gopalan et al.，2013），但这种方法与 Ge 等人（2011）有共同的目标，即分离价格和偏好问题。从本质上来说，潜在物品属性 $\boldsymbol{\gamma}_i$ 通过 $\boldsymbol{\gamma}_u^{(\text{rating})} \cdot \boldsymbol{\gamma}_i$ 估计评分，并通过 $\boldsymbol{\gamma}^{(\text{price})} \cdot \boldsymbol{\gamma}_i$ 估计价格兼容性。然后，兼容的物品是那些满足这两个问题的物品。该想法与图 6.2 中使用共享参数进行社交推荐类似。

6.5.2 在会话中估计愿意支付的价格

Hu 等人（2018）也考虑了价格对用户购买决策的影响，但其是在个人浏览会话的层面上进行的。也就是说，用户浏览产品的序列可能会提供一些关于他们购买意图或"愿意支付"的金额的线索，例如，如果他们正在对某一价格范围内的物品之间进行比较购物。

与 Ge 等人（2011）一样，Hu 等人（2018）的基本模型扩展了潜在因子模型，以纳入价格兼容性：

$$f(u,i) = \boldsymbol{\gamma}_u \cdot \boldsymbol{\gamma}_i + \alpha_u C(u, p_i) \tag{6.25}$$

这里，$C(u, p_i)$ 编码了用户 u 和物品 i 的价格 p_i 之间的兼容性，而 α_u 是用户 u 对这一项的敏感性的个性化测量。

一个简单的价格兼容性项可以采取以下形式：

$$C(u, p_i) = \exp\left(-\omega(b_u - p_i)^2\right) \tag{6.26}$$

其中，p_i 是物品的价格，b_u 是对用户预算的潜在估计，ω 是兼容函数中的一个超参数。该函数本质上是公式（6.24）的变体。

为了纳入会话动态，Hu 等人（2018）根据特征向量 $\boldsymbol{\rho}_i$ 对价格兼容性进行建模，这是一个独热向量，表示与会话中先前浏览过的物品的价格相比，价格p_i的分位数[⊖]，那么，价格兼容性只是$C(u,p_i) = \boldsymbol{\theta} \cdot \boldsymbol{\rho}_i$。这可以通过使用混合模型进一步扩展，而该模型本质上是指对不同的（潜在）用户群体可以有不同的参数θ_g：

$$C(u,p_i) = \sum_g \underbrace{\frac{e^{\psi_{u,g}}}{\sum_{g'} e^{\psi_{u,g'}}}}_{u\text{属于群体}g\text{的程度}} \overbrace{\boldsymbol{\theta}_g \cdot \boldsymbol{\rho}_i}^{\text{群体}g\text{的价格兼容性模型}} \tag{6.27}$$

Hu 等人（2018）最终发现存在几个不同类别的用户（基于潜在的群体成员关系$\psi_{u,g}$）：有些用户倾向于逐渐浏览更昂贵的物品，而有些用户倾向于逐渐浏览更便宜的物品，以及有些用户在整个会话中考虑一系列价格。

6.5.3 价格敏感性和价格弹性

诸如价格敏感度和价格弹性（定义为价格变化时购买数量的变化）等概念在经济学和市场营销中都得到了很好理解（Case and Fair，2007）。了解这些因素有助于指导定制营销和促销策略（Zhang and Krishnamurthi，2004；Zhang and Wedel，2009）。

然而，就其在预测环境中的有效性而言，即就应该如何使用价格来理解和预测用户行为（或进行推荐）而言，人们并不太了解。

价格受到相对较少的关注（至少在学术文献中）的部分原因可能是缺少有用的可获得数据。即使能观测到价格，它也会被其他许多因素所干扰，如产品的品牌或外观；此外，即使有价格数据，也很少有历史价格数据来测量价格变化的影响。

Wan 等人（2017）研究了杂货店推荐背景下的价格。他们的研究主要是基于一家实体杂货店（在西雅图）的真实贸易数据，尽管它也基于 dunnhumby 的公共数据进行了验证。这两个数据集都包含了价格测量，以及对价格随时间变化的关键测量。因此，主要问题集中在购买决策受价格变化影响的程度。

在杂货店购物背景下，潜在的问题包括：

- 降价是否会导致用户购买他们原本不会购买的一类产品（例如，他们是否会购买不在购买清单上但打折的牛奶）？
- 降价是否会导致用户购买他们原本不会购买的特定物品（例如，他们是否会购买打折的另一种品牌的牛奶）？
- 降价是否会导致用户购买比原来更多的物品？

为了研究这些问题，预测被分解为三个连续选择：

$$
\begin{aligned}
p_u&(\text{从类别}c\text{中购买}q\text{个单位的物品}i) = \\
&p_u^{(\text{类别})}(\text{从类别}c\text{中购买产品}) \\
&\times p_u^{(\text{物品})}(\text{购买产品}i|\text{从类别}c\text{中购买}) \\
&\times p_u^{(\text{数量})}(\text{购买}q\text{个单位}|\text{购买物品}i)
\end{aligned}
\tag{6.28}
$$

⊖ 例如，$\boldsymbol{\rho}_i=[0,0,0,1]$ 表示价格 p_i 在浏览价格的前 25% 中。

这三个预测任务（类别、物品和数量预测）中的每一个分别基于预测器$f(u,c,t)$、$f(u,i,t)$和$f(u,q,t|i)$。每一个背后的潜在方法都是潜在因子模型，如公式（5.10），包括与时间相关的额外特征（例如，旅行发生在一周中的哪一天）。每个模型都通过一个不同的激活函数，例如，数量预测是通过泊松函数进行建模的：

$$p(\text{数量} = q \mid \text{购买物品}\,i) = \frac{f(u,q,t|i)^{q-1}\exp(-f(u,q,t|i))}{(q-1)!} \qquad (6.29)$$

接下来，购买概率随价格的变化通过对特定时间点的价格进行编码的简单特征来捕捉（对于三个模型中的每一个）。具体来说（例如，对于数量而言）：

$$f'(u,q,t|i) = \underbrace{f(u,q,t|i)}_{\text{在时间}t,\ u\text{与}q\text{个单位的物品的兼容性}} + \ \beta_{u,q}\log\underbrace{P_i(t)}_{\text{在时间}t,\ \text{物品的价格}} \qquad (6.30)$$

其中，$P_i(t)$是物品在时间t的价格。$\beta_{u,q}$是编码价格敏感性的系数，即特定用户u在购买q个单位的物品时对价格变化的反应程度（例如，$\beta_{u,q}$为负值表示在价格上涨时用户不太可能购买特定数量的物品）。所有参数都是通过在购买数据上使用类似于 BPR 的训练方案进行训练来学习的。

价格弹性反映了在价格变化的情况下，对于特定物品i的偏好变化程度，或者交叉弹性测量了i的价格变化会在多大程度上改变用户与另一个产品j的兼容性（例如，购买概率）。价格弹性和交叉弹性是在模型训练后进行测量的。该模型的主要发现是，价格弹性主要适用于产品选择，而不适用于类别选择或数量（即，价格的变化可能导致用户购买不同品牌的鸡蛋，但不会导致他们在原本不想购买的情况下购买鸡蛋）。

Ruiz 等人（2020）开发了一个有点类似的消费者选择模型，其也是在杂货店购买的背景下进行开发的。与上述模型类似，Ruiz 等人（2020）试图将物品流行度、用户偏好和价格动态的各种影响区分开，尽管也包括涉及季节效应的附加项。该论文的主要目标是回答关于价格的"反事实"问题（即，如果价格不一样，用户会怎么做）。通过对用户对价格变化的反应进行建模，他们认为该模型也能够检测产品之间的交互，即哪些物品可能是可替代的和可互补的。

最后，我们提到在动态定价的背景下使用类似思想的尝试。Jiang 等人（2015）试图结合定价和推荐的思想，以便设计最优（即利润最大化）的促销策略。相反，Chen 等人（2016）分析了 Amazon 上卖家的特点，以便自动检测算法定价的存在。

6.6 推荐中的其他上下文特征

在本章中，我们试图高层次地处理各种可以纳入特征的方式，以开发更丰富的交互数据模型。由于我们不能对所有特征模态进行完整的介绍，因此我们只试图涵盖一些最常用的场景。下面我们简要对基于内容的推荐的其他几个主要方向进行了综述。

6.6.1 音乐和音频

我们将在本书后面探讨一些涉及与音乐和音频数据交互的场景。首先，音乐交互有重要的序列上下文，即下一个交互或推荐应该与前一首歌曲的特点有关（见第 7 章，7.5.3 节）。第二，音乐推荐必须仔细平衡熟悉性和新颖性（见第 10 章，10.5.1 节）。

鉴于我们在本章中的重点，我们简要探讨了交互数据的具体语义和构建内容感知模型的挑战。例如，我们可以参考文献（Celma Herrada，2008）对音乐推荐的更深入的综述。

音乐中的交互信号可能与我们迄今为止所见到的、与数据类型（如评分和购买）相关的那些信号截然不同。与音乐相关的反馈往往是隐式的，而且可能是微弱的且有噪声的：例如，我们可能只知道用户是否听完了一首歌曲或是否跳过了这首歌曲（例如，参见文献（Pampalk et al.，2005）。处理这样的信号是困难的，因为它们并不明显地对应于"正"信号和"负"信号。

与我们迄今为止研究的大多数数据不同，音乐交互还是高度由重复消费导向的（例如，参见文献（Anderson et al.，2014）。这需要特定的技术来了解在什么条件下用户可能寻求新颖的音乐而不是更熟悉的音乐。

从音频中提取有用的特征也是一种挑战。Wang 和 Wang（2014）提到在传统的基于特征的推荐系统中直接使用高维音频特征（例如，基于频谱图的音频表示）的困难。他们提出的解决方案是使用基于神经网络的表示（基本上是多层感知机）来学习对推荐有用的歌曲嵌入，即：

$$\gamma_i = \mathrm{MLP}(\boldsymbol{x}_i) \tag{6.31}$$

Van Den Oord 等人（2013）采用了基于卷积神经网络（Convolutional Neural Network，CNN）的类似方法来处理音频频谱图。频谱图是音频的二维时间 / 频率表示，因此该方法在方法学上类似于使用 CNN 来开发图像内容感知模型。我们不进行详细讨论，但会指出其与基于图像的推荐方法的相似性，如我们在第 9 章中开发的那些方法。

与其他推荐领域类似，音乐推荐的研究也有一部分是由数据驱动的。百万歌曲数据集和口味特征数据集（McFee et al.，2012）等流行音乐数据集包含丰富的音频和交互数据，尽管各种研究也利用了 YouTube（Anderson et al.，2014）和 Spotify（Anderson et al.，2020）等专有的数据源。

6.6.2 基于位置的网络中的推荐

目前已有一些学者试图将地理特征纳入推荐系统中。行动经常受地理约束的指导，无论是因为用户在某一特定地理区域内行动，还是因为序列性的行动的高度本地化。

Bao 等人（2015）对基于位置的社交网络中的推荐进行建模的尝试进行了综述，并强调了对这类数据进行建模的一些主要观点和挑战：

- 位置经常用作上下文特征，例如，用户可能会访问他们最近访问过的那些地点附近的地方（餐馆、酒店和地标等）。我们在第 7 章的序列推荐的背景下探讨了这种类型的假设（见 7.5.3 节）。
- 由于位置数据的层次性，因此适当地从位置数据中提取特征是困难的。例如，一家餐馆可以属于一个社区、一个城市、一个州和一个国家。从 GPS 数据中提取有用的分层表示的策略在文献（Zheng et al.，2009）中有所涉及。
- 这种设置下的推荐在所涉及的数据和目标方面都是不同的。除了地理标记的活动之外，数据可能包括个人资料信息和用户之间的关系等（Cho et al.，2011）。

- 其他常见的问题（如冷启动）可能会在基于位置的数据中会被放大，其中用户活动可能是稀疏的，而数据可能会快速增长。

因此，在基于位置的社交网络中进行建模的成功的解决方案包含几个特点，包括我们迄今为止见过的那些特点，例如如何利用社交关系（见 6.4 节），以及我们将在后面章节中看到的那些特点，如序列动态。Bao 等人（2015）还强调了一些通常用于研究基于位置网络的推荐的数据源，如 Brightkite、Gowalla 和 Foursquare 等。

6.6.3 时序、文本和视觉特征

迄今为止，我们已经涵盖了推荐系统中的内容，包括价格、地理、社交信号和音频等特征。在接下来的章节中，我们将重新讨论使用基于时序和序列动态（见第 7 章）、文本（见第 8 章）和图像（见第 9 章）的特征的内容感知的推荐技术。这些模态需要特别注意，主要是为了处理数据的复杂语义和涉及的高维信号。探讨如何基于这些复杂数据模态构建个性化模型是本书其余部分探讨的主题之一。

6.7 在线广告

表面上看，向用户展示广告与其他任何形式的个性化推荐没有什么区别。也就是说，我们可以想象从（如）点击广告中学习用户的"偏好"和广告的"属性"，这与其他任何推荐系统的训练方式基本相同。

虽然广告推荐确实与其他形式的个性化推荐有很多相似之处，但与我们迄今为止见过的推荐相比，广告推荐有几个属性需要不同的解决方案，特别是：

- 广告商有预算限制。在许多推荐场景中，我们可以容忍推荐的物品之间有相当大的不平衡（例如，一部非常受欢迎的电影可能被推荐给大部分用户），而在推荐广告时，这是不可能的，因为每个广告商只能展示有限的广告（同时，我们希望确保所有广告商都有一些广告可以推荐）。
- 同样地，每个用户可能只看到有限的广告。虽然在大多数推荐场景中这似乎是一个足够常见的功能，但在展示广告时这尤其明显，因为用户不太可能显式地要求额外的广告。
- 需要立即做出广告推荐。同样地，这是在许多推荐系统中足够常见的功能，但鉴于上述考虑，这尤其具有挑战性：我们无法找到在满足广告商预算约束的同时最大化效用的全局最优解。相反，我们必须制定方案，以接近全局最优解的方式做出局部决策。
- 广告推荐具有高度的上下文关联性。尽管大多数推荐系统严重依赖于用户的交互历史，但在广告推荐场景中（其中用户与广告的交互极其稀少），如果交互历史完全可用，那么这些交互历史可能不太可靠。因此，人们不得不更加依赖用户的上下文（例如，用户在搜索引擎中的查询）。
- 即使用户对某类广告有反应，重复展示类似的广告的价值也会递减。相反，我们有时必须推荐预期效用较低的广告，以期发现新的用户兴趣（这就是所谓的探索与利用的取舍问题（explore/exploit tradeoff）背后的基本原则）。

因为我们在下面简要调查了在线广告系统，所以我们将讨论其中的一些问题。注意，在

本节中，我们将主要忽略如何估计用户和广告之间的"兼容性"问题，因为这本身可能是推荐系统的输出，或者可能只是广告商对用户或查询的出价。我们在本节的目标主要是探讨在什么情况下，我们对用户（或给定一个物品）可以收到多少推荐有限制，并强调一些用于构建广告推荐器的普遍差异和策略。

6.7.1　匹配问题

广告推荐中的一个典型约束是所谓的匹配（matching）约束，其中每个用户只能看到一定数量的广告，同时每个广告只能呈现给一定数量的用户。

首先，我们将考虑这样的情况，其中每个广告都正好呈现给一个用户，而每个用户也都正好看到一个广告。也就是说，我们希望选择一个将用户映射到广告的函数$ad(u)$，以得出：

$$ad(u) = ad(v) \rightarrow u = v \tag{6.32}$$

另外，我们可以将其写成邻接矩阵 A，这样一来，如果$ad(u) = a$，则$A_{u,a} = 1$。我们的约束条件可以表示为：

$$\underbrace{\forall a \sum_u A_{u,a} = 1}_{\text{每个广告商只呈现一个广告}} \quad ; \quad \underbrace{\forall u \sum_a A_{u,a} = 1}_{\text{每个用户只看到一个广告}} \tag{6.33}$$

然后，我们希望选择一种映射关系，使得用户和广告商呈现的广告之间的效用最大化：

$$\max_A \sum_{u,a} A_{u,a} f(u,a) \tag{6.34}$$

其中，$f(u,a)$测量了用户和广告之间的兼容性（如，推荐系统的输出和点击概率等）。

这类问题被称为匹配问题。从概念上讲，这可以看作是匹配两组节点以形成一个二分图（见图 6.4a），其中每个可能的边都有一个相关的权重（即用户和广告之间的兼容性）。我们上述的约束条件在这里是每个节点应该在一条边上。

除了广告推荐以外，这类匹配问题还出现在许多场景中，例如这相当于美国的全国住院医师匹配项目，其中医学院的学生与住院医师项目相匹配：每个学生只能与一个住院医师相匹配，而每个项目的名额有限，应该选择匹配以优化学生对项目的偏好（反之亦然）。类似的问题也出现在各种资源分配的设置中（Gusfield and Irving，1989）。提出下面所述的解决方案的原论文考虑了与大学招生有关的设置（Gale and Shapley，1962）。

尽管公式（6.34）是一个组合优化问题，但它可以接受有效的近似（所谓的稳定匹配问题（Gusfield and Irving，1989））和多项式精确解（见 Kuhn（1955））。

6.7.2　AdWords

在前面，我们讨论了开发推荐方法的问题，这些方法从用户和广告商的角度考虑一些约束条件或"预算"的概念。虽然纳入约束条件在各种推荐场景中可能是有用的，但我们的解决方案仍然没有完全解决广告推荐的设置问题。特别是在推荐广告时，我们不太可能在选择广告之前提前看到整个用户集（或查询集）。

因此，我们希望算法可以一次做出决策（即给用户分配广告），同时仍然符合匹配（或预算）约束，如图 6.4b 所示。

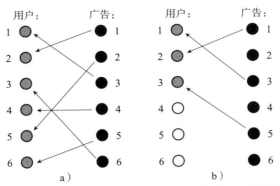

图 6.4 广告推荐可以视为二分匹配问题（图 a），其中用户只能看到一定数量的广告，同时每个广告只呈现给一定数量的用户（在此图中，每个广告都正好呈现给一个用户，反之亦然）。在一个在线设置中（图 b），一次只出现一个用户。我们寻求的解决方案将尽可能接近我们在图 a 离线设置中获得的解决方案

从形式上看，上述内容描述了离线算法和在线算法之间的区别，即预先看到整个问题的算法，与必须对新交互立即做出预测（或更新模型参数）的算法。我们在 5.7 节中简要讨论了这种类型的设置。

AdWords（Mehta et al.，2007）是为 Google 在线广告平台开发的这种推荐问题的一个具体实例。

大多数情况下，这种设置遵循我们上述描述的设置，尽管其包括一些附加组件。具体而言：

- 每个广告商 a 都有他们愿意为每个查询 q 做出的出价 $f(q,a)$。

- 出价通常是指广告被点击的情况下广告商将支付的金额；这是由估计的点击率 $\text{ctr}(q,a)$ 所决定的。因此，期望利润是 $f(q,a) \times \text{ctr}(q,a)$，这可以认为是类似于用户与物品的兼容性（可以用第 5 章中的模型来进行估计）。

- 每个广告商都有一个预算 $b(a)$（例如，为期一周）。

- 正如 6.7.1 节所述，每个查询所能返回的广告数量是有限的。

最终，通过考虑其出价金额 $f(q,a)$ 和预算剩余部分 $r(a)$ 与初始预算 $b(a)$ 的比例的函数来选择广告商。具体来说，广告商是根据 $f(q,a) \cdot \left(1 - e^{\frac{r(a)}{b(a)}}\right)$ 来选择的。尽管这个具体公式的推导相当复杂，但是这可以表明（例如，参见文献（Mehta et al.，2007）），就在线算法如何接近离线解而言，这种权衡在某种意义上是最优的。

当然，AdWords 的实际实现包含了许多这里没有描述的特征，例如，AdWords 使用第二价格拍卖（获胜的广告商支付次高出价的金额），以及广告商不会对精确查询出价，而是会使用"广泛匹配"的标准进行匹配，这些标准可以包括出价的关键词的子集、超集或同义词。我们推荐阅读参考文献（Rajaraman and Ullman，2011）来了解这些细节的进一步描述，并通过文献（Mehta et al.，2007）来获取更详细的技术描述。

习题

6.1　在 6.1 节中，我们介绍了分解机是一种将特征纳入推荐系统的通用技术。在该习题中，我们将把一些特征纳入分解机中，以评估它们对推荐性能的改进程度。你可以在这个习题中使用任何数据集，只要数据集中包括一些特征。例如，使用我们的啤酒数据集（如 2.3.1 节），我们可以包括以下特征：

- 简单的数值特征，如啤酒的 ABV 或用户年龄。
- 物品类别（独热编码）。
- 时间戳；这里需要注意编码形式，例如，你可以使用季节或星期的编码形式。

使用这些中的几个特征（或另一个数据集上的类似特征），测量它们比不包括这些特征的模型提高推荐性能的程度 [⊖]。

6.2　在 6.2 节中，我们讨论了将特征（边信息）纳入推荐系统的潜在价值，并认为特征在冷启动场景中可能是信息量最大的。为了评估这一点，请进行以下实验（使用你在习题 6.1 中的模型）。

- 对于测试集中的每个用户（或物品），计算该用户在训练集中出现的次数。
- 将你的模型的测试性能（y）绘制为用户在训练集中出现的次数（x）的函数，这种类型的图如图 6.5 所示。
- 在你的分解机中，在有和没有额外特征的情况下生成相同的图。

当然，我们期望随着用户（或物品）不那么"冷门"（即更多的训练交互），性能将得到改进。然而，当特征能够补偿缺少历史交互时，我们期望性能的下降会更加缓慢。

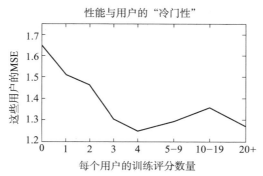

图 6.5　性能（MSE）作为用户冷门性（定义为用户在训练期间出现的次数）的函数。Goodreads 的"漫画小说"数据

6.3　在实现社交感知推荐器之前，我们要测试一个假设，即与随机选择用户集相比，朋友们实际上交互了更多（或更少）的类似物品。使用任何包含社交交互的数据集（如表 6.2 中的那些数据集）。该假设可以通过各种方式进行测试，例如，通过计算选择的用户对与随机选择朋友对之间的平均杰卡德相似度（或余弦相似度等）。

6.4　在 6.4 节中，我们探讨了一些将社交信号纳入推荐系统的方法。在大多数情况下，这

⊖　如果改进很小，请不要惊讶，我们将在习题 6.2 中对该问题进行更多研究。

些技术相当于采样负反馈实例的方法，例如，我们可能倾向于或不倾向于与我们朋友交互过的负实例交互（见公式（6.13）和公式（6.14））。对这些抽样策略进行实验（例如，使用与习题 6.3 相同的数据集），并确定哪些（如果有的话）会比传统 BPR 的实现带来更好的性能。

项目5：Amazon上的冷启动推荐

正如我们在 6.2 节中论证的那样，将特征纳入个性化推荐方法的主要原因之一是为了提高其在冷启动设置中的性能。在这里，我们将使用 Amazon 的数据来研究冷启动推荐问题，以下数据来自文献（Ni et al., 2019a）。我们选择这个数据集是因为其包括各种类型的物品元数据（价格、品牌和类别等），这些元数据在冷启动设置中可能是有用的，尽管该项目可以使用任何包括用户或物品元数据的数据集来完成。对于这个项目，你可能想要选择一个特定的子类别（如，我们在 4.3.2 节见过的乐器），其具有丰富信息的特征，并且具有适当的规模来构建你的模型。

我们将通过以下步骤来构建冷启动推荐系统：

（1）首先实现一个"普通的"分解机来解决预测问题，即不包含任何边信息。注意，这个问题既可以是评分预测问题（如 5.1 节），也可以是购买预测问题（如 5.2 节）。

（2）为了构建冷启动推荐模型，开发一些评估指标是有用的。要做到这一点，可以尝试将测试集的性能绘制成物品在训练集中的出现次数的函数（如习题 6.2），图 6.5 显示了"标准"潜在因子模型的这类图表。我们假设在将边信息纳入推荐时，对最冷门的物品的性能改进最大，而对具有较长交互历史的物品的性能改进不大。我们将在下面使用相同类型的图表来比较模型。

（3）有几个特征可能在冷启动场景中是有用的。请考虑如何对物品的品牌、物品所属类别（或所属的多个类别），以及物品的价格进行编码。描述物品之间关系的特征（"浏览过 X 的人也浏览过 Y"等）也可能是有用的（与我们在 6.4 节中考虑用户关系的方式基本相同）。

对于包括的每一个冷启动特征，比较有和没有该特征的模型的性能。

当我们在后面的章节中探讨更复杂的特征模态时，重新讨论该项目可能是值得的，例如你可以基于产品描述的文本、时序信息或视觉特征来考虑更复杂特征。我们将在第 7 ~ 9 章中重新讨论这些主题。

时序和序列模型

在第 5 章和第 6 章中,我们逐渐对特征(或"边信息")在对用户交互数据进行建模时所起的作用进行了更详细的讨论。我们最初的论点(从 5.1 节开始)是潜在的用户表示和物品表示足以捕捉复杂的偏好动态,同时任何对交互最具预测性(即,解释最大变异性)的特征都会自动通过潜在表示出现。

之后(如 6.2 节),我们改进了我们的论点,指出边信息可能是有用的,特别是在缺少交互数据来学习高维的潜在表示的设置中(即冷启动设置)。

然而,在上述两种情况下,我们仍然假设用户和物品的模型是固定的。在实践中,由于各种原因,偏好和交互可能是非固定的。例如,无论我们观测到多少交互,以及拟合了多少潜在因子,我们迄今为止所开发的模型都很难告诉我们,用户可能只在夏天购买泳装,或用户在观看过系列电影的第二部之后才可能观看第三部。

在本章中,我们探讨了围绕具有时序和序列依赖的用户行为构建个性化模型的技术。最直接的方法是简单地将时序和序列信息视为额外特征,可以通过如我们在第 6 章开发的分解机框架进行建模(事实上,我们将探索基于这种方法的时序模型)。然而,正如我们将在本章中看到的,各种复杂而微妙的时序动态可能在起作用,例如:

- 动态可能适用于用户(如,用户可能会逐渐对某些电影不感兴趣)、物品(如,电影的特效可能随时间推移而变得过时)或整个社区的时代潮流可能会随时间而改变。
- 时序动态存在于多个尺度上,例如,当对心率数据进行建模时(见 7.8 节),动态可以是短期的(如,用户跑上坡路)、中期的(如,用户变得疲惫)或长期的(如,用户变得更健康)。
- 除了短期和长期的动态,动态也可以是周期性的(如,每周或季节性趋势)或容易出现突发值和异常值(如,重大节日前后的购买行为)。

我们在本章的主要重点是探索各种(个性化的)适用于随时间演变的数据的模型。正如我们将看到的那样,像上述那些动态需要精心设计的模型(而不是简单地在通用模型中包含一个时序特征)。因此,在构建具有时序动态的个性化模型时,我们侧重于理解整体过程和设计考虑。

7.1 时间序列回归简介

在研究更复杂的时序和序列数据的模型之前,了解我们已经开发的技术可以取得多大进展是有指导意义的。

为此,我们将考虑开发估计序列中的下一个值(或接下来几个值)的预测器。在最简单的情况下,给定观测序列 $y = \{y_1, \cdots, y_n\}$,我们希望预测该序列的下一个值(y_{n+1})。例如,人们可能希望基于历史流量模式来估计网站流量。

为了使用回归的方法（或二元输出的分类方法）来解决这样的问题，我们可以设想基于先前的观测值（$\{y_1,\cdots,y_n\}$）来构建特征，以预测下一个值。假定一旦我们观测到 y_{n+1} 的实值，我们就想预测 y_{n+2}，以此类推。请注意，因为当前预测的标签变成了下一个预测的特征，所以这在一定程度上模糊了"特征"和"标签"之间的界限。

自回归（autoregression）：我们将这个过程称为自回归（指的是我们在用于预测的相同数据上进行回归）。像往常一样，我们通常对定义我们的回归器（或分类器）感兴趣，以便它能最小化预测值和实值之间的误差。也就是说，我们希望定义一个预测器 $f(y_1,\cdots,y_n)$，其可以估计序列中的下一个值（y_{n+1}），从而最小化 MSE：

$$\frac{1}{n}\sum_{i=1}^{n}(f(y_1,\cdots,y_i)-y_{i+1})^2 \tag{7.1}$$

一般来说，我们可以设想几种简单的技术来估计序列中的下一个值，例如，我们可以通过先前值的加权和来预测下一个值：

$$移动平均值：f(y_1,\cdots,y_n)=\frac{1}{K}\sum_{k=0}^{K-1}y_{n-k} \tag{7.2}$$

$$加权移动平均值：f(y_1,\cdots,y_n)=\frac{\sum_{k=0}^{K-1}(K-k)\cdot y_{n-k}}{\sum_{k=1}^{K}k} \tag{7.3}$$

虽然简单，但我们可以想象这些平均值有可能比总是预测下一个值等于前一个值的预测器更好。这些简单的预测器也可用于绘制噪声数据的趋势图（见图 7.1）。较大区间的平均值（即较大的 K 值）将产生更平滑的数据趋势线。这种平均值可以通过动态规划的解决方案来对连续值进行有效的计算。

图 7.1 Goodreads 玄幻小说的评分的移动平均图，覆盖了大约 1 周的数据。移动平均值虽然作为预测器不是特别有效，但可以用于绘制数据和总结总体趋势

以下是生成图 7.1 的代码：

```
1  xSum = sum(x[:wSize]) # 给定要绘制的数据x和y，以及窗口大小wSize
2  ySum = sum(y[:wSize]) # 第一个wSize值的总和
3  xSliding = []
4  ySliding = []
5
6  for i in range(wSize,len(x)-1):
7      xSum += x[i] - x[i-wSize] # 去掉最旧的值并添加最新的值
```

```
8      ySum += y[i] - y[i-wSize]
9      xSliding.append(xSum / wSize)
10     ySliding.append(ySum / wSize)
```

上述两种简单的策略是预测下一个值的启发式方法，其捕捉了这样的直觉：下一个值应该与最近观测到的值相似（见公式（7.2）），而且可能较近期的值比较久远的值更有预测性（见公式（7.3））。然而，更好的策略可能是学习哪些最近的值最具预测性，即：

$$f(y_i, \cdots, y_n) = \sum_{k=0}^{K-1} \theta_k y_{n-k} \tag{7.4}$$

θ_k决定了前k个值中的哪些与下一个值最相关。例如，在周期性数据中（如，网络流量和季节性购买），最具预测性的值可能是最近的观测值、上周同一天的观测值或上个月同一天的观测值等。

例如，在湾区自行车租赁的每小时测量的数据集上训练一个简单的自回归模型 ⊖ 会得到以下的模型：

$$y_n = \begin{array}{l} 0.471 y_{n-1} \\ -0.284 y_{n-2} \\ +0.106 y_{n-3} \\ +0.014 y_{n-4} \\ -0.021 y_{n-5} \\ +0.175 y_{n-24} \\ +0.540 y_{n-24 \times 7} \end{array} \tag{7.5}$$

这里我们可以看到，两个最有预测性的观测值是前一小时的观测值（y_{n-1}）和正好一周前的预测值（$y_{n-24 \times 7}$）。请注意，我们没有将24×7小时前的所有先前观测值作为一个特征包括在内，而是只包括那些我们预计具有预测性的先前观测值。

尽管公式（7.4）中的解决方案只使用序列的先前值，但当然也可以包括与当前时间点或先前值相关的其他特征，就像在标准回归模型中一样。

虽然自回归是对时间序列数据进行回归和分类的简单方法，但其背后的基本思想（即，在一个序列中使用先前的观测值来预测未来值）将在我们开发的许多更复杂的模型中重新出现，特别是当我们在 7.5 节和 7.6 节中开发序列模型时。

7.2 推荐系统中的时序动态

我们已经进行了一些通过纳入时序动态来改进推荐的尝试。目前已有无数的理由可以解释偏好、购买或交互会随时间推移而改变，或者更简单地说，为什么知道当前的时间戳可能有助于更准确地预测下一个交互。例如，考虑以下可能导致电影评分或交互随时间变化的场景：

（1）喜欢特效的用户可能会随着电影特效变得过时而给出较低的评分。

（2）用户可能会因为怀旧情绪等而给老电影较高的评分。

（3）另外，对老电影的评分可能代表了用户显式搜索过的物品的一个有偏置的样本（相

⊖   每个观测值 y_h 是对 h 小时内进行了多少次出行的测量。

对于用户选择较新的物品是因为它们出现在一个登录页面上）。

（4）对用户界面的简单改变，例如修改与某一评分相关的工具提示文本（tool-tip text），都有可能改变评分分布。

（5）家庭成员可以借用用户的账户，临时观看与该账户的典型活动完全不同的电影。

（6）用户可能会疯狂观看一个系列的电影，这在短时间内主导了他们的交互模式。

（7）动作大片可能在夏季更受青睐（或在圣诞节期间的圣诞电影）。

（8）用户可能希望观看（或避免观看）与他们先前交互过的电影非常相似的电影。

（9）用户在观看更多同类型的电影时，可能会逐渐形成他们对电影某些特点的欣赏。

（10）用户可能会被外力所锚定（anchored），即社区当前流行的时代潮流。

上述动态在来源和规模上有很大差异：（1）和（2）是渐进的和长期的、（3）和（4）归因于变化无常的用户界面、（5）和（6）是"突发的"或短期的、（7）是季节性的、（8）是序列性的、（9）归因于用户成长，以及（10）是因为社区变化。我们可以想象其他许多来源，特别是在受社会动态、价格变化和时尚等影响的不同设置中。正如我们将看到的那样，理解这些动态往往是成功推荐的关键。有些看起来一点也不像"时序动态"：例如，用户界面的变化与用户或物品的演变几乎没有什么关系。然而，我们将论证，为了将这些简单或平凡的动态从数据中的"真实的"个性化动态中分离出来，对这些动态进行建模是至关重要的。

7.2.1　时序推荐方法

时序推荐的方法大致分为两类。第一类是利用事件的实际时间戳。每个交互 (u,i) 都增加一个时间戳 (u,i,t)，其目标是了解评分 $r_{u,i,t}$ 如何随时间变化。也就是说，我们的目标是扩展诸如 5.1 节（见公式（5.10））中的模型，使得参数随时间变化，例如：

$$r_{u,i,t} = \alpha(t) + \beta_u(t) + \beta_i(t) + \gamma_u(t) \cdot \gamma_i(t) \tag{7.6}$$

以这种方式对时序动态进行建模可以有效地捕捉社区偏好随时间的长期变化。这种模型还可以捕捉短期或"突发"动态，如受外部事件影响的购买模式或周期性事件，如在一天中的某个时间、一周中的某一天或某个季节购买量较大。

第二类方法丢弃了特定的时间戳，只保留时间的序列性。因此，其目标通常是预测作为前一个行动的函数的下一个行动，即

$$p（用户 u 与物品 i 交互 | 他们先前与物品 j 交互）\tag{7.7}$$

这种模型假设重要的时间信息是在最近事件所提供的上下文中捕捉到的。这在高度上下文相关的设置中很有用，如预测用户将收听的下一首歌曲，或他们将放入购物篮中的其他物品等。在这种设置中，知道最近的行动（或最近的几个行动）比知道具体的时间戳更具信息量。

无论是在这两种模型有效的设置方面，还是在所涉及的技术方面，它们都是相互独立的。下面我们将通过几个案例研究来探讨这两种设置。首先，我们将通过 Netflix 竞赛这一例子来探讨参数时序模型（如公式（7.6）），其对时序动态进行仔细建模以捕捉各种特定应用的动态。我们在 7.5 节中通过在线购物场景等几个例子来探讨序列模型（如公式（7.7））；这些设置往往是高度上下文相关的，其中最近活动的上下文通常比长期历史活动更有意义。

稍后，我们将介绍循环网络作为序列数据的通用模型（见 7.6 节），并作为捕捉不断演变的交互序列中的复杂动态的潜在方法。这种模型有可能通过学习在许多步中持续存在的复

杂语义来克服传统序列模型的局限性。该类模型（以及基于不同序列架构的变体）可以说代表了当前通用推荐的最先进水平。

7.2.2　案例研究：时序推荐和Netflix竞赛

对时序动态进行精细建模是 Netflix 竞赛最强有力的解决方案的关键特征之一（我们在第 5 章一开始就描述了这一点）。Koren（2009）（"具有时序动态的协同过滤"）提到了一些被证明对 Netflix 的时序动态建模有效的想法，我们在此对其进行总结。

考虑这样一个例子，如图 7.2 中的两幅图所示。在图 7.2a 中，我们可以看到每周的平均评分随时间推移的变化，并且可以看到有几个评分突然上升的点，紧接着是评分相对稳定的平稳期。例如，在第 210 周左右，平均评分似乎从 3.5 星左右升到 3.6 星。

这种长期的、人口层面的变化可能有几种解释。评分模式的变化可能是由于用户群的变化，或是由于 Netflix 添加了某些电影，这种变化可能是由于 Netflix 以外的世界事件造成的。或者，这种变化可能归因于一个简单的因素，如 Netflix 的用户界面（UI）的变化，导致用户对电影的评分不同。

图 7.2b 则显示了另一种时间趋势，其表明单个电影在 Netflix 上可获得的时间越长，得到的评分就越高。同样地，这种趋势可能是由于各种因素造成的：用户可能偏向于老电影（如，由于怀旧），或者也可能是用户界面的一个功能：专门寻找老电影的用户可能比从首页发现同一部电影的用户更喜欢观看它。

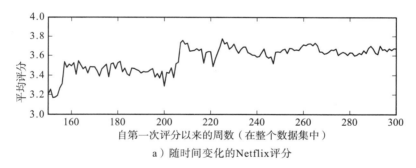

a）随时间变化的Netflix评分

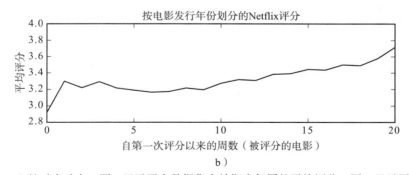

b）

图 7.2　Netflix 上的时序动态。图 a 显示了在数据集有效期内每周的平均评分。图 b 显示了新引进的电影的评分变化，以及在电影引进 Netflix 的前几周中评分逐渐上升。这些图揭示了电影评分随时间变化的突发和渐进趋势的结合

无论这些趋势的根本原因是什么，它们都解释了观测到的评分的显著变化。因此，我们应该对这些动态进行建模，以更准确地给予评分。我们可以简单地丢弃（如）不符合当前

评分趋势的旧数据，但一个更有效的模型会试图解释新数据和旧数据之间的差异，并从中学习。

为了对图 7.2 中捕捉到的各种长期趋势进行建模，Koren（2009）首先只关注时间上演变的偏置项，即：

$$b_{u,i}(t) = \alpha + \beta_u(t) + \beta_i(t) \tag{7.8}$$

从物品偏置开始，我们可以简单地通过在不同时期使用不同的偏置项来捕捉长期和渐进的变化，即：

$$\beta_i(t) = \beta_i + \beta_{i,区间(t)} \tag{7.9}$$

Koren（2009）建议，在 Netflix 数据的情况下，使用大约 30 个区间，其中每个区间对应 10 周左右。

这种将偏置项分成若干区间的基本思想同样可以应用于捕捉周期性趋势，就像我们在 2.3.4 节中对周期项进行编码一样。在这里，偏置项将再次以几个区间的形式来表示：

$$\beta_i(t) = \beta_i + \beta_{i,区间(t)} + \beta_{i,周期(t)} \tag{7.10}$$

其中，周期（t）可以表示在一周中的不同天或一年中的不同月（等）的水平上的周期性影响。

上述思想对于建模长期和周期性动态是有效的，但成本相对较高：例如，公式（7.9）中的模型需要为每个物品增加 30 个参数，这对 Netflix 上的物品来说是可承受的，因为平均每个物品有超过 5000 个评分（17 770 部电影，共计 100 000 000 个评分）。然而，这对用户来说可能并不现实，因为用户平均只有大约 200 个评分。因此，我们需要一种成本更低（即，涉及较少参数）的对用户时序动态进行参数化的方法。

Koren（2009）提出的解决方案是为每个用户使用一个"表达式偏差"项：

$$\mathrm{dev}_u(t) = \underbrace{\mathrm{sign}(t - t_u)}_{\substack{平均日期之前 (-1) \\ 或之后 (1)}} \cdot |t - t_u|^x \tag{7.11}$$

t_u 表示特定用户 u 的评分的平均日期，因此（$t-t_u$）表示特定时间点 t 是在用户评分时间跨度的中点之前还是之后。表达式偏差项如图 7.3 所示，我们发现当指数为 0.4 时，其在 Netflix 的数据上效果很好。该偏差项通过特定用户的缩放项 α_u 来增强用户的偏置项，这本质上控制了偏差项对特定用户的影响程度：

$$\beta_u(t) = \beta_u + \alpha_u \cdot \mathrm{dev}_u(t) \tag{7.12}$$

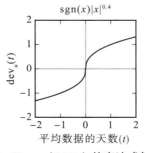

图 7.3　Koren（2009）的表达式偏差项

例如，α_u 取负值意味着用户的评分随时间推移呈下降趋势，而 $\alpha_u \approx 0$ 则意味着用户的整体偏置不受时间变化的影响。类似的策略也可用于捕捉个体潜在维度层面的变化，例如：

$$\gamma_{u,k}(t) = \gamma_{u,k} + \alpha_{u,k} \cdot \mathrm{dev}_u(t) + \gamma_{u,k,t} \tag{7.13}$$

注意，公式（7.12）和（7.13）中的偏差项只为每个用户（见公式（7.12））或每个因子（见公式（7.13））增加一项。公式（7.13）中的最后一项 $\gamma_{u,k,t}$（适用于特定用户的特定因子的时间演变项）建模了高度局部的偏好动态，并可用于建模（如）特定日期的变异性。然而，该项成本非常高（就引入的参数量而言），因此可能只对一些用户可行。

结合公式（7.11）中精心选择的偏差项，模型可以在只增加少量参数的情况下捕捉相当复杂的动态。这种基本的设计理念（精心设计的参数化模型，只需要少量参数）将被证明是设计时序模型时的常见主题（见 7.2.3 节）。

虽然表达式偏差项对于交互很少的用户是有效的，但对于交互较多的用户来说，拟合一个更复杂的模型是更有用的。为此，我们使用样条函数来对用户偏置中的逐渐变化进行建模。样条函数通过以下函数在一系列控制点之间平滑地插值：

$$\beta_u(t) = \beta_u + \frac{\sum_{l=1}^{k_u} e^{\gamma|t-t_l^u|} b_{t_l}^u}{\sum_{l=1}^{k_u} e^{-\gamma|t-t_l^u|}} \tag{7.14}$$

在这里，k_u 是用户 u 的控制点的数量（随着用户输入评分的数量增长），t^u 是每个用户的一系列均匀间隔的时间点，$b_{t_l}^u$ 是与每个控制点相关的偏置。这种插值如图 7.4 所示。

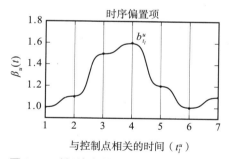

图 7.4　时间演变的用户偏置的样条插值

上述是一种捕捉用户偏好的逐渐漂移（gradual drift）的相当灵活的方式，但仍然不能处理突然的变化。Koren（2009）使用"每天"的用户偏置 $\beta_{u,t}$ 来解决这一问题，这对于用户在活动频繁的特定日期来说是有用的。请注意，这种偏置在预测未来事件时不太可能有用。相反，通过这种方式对异常值进行建模，模型可以从本质上学会"忽略"对预测无用的事件。这也是构建时序模型时的一种常见设计原理：目标不是预测未来趋势，而是适当地调整和解释过去的事件。

上述思想体现了 Koren（2009）所涵盖的核心内容：他们的工作还包括对几种替代建模方法的探索性研究，以及包括将时序动态纳入如第 4 章的基于邻域的模型中。

7.2.3 关于时序模型Netflix能教会我们什么

上述案例研究中开发的模型涉及几个特定于 Netflix 的决策，事实上，该模型的设计以在单个数据集上实现强大性能为直接目标。因此，许多特定的选择（如表达式偏差项的具体参数形式）可能不适用于其他设置。然而，上述研究中的几个重要的经验教训，在开发用户行为的时序模型时普遍适用：

- Netflix 竞赛的成功解决方案强调了推荐设置中时序动态的重要性。虽然我们在 7.2.2 节探讨的方法是针对 Netflix 的，但它们强调了构建时序模型时遵循的一般理念：时序模型往往是围绕特定数据集和应用的动态而精心设计的。
- 许多不同的手工时序模型激增的一个原因是时序模型需要的参数量较多。因此，在构建时序模型时的重点是模型的简约性：为了防止参数空间爆炸，我们必须仔细选择以使用尽可能少的参数捕捉期望动态的模型。
- 时序动态可能涉及诸如用户对老电影的怀旧等"崇高"的概念，也可能是诸如整个社区的平均评分的整体变化等更平凡的变化来源。这两者对建模都很重要，因为它们都能解释数据中的差异：分离即使是平凡的动态是提取有意义的个性化信号的关键一步。
- Netflix 的一些具体经验可以很好地推广，特别是对时序演变的偏置项的重视：绝大多数时序上的变化通常归因于物品流行度和用户活动等的变化，而这可以通过演变的 β_u 或 β_i 来捕捉得到，时序上演变的潜在因子（γ_u 或 γ_i）发挥的作用较小，或者说建模的成本太高。

最后，我们强调开发时序模型的目标通常不是预测长期趋势。例如，我们在 Netflix 上的意见（opinion）动态模型并不能告诉我们明年流行什么。相反，其目标通常是考虑不同时间段的差异，以便可以有意义地比较不同时间的交互。由此产生的模型即使不能反映未来的趋势，也能更准确地反映当前的评分动态。更多讨论参见文献（Bell and Koren，2007）。

7.3 时序动态的其他方法

我们对 Netflix 的时序动态的案例研究展示了通过精细的手工模型组件来解释特定数据集或设置中的动态来构建时序模型的一般方法。当然，在其他设置中时序动态变化很大，需要不同的建模方法。下面我们概述了时序模型的一些主要类别，并介绍了一些具体示例，我们在表 7.1 中进行了总结。

表 7.1   时序感知推荐技术的比较（参考文献：Ding and Li，2005；Koren，2009；McAuley and Leskovec，2013b；Xiang et al.，2010）

参考文献	时序信号	描述
K09	各种各样	使用各种参数函数和时间区间，主要是为了捕捉物品偏置和偏好的逐渐漂移（见 7.2.2 节）
DL05	最近	当确定与历史交互的相关性时，最近的交互会赋予更高的权重（见 7.3.1 节）
X10	会话	同一会话中的交互被用作物品间相关性的附加信号（见 7.3.2 节）
M13	获得的品位	用户由于重复接触相关物品而获得对某些物品的品位（感兴趣）（见 7.3.3 节）

7.3.1　意见的长期动态

除了我们上述讨论的关于 Netflix 的时序推荐的方法之外，还有几篇论文研究了在偏好和意见的背景下逐渐演变的概念。

处理时序动态的早期工作探讨了概念漂移（concept drift）的概念（Tsymbal，2004；Widmer and Kubat，1996）；关于这一主题的早期工作关注的是在具有时序演变数据的设置中的分类系统。其所用的简单方法是（如）在训练期间只取最近实例的窗口（就像我们在图 7.1 中看到的那样），而更复杂的方法可以基于特定概念的"稳定"程度来调整上下文窗口的大小，或者重复使用周期性出现的概念；或者将漂移概念与噪声区分开来。Widmer 和 Kubat（1996）讨论了基于这些想法的模型及其理论结果。

在推荐的时序技术中，早期的方法是将时序因素纳入启发式的技术中，如公式（4.20）中的模型。例如，Ding 和 Li（2005）的基本思想是对公式（4.20）中的相关项进行加权，使得最近的交互的权重更高：

$$r(u,i) = \frac{\sum_{j \in I_u} R_{u,j} \cdot \text{Sim}(i,j) \cdot f(t_{u,j})}{\sum_{j \in I_u} \text{Sim}(i,j) \cdot f(t_{u,j})} \tag{7.15}$$

在这里，$t_{u,j}$ 是与评分 $R_{u,j}$ 相关的时间戳，而 $f(t_{u,j})$ 是时间戳的单调函数。例如，对于较早的物品，相关性会呈指数衰减：

$$f(t) = e^{-\lambda \cdot t} \tag{7.16}$$

Godes 和 Silva（2012）虽然不太关注预测建模，但试图通过在线评论来描述意见的长期动态。如同我们对 Netflix 数据的研究一样（特别是图 7.2），他们也研究了评分如何随时间演变，以及如何随书籍的年龄（自第一次评论以来的时间）演变。这种动态和 Netflix 的动态截然不同，其中两者都呈现出随时间推移而下降的趋势（与我们在图 7.2 中观测到的"怀旧"效应相反）。

除了领域上的差异（书籍与电影），在线评论的动态与 Netflix 上的评分动态可能有较大差异，Godes 和 Silva（2012）对此进行了详细的讨论。例如，鉴于用户会看见彼此的评论，他们可能会受到社会效应的引导，例如，用户可能只在他们认为会影响平均评分的情况下进行评论（Wu and Huberman，2008）。他们还讨论了自我选择的重要性，其中对产品赋予更高价值的用户倾向于更早购买该产品（因此产生更多早期的正面评论）（Li and Hitt，2008）。最终，Godes 和 Silva（2012）认为，一旦我们适当地控制这些影响，较复杂的动态可能会发挥作用。最终，他们的研究再次揭示，时序动态可能因特定设置或数据集而显著不同。

7.3.2　短期动态和基于会话的推荐

迄今为止，我们讨论的大多数时序动态模型捕捉了诸如逐渐漂移等概念，这些模型使用少量的参数来描述逐渐演变的参数函数（见图 7.3）、跨越几个月的序列区间（见公式（7.9））或周期性效应（见公式（7.10））。虽然这些模型在他们设计的设置中是有效的，但它们局限于捕捉广泛的全局趋势。我们简要提到了使用每日偏置的短期动态模型（Koren，2009），尽管这些项在本质上是异常值检测的形式。

另一种短期时间变化的模式源于用户在交互会话中的特定上下文。会话可能有一个特定的、狭窄的焦点，其在短期内对预测未来的交互是有用的，但与用户的整体模式不同，且在长期内可能会被抛弃。"会话"可以通过各种方式提取，但通常是基于一些简单的启发式方法，如根据连续的交互时间戳之间的阈值设置会话边界。

Xiang 等人（2010）试图通过纳入用户会话来结合长期动态和短期动态的模型。他们的模型是基于随机游走的方法，这与我们在 4.4 节中研究的那些方法类似。这里，"会话"只是交互图中的附加节点，如图 7.5 所示。边连接着用户到物品的交互和会话到物品的交互。就我们的随机游走模型而言，这意味着有两种机制可用于信息在相关物品之间传播。用户到物品和会话到物品这两项分别与交互权重 η_u 和 η_s 相关。粗略地说，它们控制长期的用户级别的动态和短期的会话级别的动态的相对重要性。该模型还可以将交互划分为会话的粒度（较短的会话可以捕捉更多局部的动态）以调整模型。Xiang 等人（2010）在用户书签数据（来自 CiteULike 和 Delicious）上展示了这种短期动态概念的价值。

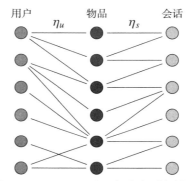

图 7.5　基于会话的时间图（Xiang et al.，2010）。每个会话都描述了一个特定用户的交互序列

我们在 7.4 节和 7.7 节中探讨基于马尔可夫链和循环网络的方法时更深入地讨论了基于会话的推荐器。与文献（Xiang et al.，2010）一样，这种模型的总体目标是将近期交互的局部动态和从用户交互历史提取的长期特征相结合。

7.3.3　用户层面的时间演变

迄今为止，我们探讨的大多数时序动态的来源都归因于物品属性的变化（或物品如何因为怀旧等因素随时间推移而被感知）或应用于作为整体的社区的逐渐漂移（包括诸如用户界面中的变化等简单动态，这并不具体应用于某个用户或物品）。时间漂移同样也可以发生在单个用户的层面上，例如，由于用户逐渐对某一类型的物品获得更多的经验。

McAuley 和 Leskovec（2013b）试图在推荐数据集中对这种"获得的品位"的概念进行建模。他们指出，在许多设置下，用户对某一类型物品的偏好可能会因为消费该类型的物品的行为而改变。这种设置由啤酒和葡萄酒评论的数据推动（包括我们在本书示例中使用的相同数据集），尽管它也适用于其他各种设置：例如，用户可能会对《七武士》有不同意见，这取决于这是他们观看的第一部电影还是第五十部电影。

注意，这种时序动态的概念并不依附于物品或整个社区（即，它不是具体时间戳的函数）。相反，它是特定用户在评分时专业知识的函数。McAuley 和 Leskovec（2013b）通过拟合两个变量来捕捉这种动态：γ_u^E 为不同经验水平的用户捕捉了用户潜在因子（其中，E 属于一个离散的集合，如 $E \in \{1, \cdots, 5\}$）。然后，为每个用户拟合作为时间的函数 E（即 $E(u,t)$），而这有额外的约束条件，即 $E(u,t) > E(u,t') \rightarrow t > t'$，也就是说，用户的"经验水平"必须不随时间递减 [⊖]。

除了在某些获得的品位起关键作用的数据集上提高性能之外，McAuley 和 Leskovec（2013b）认为这种模型也可以用来了解哪些特定类型的物品需要专业知识或经验才能让用户完全欣赏。例如，用户往往会逐渐形成对 IPA（印度淡啤酒）的偏好，而经验丰富的用户往往不喜欢所谓的工业拉格啤酒（如，百威啤酒）。

7.4　个性化马尔可夫链

我们在 7.2 节中所见的时序模型直接对每个交互相关的时间戳进行建模（或从中提取特征）。我们展示了在 Netflix 数据集上，如何从时间戳中提取包括季节性、星期几或怀旧效应等因素的特征，之后我们将在时尚的时序动态背景下重新讨论这种模型。

然而，在许多设置下，预测用户下一步会做什么的最好方法仅仅是他们最后做了什么。例如，如果你点击了一件冬季大衣，那么你可能会对其他冬装感兴趣，而不管这些物品目前是否是当季的。

即使是简单的模型，如我们在 4.3 节中见到的物品到物品的推荐器，也隐式地做出了这种假设。例如，像"浏览过 X 的人也浏览过 Y"的推荐可以纯粹基于当前正在浏览的内容的上下文，而不考虑用户的历史交互或者他们的偏好。相反，我们下面探讨的方法通常试图结合个性化和上下文因素。

马尔可夫链（Markov Chain，MC）：上述描述的假设，即给定前一个行动，下一个行动有条件地独立于 [⊖] 交互历史，准确描述了马尔可夫链的设置。形式上，给定交互序列（在一个离散的物品集 $i \in I$ 中）$i^{(1)}, \cdots, i^{(t)}$，马尔可夫链假设，给定历史的下一个交互的概率可以纯粹用前一个交互来表示：

$$p(i^{(t+1)} = i \mid i^{(t)}, \cdots, i^{(1)}) = p(i^{(t+1)} = i \mid i^{(t)}) \tag{7.17}$$

个性化马尔可夫链通过让下一个物品的概率同时取决于前一个物品和用户 u 的身份来推广公式（7.17）。也就是说，对于给定的用户，我们有：

$$p(i_u^{(t+1)} = i \mid i_u^{(t)}, \cdots, i_u^{(1)}) = p(i_u^{(t+1)} = i \mid i_u^{(t)}) \tag{7.18}$$

在实践中，这意味着在预测用户的下一个行动时，我们的预测应该是用户先前行动及其偏好维度的函数。在大多数情况下，我们可以忽略马尔可夫链的形式化表示，更简单地说，我们试图拟合以下形式的函数：

$$f(\overbrace{u,i}^{\text{与下一个交互相关的分数}} \mid \underbrace{i_u^{(t-1)}}_{\text{给定用户的前一个交互}}) \tag{7.19}$$

⊖　这种约束条件迫使模型学习类似于经验水平的参数，在这种意义上，模型被迫发现许多用户共同进步的系统性"阶段"。

⊖　给定第三个变量 c，如果 $p(a,b|c)=p(a|c)p(b|c)$，则称变量 a 和 b 是条件独立的。本质上，c"解释"了 a 和 b 的任何依赖关系。在马尔可夫链的情况下，这个假设意味着最近的事件足以解释下一个行动对历史的依赖性。

也就是说，我们以前的模型将用户和物品（即 $f(u,i)$）或用户、物品和时间戳（即 $f(u,i,t)$）作为输入，现在我们希望对用户、物品和用户的前一个交互进行建模。我们可以通过评分估计框架（如 5.1 节）或个性化排序框架（如 5.2.2 节）等来拟合这个函数。

拟合公式（7.19）形式的模型的关键挑战是，诸如矩阵分解等技术不能再直接应用。尽管我们之前通过分解 $U \times I$ 矩阵来对用户 / 物品的交互进行建模，现在我们必须分解 $U \times I \times I$ 张量（即，用户、物品和前一个物品之间的交互）。

在下一节，我们将通过对案例研究中的具体实现进行研究来探讨这一思想。

7.5　案例研究：用于推荐的马尔可夫链模型

下面我们描述了各种扩展潜在因子推荐方法的尝试，以纳入前一个物品的信号。其中涉及的主要挑战包括处理用户、物品和先前的物品之间的交互的大型状态空间，理解描述物品之间序列关系的语义，以及将序列动态与诸如社交信息等附加信号相结合。

表 7.2 总结了本节涵盖的模型。

表 7.2　个性化推荐的马尔可夫链模型（参考文献：Cai et al.，2017；Chen et al.，2012；Feng et al.，2015；He et al.，2017a；Rendle et al.，2010）

参考文献	方法	描述
R10	分解的个性化马尔可夫链（Factorized Personalized Markov Chain，FPMC）	下一个物品应该与用户以及上一个物品兼容（见 7.5.1 节）
C17	社交感知的个性化马尔可夫链（Socially Aware Personalized Markov Chains，SPMC）	扩展了 FPMC，并引入了一个社交项，即下一个物品应该与朋友先前交互的物品相似（见 7.5.2 节）
F15	个性化排序度量嵌入（Personalized Ranking Metric Embedding，PRME）	与 FPMC 类似，但是通过度量空间中的相似性来测量兼容性（见 7.5.3 节）
C12	分解的马尔可夫嵌入（Factorized Markov Embedding，FME）	同样使用了度量空间，但允许物品有不同的"起点"和"终点"（见 7.5.3 节）
H17	基于平移的推荐（translation-based recommendation）	用潜在物品空间中的平移操作替换固定的用户嵌入 γ_u（见 7.5.4 节）

7.5.1　分解的个性化马尔可夫链

早期使用马尔可夫链进行个性化推荐的论文是《用于下一篮推荐的分解的个性化马尔可夫链》（Rendle et al.，2010）。分解的个性化马尔可夫链（FPMC）根据用户前一个篮子中的物品来预测用户接下来将购买的物品，其使用来自 Rossmann（德国的一家药店）的顾客购物篮数据来训练和评估该模型。

FPMC 的基本前提是，前一个篮子的内容应该有助于预测下一个篮子的内容，同时篮子的内容应该对用户是个性化的。这可以通过拟合以下形式的函数来实现：

$$f(i \mid u, j) \tag{7.20}$$

其中，u 是一个用户，i 是可能被推荐的物品，j 是用户前一个篮子中的一个物品 [⊖]。

⊖　尽管原论文使用了篮子数据，但篮子主要是处理其特定数据集所需的一个复杂因素。通过简单地考虑物品序列来介绍这个工作更为直接（这也是其他论文经常采用的方法）。在文献（Rendle et al.，2010）中，我们为前一个物品写下的表达式通常会替换为前一个篮子中的物品的总和。

这篇论文讨论了对公式（7.20）的稀疏交互进行建模的困难，并解释了如何使用张量分解来解决这个问题。所用的分解本质上是我们在第 5 章中看到的矩阵分解方案的泛化，其中 $f(i\,|\,u,j)$ 分解成一系列成对因子：

$$f(i\,|\,u,j) = \underbrace{\boldsymbol{\gamma}_u^{(ui)} \cdot \boldsymbol{\gamma}_i^{(iu)}}_{f(i|u)} + \underbrace{\boldsymbol{\gamma}_i^{(ij)} \cdot \boldsymbol{\gamma}_j^{(ji)}}_{f(i|j)} + \underbrace{\boldsymbol{\gamma}_u^{(uj)} \cdot \boldsymbol{\gamma}_j^{(ju)}}_{f(u,j)} \qquad （7.21）$$

上述三项分别表示用户与下一个物品的兼容性（$\boldsymbol{\gamma}_u^{(ui)} \cdot \boldsymbol{\gamma}_i^{(iu)}$），下一个物品与前一个物品的兼容性（$\boldsymbol{\gamma}_i^{(ij)} \cdot \boldsymbol{\gamma}_j^{(ji)}$），以及用户与前一个物品的兼容性（$\boldsymbol{\gamma}_u^{(uj)} \cdot \boldsymbol{\gamma}_j^{(ju)}$）。在实践中，当使用类似 BPR 的框架优化模型时，后一个表达式会被抵消（正如我们在下面公式（7.23）中看到的那样），这可能是合理的，因为该表达式并不包括候选物品 i。因此，分解可以改写成：

$$f(i\,|\,u,j) = \overbrace{\boldsymbol{\gamma}_u^{(ui)} \cdot \boldsymbol{\gamma}_i^{(iu)}}^{\text{用户与下一个物品的兼容性}} + \underbrace{\boldsymbol{\gamma}_i^{(ij)} \cdot \boldsymbol{\gamma}_j^{(ji)}}_{\text{下一个物品与前一个物品的兼容性}} \qquad （7.22）$$

直观上，这种分解只是说明了下一个物品应该与用户和前一个消费过的物品都兼容。注意（如上标所示），物品参数在 $\boldsymbol{\gamma}^{(ui)}$、$\boldsymbol{\gamma}^{(iu)}$、$\boldsymbol{\gamma}^{(ij)}$ 和 $\boldsymbol{\gamma}^{(ji)}$ 这些项之间不共享，也就是说，在对物品如何与用户和另一个物品交互进行建模时，我们使用了不同的因子集。

最终，该模型使用类似 BPR 的框架进行优化（见 5.2.2 节），即使用以下形式的对比损失：

$$\sigma(f(i\,|\,u,j) - f(i'\,|\,u,j)) \qquad （7.23）$$

其中 i' 是用户没有消费过的一个负采样物品。

实验比较了 FPMC 的两个变体，其排除了序列项或个性化项。也就是说，它们建模的是 $f(i\,|\,u) = \boldsymbol{\gamma}_u \cdot \boldsymbol{\gamma}_i$ 或 $f(i\,|\,j) = \boldsymbol{\gamma}_i \cdot \boldsymbol{\gamma}_j$。排除了序列项后，表达式退化为正则矩阵分解（Matrix Factorization, MF），如 5.1 节所示。排除了个性化项可以捕捉所有用户共有的"全局"序列动态。因此，这些实验测量了（尽管是在一个特定的数据集上）与总体历史偏好相比，未来的行动在多大程度上可以被前一个行动所解释。

最终，FPMC 的性能优于这两个变体，但有趣的是，FMC 和 MF 在不同的条件下相互胜过。重要的是，FMC 在稀疏的设置（即，每个用户 / 物品的交互很少）中特别有效，而 MF 在稠密的数据中效果更好。

我们简要地指出，诸如分解机（见第 6 章的 6.1 节）等方法可以相对直接地用于实现类似 FPMC 的模型：除了嵌入用户和物品编码，我们可以简单地增强表示以包括前一个物品。我们将此作为习题（见习题 7.2），尽管我们在 7.5.5 节中也展示了如何在 TensorFlow 中实现 FPMC。

7.5.2　社交感知的序列推荐

正如我们在 6.4.2 节中所看到的可以通过从社交信号中采样来增强贝叶斯个性化排序一样，像 FPMC 这样的序列模型也可以通过利用社交信息来改进。

社交感知的个性化马尔可夫链（SPMC）（Cai et al.，2017）通过合并时序信号和社交信号来扩展 FPMC（和社交 BPR）。其基本思想是基于用户的下一个物品应该与他们的朋友最近消费的物品相似的理由来扩展 FPMC 的公式（7.22）：

$$f(i\,|\,u,j) = \gamma_u^{(ui)} \cdot \gamma_i^{(iu)} + \gamma_i^{(ij)} \cdot \gamma_j^{(ji)} + |\mathcal{S}|^{-\alpha} \sum_{(v,k)\in\mathcal{S}} \underbrace{\sigma\left(\gamma_u^{(uv)} \cdot \gamma_v^{(uv)}\right)}_{u和v之间的相似度} \overbrace{\left(\gamma_i^{(ik)} \cdot \gamma_k^{(ik)}\right)}^{用户下一个物品与其朋友的前一个物品的兼容性} \tag{7.24}$$

在这里，集合 $\mathcal{S}$ 只包括 u 的每个朋友 v 的最近交互 k。总和 $\sigma\left(\gamma_u^{(uv)} \cdot \gamma_v^{(uv)}\right)$ 内的第一项测量的是 u 和 v 之间的相似度，因此，只有 u 和 v 足够相似，我们才考虑社交影响的效应。$|\mathcal{S}|^{-\alpha}$ 对表达式进行了归一化，以便对于拥有大量朋友的用户来说，社交影响不会让其他项饱和。请注意，公式（7.24）中没有 $\gamma^{(vu)}$ 或 $\gamma^{(ki)}$（即，只学习一组表示，而不是如公式（7.22）中的不对称表示），这样做只是为了减少模型参数量。Cai 等人（2017）表明，与 FPMC 和社交 BPR 相比，包括时序项和社交项可以提高预测性能。

7.5.3   基于局部性的序列推荐

在 5.5.1 节中，我们简要提出了不同的聚合函数（除了内积）在各种情况下都是有用的。事实证明，在各种序列推荐设置中都是如此，其中序列行为遵循某种局部性概念。

Feng 等人（2015）在兴趣点推荐（Point-of-Interest Recommendation，POI Recommendation）的设置中研究了序列推荐方案。在这种设置中，前一个行动的上下文信息量特别大，因为下一个行动可能（在地理上）很接近。我们在第 6 章（见 6.6.2 节）介绍基于位置的社交网络时简要提到了这一假设。

如果问题的实际语义需要某种局部性概念，那么可以说潜在空间的相似性应该也是基于局部性（而不是内积）。

Feng 等人（2015）的个性化排序度量嵌入（PRME）框架使用了以下形式的表达式来对序列兼容性进行建模：

$$f(i\,|\,j) = -d(\gamma_i - \gamma_j)^2 = -\left\|\gamma_i - \gamma_j\right\|_2^2 \tag{7.25}$$

注意，PRME 和 FPMC（见 7.5.1 节）之间的两个区别是：

- 主要的区别是使用了距离（实际上是平方距离）函数，因此，序列活动在潜在空间中表现出了局部性。
- 不同于 FPMC 对下一个物品和前一个物品使用单独的潜在空间 $\gamma^{(ij)}$ 和 $\gamma^{(ji)}$，PRME 只使用了单个潜在空间（这节省了参数）。

和 FPMC 一样，PRME 也包括编码用户与物品之间的兼容性的表达式（再次使用距离函数），并且还使用了类似 BPR 的框架来训练模型（即，包括如公式（7.23）中的负物品 i'）。其他具体细节包括编码地理距离（基于经纬度）的显式特征，以及如果序列事件在时间上相隔很远，则降低序列项的影响权重的时序特征。

虽然 PRME 的作者认为欧氏距离是比较序列物品的更自然的方式（并表明 PRME 在 POI 推荐方面优于 FPMC），但应该注意的是，一个相似度函数是否比另一个"更好"在很大程度上取决于特定问题和数据集的语义。

另一篇论文利用了类似的模型来生成个性化播放列表（Chen et al., 2012）。和 PRME 一样，他们的 FME 模型指出，播放列表中的连续歌曲往往是高度局部性的，因此，度量嵌入可能是很有必要的。给定用户 u、歌曲 i 和上一首歌曲 j，兼容性函数的形式为：

$$f(i \mid u, j) = -d(\gamma_i^{(起点)} - \gamma_j^{(终点)})^2 + \gamma_u \cdot \gamma_i' \tag{7.26}$$

注意 FME 和 PRME 之间的一些区别：

- FME 对下一首歌（$\gamma^{起点}$）和上一首歌（$\gamma^{终点}$）使用了不同的嵌入。其基本思想是，播放列表中的歌曲不应该只是高度局部化，而应该是从一首歌逐渐"转移"到下一首歌，以便潜在空间中的下一首歌的"起点"类似于上一首歌的"终点"（见图 7.6）。

- FME 在公式（7.26）中使用了距离函数（为了与前一个物品兼容）和内积（为了与用户兼容）的组合。这再次证明了兼容性函数的正确选择高度取决于问题语义。

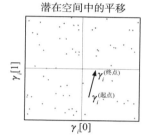

图 7.6　一些序列模型使用平移的原理来对物品之间的序列转移进行建模

7.5.4　基于平移的推荐

与 FME（见 7.5.3 节）一样，序列推荐的第三类模型是基于平移的原理。

He 等人（2017a）使用改编自知识库补全（knowledge-base completion）的原理构建推荐系统。知识库补全的几种技术是基于学习描述实体之间关系的低维嵌入的原则（Bordes et al., 2013；Lin et al., 2015；Wang et al., 2014）。其基本思想是在低维空间中将实体和关系表示为向量，从而使得关系向量编码了如何在实体之间进行"平移"。例如，我们可能试图学习描述诸如"艾伦·图灵"和"英格兰"等实体的向量，那么给定一个描述"出生于"这种关系的向量，我们应该有：

$$d(\overrightarrow{艾伦\cdot图灵} + \overrightarrow{出生于}, \overrightarrow{英格兰}) \simeq 0 \tag{7.27}$$

其中，d 是欧氏距离。

基于平移的推荐（He et al., 2017a）将这种方法应用于个性化推荐。对于知识图谱来说，补全关系告诉我们如何遍历实体空间，而在推荐设置中，物品充当实体的角色，用户遍历物品空间。然后，给定序列中消费的前一个物品 j 和下一个物品 $i^{\ominus}$，我们应该有：

$$d(\gamma_j + \gamma_u, \gamma_i) \simeq 0 \tag{7.28}$$

训练这样的模型与我们在 7.5.3 节中训练 FME 和 PRME 的方法非常相似：我们拟合了

$\ominus$　在原论文中，j 是下一个物品，i 是前一个物品，但我们把顺序颠倒过来，以保持所有方法的符号表示。

用户、物品和前一个物品之间的兼容性函数（很像公式（7.26））：

$$f(i\,|\,u,j) = \beta_i - \left\| \boldsymbol{\gamma}_j + \boldsymbol{\gamma}_u - \boldsymbol{\gamma}_i \right\|_2 \tag{7.29}$$

其中，纳入 β_i 可以使得该方法能够捕捉整体的物品流行度和偏好。He 等人（2017a）进一步限制物品表示在同一个单位球上（即，$\left\| \boldsymbol{\gamma}_i \right\|_2^2 = 1$），这在上述知识图谱补全设置中被发现是有效的。

从概念上讲，上述模型对应于用户随时间推移而在交互中遵循的"轨迹"（见图 7.6）。原则上，这意味着相关物品（如，播放列表中的序列歌曲）应该对齐，以在潜在空间中形成等距的物品链。在实践中，这种复杂动态不太可能从模型中出现；相反，与其他时序建模方法一样，该模型得益于其简约性（即，由于只使用单个潜在空间，该模型的参数比其他序列模型的参数少得多），但即使在稀疏的数据集中也能捕捉常见的序列模式。

7.5.5　TensorFlow实现FPMC

尽管上述几个模型可以通过适当设计的分解机来实现（见习题 7.2 和习题 7.3），但还是值得简要描述一下如何"从头开始"实现一个序列模型。这在实现那些不能直接映射到现有架构（如 6.1 节的分解机）或库的变体时是有用的。

这里我们实现了 7.5.1 节中的分解的个性化马尔可夫链（FPMC）的方法，尽管其代码可以直接应用于实现 7.5 节中讨论的其他序列方法。

我们在 5.8.4 节的贝叶斯个性化排序实现的基础上构建我们的解决方案。首先，在解析数据时，我们必须仔细处理时间戳：

```
1   for d in parse('goodreads_reviews_comics_graphic.json.gz'):
2       u = d['user_id']
3       i = d['book_id']
4       t = d['date_added'] # 原始时间戳字符串
5       r = d['rating']
6       dt = dateutil.parser.parse(t) # 结构化的时间戳
7       t = int(dt.timestamp()) # 整数型的时间戳
8       if not u in userIDs: userIDs[u] = len(userIDs)
9       if not i in itemIDs: itemIDs[i] = len(itemIDs)
10      interactions.append((t,u,i,r))
11      interactionsPerUser[u].append((t,i,r))
```

注意，我们使用 dateutil 库来处理时间戳。该数据集中的原始时间戳由原始字符串组成（例如，"Wed Apr 03 10:10:41 - 0700 2013"）。dt = dateutil.parser.parse(t) 这一操作将其转化为结构化的格式，它可以用来提取与时间戳相关的特征。例如 dt.weekday() 揭示了该日期是星期三，这可能对 2.3.4 节中那些提取时序模型的特征是有用的[⊖]。为了构建一个序列推荐器，我们主要感兴趣的是确定交互的次序。为此，我们调用了 dt.timestamp()。对于上述的日期，这会返回 1365009041，其表示从 1970 年 1 月 1 日（"unix 时间"）以来的秒数。这种时间表示虽然看起来相当随意，但当我们的目标仅是按时间顺序对观测值进行排序时是有用的，就像我们在构建序列模型时一样。

接下来，我们按时间顺序对每个用户的历史记录进行排序，并增强了我们的交互数据，使得每个交互 (u, i) 都包括前一个物品 j。我们还增加了一个"虚拟"物品作为第一个观测值

⊖　虽然在这个示例中非常明显，但对于某些日期格式来说，即使是这样简单的属性也难以确定。

的前一个物品:

```
12  itemIDs['dummy'] = len(itemIDs)
13  interactionsWithPrevious = []
14
15  for u in interactionsPerUser:
16      interactionsPerUser[u].sort()
17      lastItem = 'dummy'
18      for (t,i,r) in interactionsPerUser[u]:
19          interactionsWithPrevious.append((t,u,i,lastItem,r))
20          lastItem = i
```

鉴于这些增强的交互,我们可以修改 5.8.4 节中的模型,以包括公式(7.22)中的附加项。在这里,我们在类似 BPR 的设置(即,包括一个采样的负物品 k)中进行训练,尽管我们也可以按照 5.8.3 节中的代码对评分预测模型进行类似的修改。省略一些模板要素,模型的公式(见公式(7.23))如下所示:

```
21  gamma_ui = tf.nn.embedding_lookup(self.gammaUI, u)
22  gamma_iu = tf.nn.embedding_lookup(self.gammaIU, i)
23  gamma_ij = tf.nn.embedding_lookup(self.gammaIJ, i)
24  gamma_ji = tf.nn.embedding_lookup(self.gammaJI, j)
25  # 等
26  x_uij = beta_i +\
27          tf.reduce_sum(tf.multiply(gamma_ui, gamma_iu), 1) +\
28          tf.reduce_sum(tf.multiply(gamma_ij, gamma_ji), 1)
29  x_ukj = beta_k +\
30          tf.reduce_sum(tf.multiply(gamma_uk, gamma_ku), 1) +\
31          tf.reduce_sum(tf.multiply(gamma_kj, gamma_jk), 1)
32  return -tf.reduce_mean(tf.math.log(tf.math.sigmoid(x_uij -
        x_ukj)))
```

上述代码可以直接用于实现其他序列模型,如 PRME(见 7.5.3 节)或基于平移的推荐(见 7.5.4 节)。

7.6 循环网络

我们在 7.4 节中看到的基于马尔可夫链的模型的一个基本限制是,它们的"记忆"概念非常有限。因为其假设在给定最近观测值的情况下,下一个事件条件独立于所有历史事件。这个假设可能在某些场景中是足够的,如高度依赖于先前点击物品的上下文的推荐设置。然而,当我们开始对文本数据(见第 8 章),或诸如心率等序列数据(见 7.8 节),或更复杂的推荐场景进行建模时,我们将需要处理更长期的语义(如句子中的语法结构,甚至是心率跟踪中的个人"疲劳"程度)。

循环神经网络(Recurrent Neural Network,RNN)试图通过在每一步中保持"隐藏状态"来实现这种"记忆"的概念[⊖]。隐藏状态是一个潜在变量的向量,其用某种方式捕捉模型需要知道的"上下文",以捕捉问题的长期语义。形式上,我们可以把 RNN 想象成一个输入序列 $(x_1, \cdots, x_N)$,并产生一个输出序列 $(y_1, \cdots, y_N)$,并维持每一步更新的隐藏状态 $(h_1, \cdots, h_N)$。我们们可以把该模型想象成如下形式:

⊖ 请注意,"更简单"的模型试图在基于马尔可夫链的模型框架内实现同样的目标;例如,参见隐马尔可夫模型(Hidden Markov Model, HMM)。然而,循环神经网络在目前的实践中更为典型,并成为后期开发的模型的基础。

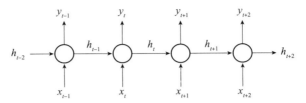

现在，RNN 单元负责确定隐藏状态在每一步应该如何变化，以及应该生成什么输出。

更复杂的 RNN 模型在多个层上重复这一思想，从而使得 RNN 单元可以堆叠，例如：

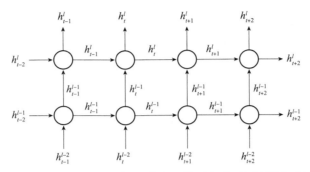

在这种描述中（以及许多处理该主题的方法中），模型仅仅是根据隐藏状态来描述的：模型接收输入、更新其隐藏状态，并将该状态传递给下一时间步和下一层。第一层可以接收输入（即，观测值 x），而最后一层可以生成输出（即 y）。

在设计这种单元时，我们可以考虑为连续时间步之间状态转移进行建模所需的动态类型：

- 根据当前的隐藏状态，应该生成什么输出？
- 作为刚刚观测到的输入的函数，隐藏状态应该如何变化？
- 隐藏状态的哪一部分应该保留，哪一部分可以丢弃？
- 如何在长交互序列中保留隐藏状态？

下面我们描述了 RNN 单元的一种特定实现。虽然我们介绍的这个特定的模型并没有什么特别重要的地方，但在捕捉上述特征方面，它代表了总体的设计方法。

长短期记忆模型

长短期记忆模型（Long Short-Term Memory Model，LSTM）（Hochreiter and Schmidhuber，1997）是 RNN 的一个具体实现，特别适用于我们将在第 8 章讨论的文本生成任务。

如上所述设计 RNN 单元的一个挑战是如何让它们在长序列中"记住"状态。为了实现这一点，LSTM 单元（见图 7.7）保留了单元的状态（以下公式中的 c），并且在不同步之间基本不变。其他组件负责根据当前输入和先前的隐藏状态"遗忘"部分状态（f）、更新单元状态（i 和 g）、更新隐藏状态（h），以及决定输出什么（o）。虽然这与当前的讨论并不特别相关——这里讨论的模型可以很容易被不同架构所替代——但这些组件在 LSTM 单元中的具体形式如下所示：

$$f_t^l = \sigma(\boldsymbol{W}_l^{(f)} \times [h_t^{l-1}; h_{t-1}^l]) \tag{7.30}$$

$$i_t^l = \sigma(\boldsymbol{W}_l^{(i)} \times [h_t^{l-1}; h_{t-1}^l]) \tag{7.31}$$

$$o_t^l = \sigma(\boldsymbol{W}_l^{(o)} \times [h_t^{l-1}; h_{t-1}^l]) \tag{7.32}$$

$$g_t^l = \tanh(\boldsymbol{W}_l^{(g)} \times [h_t^{l-1}; h_{t-1}^l]) \tag{7.33}$$

$$c_t^l = g_t^l \times i_t^l + c_{t-1}^l \times f_t^l \tag{7.34}$$

$$h_t^l = \tanh(c_t^l) \times o_t^l \tag{7.35}$$

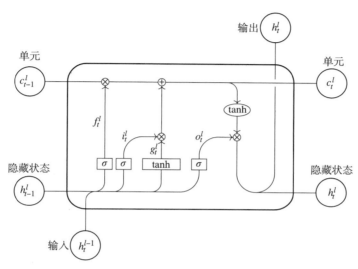

图 7.7　LSTM 单元的可视化（公式（7.30）到公式（7.35））

目前已经存在多种改进上述模型的变体，以纳入额外的组件，主要包括上述公式中状态如何保留和转换的具体差异。应该注意的是，尽管在具体细节上存在差异，但在输入、输出和隐藏状态方面，关于"单元"的整体视图在很大程度上是可以跨模型互换的。

7.7　基于神经网络的序列推荐

对基于神经网络的模型结构有了基本的了解之后（包括 5.5.2 节中的一些"基本"架构和 7.6 节中的循环网络），我们现在已具备了理解如何使用循环网络来构建序列的个性化模型的基础。虽然我们不会在这里对这些方法进行全面的论述（因为有些方法依赖的技术和模型与本书所涉及的完全不同），但我们会通过几个有代表性的例子来概述探讨的一般方向。

与自然语言处理的关系

我们将在本节中研究的许多模型都与用于建模自然语言的方法密切相关。正如我们将讨论的那样，现代序列推荐器的发展紧随最先进的自然语言模型的发展，包括循环网络（Hidasi et al.，2016）、注意力机制（Li et al.，2017）、自注意力（Kang and McAuley，2018）和基于 BERT 的模型（Devlin et al.，2019）。

将自然语言模型应用于序列数据的基本机制是非常直观的。在自然语言设置中，文档被表示为离散词元（单词）的序列，模型可以被训练来估计序列中的下一个词。同样地，在推荐设置中，用户的行动序列可以表示为离散词元（物品）的序列。通过这种类比，自然语言处理的最先进模型可以相当直接地适用于描述用户交互序列的动态。我们将在第 8 章中专门为文本设计模型时更详细地讨论这种关系。

从概念上讲，神经网络对序列模型的吸引力（更广泛地说，从自然语言中借用模型的吸引力）在于它们使得模型可以在序列数据中捕捉复杂的语法或语义。迄今为止，在开发时序和序列推荐器时，我们主要关注以下两点：（1）开发简单的参数模型来捕捉长期动态，正如我们在 7.2.2 节所做的那样；（2）按照类似马尔可夫链的设置（如 7.4 节）使用先前交互的上下文来对序列动态进行建模。这两种方法都有局限性：前者往往需要围绕特定动态的、精心的手工模型，而后者可能只能捕捉到有限的上下文（如，单个先前的交互）。原则上，本节中的技术旨在通过同时自动发现长期和短期的动态，或潜在地捕捉序列中物品之间复杂的相互关系来解决这些问题。

"无用户"的序列推荐

在 7.4 节中介绍基于马尔可夫链的序列模型时，我们认为对用户和物品之间的兼容性以及序列中相邻物品之间的兼容性进行建模是有价值的。简而言之，这两个来源提供了有用的互补信号，并且每一个都解释了用户活动中的变化。

然而，目前还不清楚这一论点是否适用于极限情况。显然，单个先前的交互不能提供用户偏好的完整上下文。然而，一个包含足够多历史交互的模型可能可以捕捉到所有必要的上下文，而不需要显式地包括任何用户项（我们在 5.3.2 中介绍 FISM 时对这一想法进行了一些探讨）。

有趣的是，我们下面描述的所有模型都没有学习显式的用户表示，而是依赖于物品表示和足够的上下文窗口来捕捉单个用户的动态。这样做在概念上是有吸引力的，可以替代我们在 6.2 节中讨论的（如）冷启动模型：通过消除对显式的物品项的需求，我们可以通过观测一些用户的行动来快速做出有效的推荐，而不需要重新训练模型（以拟合用户项）或依赖边信息。

这种模型介于我们在第 4 章中研究的基于记忆的方法和我们在第 5 章看到的基于模型的方法之间：虽然物品表示是从数据中学习的，但是我们必须通过模型"记住"用户序列行为中的上下文来隐式地捕捉用户表示。

表 7.3 总结了本节所涉及的模型。

表 7.3　基于深度学习的序列模型的总结（参考文献：Hidasi et al.，2016；Kang and McAuley，2018；Li et al.，2017；Sun et al.，2019）

参考文献	方法	描述
H15	使用 RNN 的基于会话的推荐	物品序列被传递给一个循环网络；该网络的隐藏状态用于预测下一个交互（见 7.7.1 节）
L17	神经注意力推荐（NARM）	将 RNN（类似于文献（Hidasi et al.，2016））与注意力机制相结合，其中注意力机制作用于网络潜在状态的序列，以便"关注"相关的交互（见 7.7.2 节）
KM18	自注意力序列推荐	和 NARM 类似，但使用自注意力的原理（即，Transformer 模型），而不是循环网络（见 7.7.2 节）
S19	基于 Transformer 的双向编码器表示的序列推荐（BERT4Rec）	同样使用了自注意力的原理，但是基于 BERT 的不同架构（见 7.7.2 节）

7.7.1 基于循环网络的推荐

一篇探讨使用循环网络进行推荐的早期论文使用了我们在 7.6 节中开发的模型类型[○]。Hidasi 等人（2016）探讨了基于会话的推荐问题，其中用户交互被划分为不同的"会话"（通常使用一些基于交互时间戳的启发式方法）。这种设置对于基于循环网络的推荐器来说（或者更广泛地说，对于借用自然语言技术的推荐器来说）是典型的，因为它允许将会话视为类似于句子，即离散词元（物品）的短序列。

Hidasi 等人（2016）的方法试图将物品序列传递给循环网络，从而使得网络的隐藏状态能够预测下一个交互[○]。如前所述，该模型（以及下面的大多数相关方法）并不学习用户表示，而是通过循环网络的隐藏状态捕捉用户的"上下文"。Hidasi 等人（2016）认为，这种方法的好处是它可以在用户历史较短的情况下（例如，在利基平台（niche platform）或长尾数据集上）效果良好。在这种情况下，像我们为 Netflix 竞赛开发的那些技术（7.2.2 节）是不可靠的，因为不能仅从几次交互中学到有效的用户表示（γ_u）。

7.7.2 注意力机制

使用基于循环网络的方法的主要优点是（如与我们在 7.4 节中研究的基于马尔可夫链的方法相比）它们可能捕捉更长期的序列语义。另一方面，简单的基于马尔可夫链的模型非常有效，这表明在许多情况下，即使是单个最近物品的上下文也足以捕捉用户的"上下文"。

将注意力机制纳入序列推荐系统背后的基本直觉是帮助模型"聚焦"在相对较长的交互序列中的一小部分交互。直观地说，这应该使得模型可以从长交互序列中捕捉上下文，同时，上下文的相关部分可能只包含几个交互的事实（Kang and McAuley，2018）。注意力机制已用于其他设置，如图像字幕（Xu et al.，2015）和机器翻译（Bahdanau et al.，2014）等，其生成输出的一部分时会"关注"输入的一小部分。

神经注意力推荐

神经注意力推荐（Neural Bttentive Recommendation，NARM）（Li et al.，2017）本质上旨在将循环推荐的思想与注意力机制的使用进行扩展和结合。他们建议的模型有两个主要组件：一个全局的编码器，它以与传统的基于 RNN 的模型（如上所述）相同的方式对会话的序列数据进行建模。在这里，RNN 的最终隐藏状态负责（生成的特征能够）预测用户的下一个行为。第二个组件是局部的编码器，它在序列中的所有隐藏状态上使用注意力机制来构建特征。粗略地说，局部编码器的表示捕捉了用户最近历史中那些最能捕捉用户意图的特定行为。

自注意力序列推荐

上述方法本质上将注意力机制视为扩展现有循环模型的附加组件（即，NARM 使用注意力机制从 RNN 的潜在表示中学习特征）。最近，自然语言处理的趋势是更多地依赖于注意力模块来捕捉句子中的复杂结构后，再次利用注意力机制来检索源句子中相关词以生成目

[○] 不同的是，他们使用了门控循环单元（Gated Recurrent Unit, GRU），但从方法上来说，该方法与基于 LSTM 的技术相似。

[○] 用于实现这一点的具体架构将最终隐藏状态传递给一个前馈网络（类似于我们在 5.5.2 节中研究的那些网络），其最后一层估计了与所有物品相关的分数。虽然计算成本很高，但这对于物品词汇量相对较小的数据集是可行的，例如，文献（Hidasi et al.，2016）的数据中物品只有数万个。

标句子中的单词（例如，用于机器翻译）。最近，基于注意力的序列到序列的方法，特别是那些基于 Transformer 模型的方法（Vaswani et al.，2017），已经达到了各种通用语言建模任务的最先进水平。这种模型的总体目标与我们在 7.6 节中开发循环网络时看到的基本相同：在输入序列的基础上估计输出序列（或，在对交互序列进行建模的情况下，根据以前的物品估计序列中的下一个物品）。我们在 7.6 节中开发的循环网络是通过跨网络单元连续传递和修改潜在状态来实现的，而 Transformer 架构则纯粹依赖于注意力模块，因此序列中下一个物品的估计是所有先前物品的函数 [⊖]，其中注意力决定了哪个先前物品与下一个预测相关 [⊖]。

Kang 和 McAuley（2018）试图将自注意力的原理应用于序列推荐问题，该方法相当直接地修改了 Transformer 架构，从而基于先前物品来预测用户交互序列的下一个物品，其中注意力模块负责确定哪些先前交互与预测下一个交互相关。

除了基于 Transformer 的模型的性能优势（与循环网络和马尔可夫链模型相比）之外，Kang 和 McAuley（2018）还试图将他们模型的注意力权重可视化，以了解模型在预测序列中的下一个物品时，"关注"了哪些先前的交互。意料之中的是，他们发现最相关的物品往往是序列中的前一个物品，不过有趣的是，模型会对更久远的交互赋予重要的权重。在一些数据集上，这些权重迅速衰减，而在另一些数据集上（如 MovieLens），相关性权重更广泛地分布在几个历史交互中。总的来说，这表明虽然推荐受到序列上下文的影响，但这种"上下文"需要不止一个先前的观测来进行捕捉。

BERT4Rec

虽然 Kang 和 McAuley（2018）将他们的模型建立在"标准"Transformer 实现的基础上，但已有很多工作对这一架构进行了各种扩展。例如，BERT4Rec（Sun et al.，2019）采用了另一种基于 Transformer 的模型架构 BERT（Devlin et al.，2019），该模型在很大程度上是上述方法的架构修改。同样地，在语言建模任务中的优异表现似乎可以很好地转化为序列推荐问题。总的来说，这种方法（以及其他相关的方法）进一步强调了应用最先进语言模型来构建序列推荐器的总体趋势。

注意力分解机

我们还注意到，注意力机制已经应用于传统推荐系统中。注意力分解机（attentional factorization machine）（Xiao et al.，2017）将注意力机制应用于分解机，正如在第 6 章中所介绍的（这种模型尽管可以编码序列特征，但不一定具有序列性）。在这种情况下，注意力机制的应用是相当直接的。回想一下第 6 章，分解机集合了所有特征（的潜在表示）的成对交互，如公式（6.2）。Xiao 等人（2017）使用注意力来确定在特定上下文中哪些成对交互是最重要的，这可以帮助模型不关注不相关的交互。实验表明，与传统的分解机以及 5.5 节中研究的基于深度学习的推荐方法相比，该方法有所改进。

7.7.3 小结

前文中我们只给出了有限的基于循环网络和注意力机制的推荐方法的示例。尽管我们没有提供每种方法的具体细节，但是我们强调了从自然语言中借用模型并将其重新用于推荐的总体趋势。用于推荐的通用语言和序列模型的使用越来越能代表当前的最先进水平；我们在

⊖ 到某个固定的最大长度。

⊖ 对 Transformer 架构的这一描述无疑是非常粗略的，其完整的描述相当复杂，参见原论文（Vaswani et al.，2017）或许多试图提炼核心思想的优秀教程之一。

第 8 章探讨其他语言建模方法时将进一步探讨这个想法。

还需要注意的是，上述模型一般没有显式的用户表示：模型的输入是一条物品序列，并在此基础上预测下一个物品。因此，它们可能被认为是基于上下文或记忆的模型（尽管它们确实有类似于传统模型中 γ_i 的物品表示）。原则上，如果对足够长的序列进行建模，我们仍然可以捕捉到用户的广泛历史兴趣，而不需要显式的用户项。在许多情况下，缺少用户项是这种模型的优点：在处理新用户时，我们可以根据一些序列行为做出合理的预测，而不需要使用复杂的冷启动方法或重新训练模型（当然，已有人尝试将用户项显式地纳入这种序列模型中，参见文献（Wu et al., 2020））。

我们将在本书的不同地方进一步重新讨论基于神经网络的方法。在第 8 章我们考虑使用神经网络方法对文本进行建模（包括用于文本生成），这遵循我们在 7.6 节中开发的相同类型的方法。我们还在 8.2 节中考虑了文本表示的方法，这反过来可以用来开发用于序列推荐的物品表示（见 8.2.1 节）。最后，我们在第 9 章探讨了用于图像表示、图像推荐和图像生成的卷积神经网络方法。

7.8　案例研究：个性化心率建模

除了在 7.7 节中为推荐目的构建个性化序列模型之外，这种模型还可用于捕捉其他各种类型的序列数据的动态。在第 8 章，我们将探讨使用序列模型进行个性化文本生成。在这里我们简要研究了如何使用这种模型来对心率序列进行建模。

Ni 等人（2019b）利用 EndoMondo 的数据探索了使用个性化序列模型来估计用户锻炼时的心率曲线。也就是说，给定用户打算跑步（或步行和骑自行车等）的 GPS 路线（经纬度和海拔），以及用户先前活动的历史记录，模型的目标是尽可能准确地预测用户的心率曲线。

对心率序列的动态进行建模尤其具有挑战性，其原因包括：

- 动态是有噪声的、复杂的且高度依赖于外部因素（如，用户的跑步速度和海拔等）。
- 这些因素是长期和短期动态的结合，例如用户逐渐变得疲劳或用户此时遇到一座小山。
- 个体之间差异显著，以至于非个性化的模型对这种任务是无效的。
- 可能需要大量训练数据来捕捉心率动态中涉及的复杂因素。另一方面，每个人都可能只有很少的观测数据。

Ni 等人（2019b）使用的模型与我们在 7.6 节中研究的循环网络模型非常相似，其中循环神经网络（文献（Ni et al., 2019b）中是 LSTM）通过捕捉用户特点的低维嵌入和描述当前活动的上下文特征来增强：这些嵌入本质上类似于用户嵌入 γ_u 和物品嵌入 γ_i。在这种情况下，低维用户表示的、好处是，人们可以学习"全局"的模型来从大量的数据中捕捉复杂的心率动态，同时学习少量的、特定于用户的参数，使模型可以从有限的观测数据中适应特定的用户特点。同样地，这也类似于个性化语言模型，其中高维语言模型通过低维用户和物品项来适应。

除了用户和上下文特征之外，文献（Ni et al., 2019b）中的循环网络将用户打算完成的路线的 GPS 轨迹（经纬度和海拔）作为输入。在每一个网络步中，这个变量序列将作为额外输入传递给模型，因此，其目标是预测作为用户、上下文变量（天气和时间等）和预定路线的函数的心率曲线。

Ni 等人（2019b）展示了这种模型相对于非个性化的替代方案和各种替代模型架构的优势。最终，他们认为可以准确做出这种预测的系统可以有多种用途，例如：

- 推荐有助于用户达到理想心率曲线的路线。
- 推荐和他们平时选择的路线在语义上相似（在心率动态方面）的替代路线，例如，如果他们想要在参观一个新城市时保持他们的常规路线。
- 在用户心率在任一点都显著超过预期心率的情况下能检测出异常。

最后，我们介绍了 Ni 等人（2019b）的方法，以强调序列的个性化模型的应用超出了作用于例如点击或购买数据的"传统"推荐设置。本案例研究强调了个性化健康等设置的潜在应用。

7.9 个性化时序模型的历史

虽然 Netflix 竞赛是在推荐场景中使用时序模型的早期驱动力之一，但概念漂移的基本思想，即标签的分布随时间推移而变化，可以追溯到更久之前。例如，动态加权多数（dynamic weighted majority）算法（Kolter and Maloof，2007）考虑使用分类器集成（"专家"），这些分类器决策的权重作为分类器经验性能的函数会随时间推移而变化。Kolter 和 Maloof（2007）也在概念漂移的问题上给出了一个历史视角，这可以追溯到关于该主题的早期论文（如文献（Schlimmer and Granger，1986））。

虽然 Koren（2009）展示了时间因素在 Netflix 数据上的有效性，但早期在推荐场景中使用时序动态的一些尝试也值得注意。例如，Sugiyama 等人（2004）考虑了个性化搜索的问题，尽管他们对这个问题的解决方案实际上也是一种推荐系统的形式。他们的研究是一个有趣的案例，其使用简单的基于相似度的方法（如 4.3.4 节和公式（4.22）的那些方法）来进行不会立即表现为推荐系统的设置（个性化搜索）。就时序动态而言，其主要思想是在（从交互历史）构建用户画像时区分"持久偏好"和"短暂偏好"，尽管这主要是通过考虑不同大小的最近窗口内的交互来实现的。

在成功对 Netflix 的时序动态进行建模后，试图在各种设置中捕捉时序动态的模型大量涌现。正如我们在 7.3 节中所述，时序动态可能由于各种原因而发生，包括长期和短期动态（Xiang et al.，2010）、社区影响（Godes and Silva，2012）或用户演变（McAuley and Leskovec，2013b）。

习题

7.1 正如我们在 7.1 节中介绍的自回归和滑动窗口技术可用于预测，它们也可用于异常检测，即确定序列中哪些事件与我们的预期有实质性的偏差。使用任何时间序列数据集（如，7.1 节中的自行车租赁数据或其他数据），训练一个自回归模型，并绘制该模型随时间变化的残差（即，标签和预测之间的差异，如公式（2.34）），以找到自回归预测最不准确的地方。创建这样的可视化是设计附加模型特征的良好策略：你发现的异常似乎是随机发生的，或者你可以设计额外的特征来解释它们吗？

7.2 在第 6 章中，我们介绍了分解机作为一种将各种类型的特征纳入推荐方法中的技术

（并在 6.1.2 节中讨论了这样做的库）。在 7.5.1 节介绍分解的个性化马尔可夫链时，我们认为这种模型可以通过分解机来表示。从本质上来说，这可以通过拼接物品、用户（如 6.1 节）和前一个物品的表示来实现。按照这种方法，使用任何交互数据集，比较以下三种方法：（1）只使用序列项 $\gamma_i \cdot \gamma_j$；（2）只使用偏好项 $\gamma_u \cdot \gamma_i$；（3）上述两者都使用（即，FPMC）。你可以使用回归（如，评分预测）或隐式反馈设置，但如果扩展 6.1.2 节的代码，那么将问题建模为评分预测的问题会更简单直接。

7.3　同样地，FISM（见 5.3.2 节）也可以通过分解机来实现。在这里，使用表示用户所消费的物品（除以交互次数）的特征代替用户项，如公式（5.37）。将这种特征纳入到分解机中，即：

$$f_i = \begin{cases} 1/|I_u| & \text{如果 } i \in I_u \\ 0 & \text{其他} \end{cases} \tag{7.36}$$

在基于交互历史提取特征时，确保排除当前的交互。将此模型与你在习题 7.2 中训练的变体进行比较。

7.4　当用户的决策（如，用户评分）受到他们已经见过的那些人的影响时，就会出现羊群效应（herding effect）：例如，用户可能仅仅因为他们看到的评分已经很高而为物品输入较高的评分。研究下面两种模型以确定在推荐数据中羊群效应的作用：

- 自回归模型，其中先前的物品评分用于预测下一个物品（没有个性化或特定物品的项）。
- 基于推荐的方法，例如，通过将最近评分作为特征纳入到分解机中[⊖]。

使用这些模型来研究在什么条件下，羊群效应起作用。例如，它对评分高或评分低的物品，以及评分很少的物品等是否有较大的影响。

项目6：商业评论中的时序和序列动态

在该项目中，我们将探讨本章所涉及的各种时序动态的概念，并进行比较研究，以确定在特定设置中哪一个概念效果良好。具体来说，我们将考虑 Google Local 上商业评论的消费模式，这种模式已用于推荐的时序动态的各种研究中（例如，参见文献（He et al., 2017a））。商业评论对于研究时序动态是有用的，因为活动具有短期、长期和序列动态的组合，尽管原则上可以使用任何包含时间信息的数据集来进行该项目。

你可以基于我们在 6.1 节中提到的分解机框架来实现该项目中的大多数组件（例如，使用 6.1.2 节中的 FastFM 库）。其他不遵循这个框架的模型，如基于度量嵌入的模型，实现起来较为困难。

我们将通过以下步骤来探讨这个问题：

（1）首先，为该任务训练一个（非时序的）潜在因子模型。请注意，这个问题既可以是评分预测的问题（如 5.1 节），也可以是点击预测的问题（如 5.2 节）。使用这个初始模型来建立你的学习流程，并根据潜在因子的数量和正则化项等来找到较好的初始值。同时也要考虑如何预处理数据集，如考虑所有商业还是只考虑特定类别中的

⊖　考虑如何处理缺失的特征（即，对于评分历史不充分的观测数据），以及任何衍生的特征（如历史平均值）是否有用。

商业（如餐馆）更好？如果你的设置需要负样本（如，你正在对点击预测进行建模），请考虑如何对负物品的时间戳进行采样 ⊖。

（2）接下来，我们通过简单的特征将时序动态纳入我们的模型中。考虑在各种设置下（如评分可能在一周的某些天里有所不同，或新商业评分更高等），时序动态可能如何发挥作用。处理与每个活动相关的时间戳，以提取星期几、月份和"绝对"时间戳（你可能希望将其缩放，如在 [0,1] 的范围内，以表示数据集的时间跨度）。考虑在该数据集中其他任何可能有用的时序特征，例如，遵循 7.2.2 节中的思想。

（3）另外，尝试包括基于序列动态的特征，例如遵循习题 7.2 和习题 7.3 中的技术。同样地，你可以使用简单的特征（如习题 7.2 中对前一个物品进行独热编码），或更复杂的特征（如包括几个最近的物品，根据最近性或地理距离等进行加权）。

（4）尝试实现一个替代的序列模型，如基于 7.7 节中的循环神经网络的模型。尽管"从头开始"实现具有挑战性，但引用的几篇论文都有公共的代码库，你可以在此基础上实现。

尽管该项目的主要目标是熟悉和比较各种时序建模技术，但也要考虑你开发的时序模型是否能让你洞察到数据的潜在动态。例如，在什么情况下用户会受到时序动态的影响？或者什么类型的商业最容易受到季节性趋势的影响？

⊖ 例如，你可以从同一用户的正实例中复制一个时间戳。

个性化机器学习的新兴方向

文本个性化模型

在本书中，我们已经使用了大量涉及文本的数据集。虽然迄今为止我们很少使用这些数据，但文本既可以作为一种特征来提高我们见过的各类方法的预测性能，也可以用于探索各种新应用。

作为改进预测的特征，文本并不能直接地被有效利用。文本存在噪声、长短不一、语法复杂，且可能只有很小一部分单词对预测是重要的。因此，我们在本章开始时先介绍了可用于从文本中提取有意义的信息的特征工程技术（见 8.1 节）。

接着，我们探讨了如何使用文本以改进我们在前几章中开发的各种个性化模型。就推荐系统而言，文本应该是有用的，因为有大量的文本（如，产品评论）可以帮助我们"解释"用户偏好和物品属性的潜在维度。然而，有效提取这些信号并不简单（见 8.3 节）。

在探索使用文本作为特征来改进预测的方法之后，我们还探讨了自然语言生成的最新趋势。基于循环网络的语言模型的激增，以及最近一系列用于通用语言建模和生成的架构，开辟了一系列应用，如面向目标的对话（Bordes et al.，2017）、故事（Roemmele，2016）或诗歌（Zhang and Lapata，2014）的生成。显然这种方法受益于个性化，以更好地捕捉单个用户的上下文、偏好或特点（Joshi et al.，2017；Majumder et al.，2020）。我们将在生成文本以向用户"解释"推荐的推荐方法（见 8.4.3 节）以及通过与用户的自然语言对话生成推荐的系统（见 8.4.4 节）的背景下探讨这种设置。

除了推荐之外，我们还研究了文本在其他个性化或上下文设置中的使用，从简单形式的个性化检索（见项目 7），到复杂的系统，如 Google Smart Reply（见 8.5 节）。

8.1 文本建模基础：词袋模型

在开发所谓的词袋（bag-of-word）表示时，我们将探讨开发描述文本的固定长度的特征向量所涉及的挑战。首先我们将尝试尽可能简单地开发文本表示，并在此过程中探讨其中的各种陷阱和歧义。

8.1.1 情感分析

为了理解为什么对文本数据建模是困难的，我们可以考虑基于评论文本来预测评分这一看似简单的任务：

$$评分 = x^{(评论)} \cdot \theta \tag{8.1}$$

这与我们在第 2 章中设置的问题类型相同，只不过我们的特征 X 是从评论文本中提取的。从直觉上讲，评论有助于预测评分是有道理的，因为它们是专门用来解释用户评分的。

公式（8.1）中描述的任务捕捉了情感分析（sentiment analysis）的基本设置，即学习哪些类型的特征与"肯定"（即高评分）和"否定"的语言相关。我们在图 8.1 中简要地讨论该任务的重要性，其主要的挑战是如何适当地从文本中提取有意义的特征。

情感分析，从表面上看，似乎是一个奇怪的（或"玩具"级别的）任务：既然在实践中我们从来没有观测到没有评分的评论，那么我们为什么要从评论中预测评分？然而，情感分析是自然语言处理的核心主题之一，其重要性超越了预测评分的直接任务。情感分析研究通常聚焦于以下这些方面：
- 理解情感的社会语言维度，而不是预测评分的直接任务。
- 构建通用的情感模型，即可以在语料库（如，评论）上训练的模型，也可以在没有评分的设置中用于预测情感。
- 作为测试可扩展性以及 NLP 系统理解语言中细微差别能力的基准任务。

图 8.1 情感分析的意义何在

我们必须处理的第一个问题是公式（8.1）中的特征是固定长度的（即，X 是一个矩阵），而文本数据是序列性的。稍后，我们将看到如何建立更复杂的文本表示（见 8.2 节），但现在让我们看看仅通过从每个评论中提取一组预定义的特征可以取得多大的进展。

词袋模型（bag-of-word model）试图通过将编码文档中某些词的存在与否的特征组合成 X 来解决这个问题。因此，它忽略了一些关键细节，如单词出现的顺序（见图 8.2）。

Loved every minute. So sad there isn't another! I thought JK really made Harry an even stronger archetypal hero - almost in a Paul Maud'Dib from Dune kind of way. He's fighting the ultimate evil, he's brave and takes risks, and believes in himself and doesn't give up despite many hardships.

risks, Paul and hardships. believes the almost sad ultimate kind up every - an there in brave hero I fighting Dune another! way. himself made really he's despite He's Loved from archetypal minute. and a Maud'Dib isn't even evil, of in many stronger So takes JK thought Harry give and doesn't

图 8.2 词袋模型。上面两个评论有相同的词袋表示（第二个评论是随机打乱第一个评论的单词顺序后得到的）。右边的评论忽略了依赖于语法的细节。考虑在右边的评论中是否仍有足够的信息来判断整体情感是否正面，或者预测其他属性（如类型）

词袋模型的一个关键组件是用于构建特征向量的词典。我们第一次尝试构建该词典时，可能仅仅是编译了给定语料库中的每个单词，如：

```
1  wordCount = defaultdict(int)
2  for d in data:
3      for w in d['review/text'].split():
4          wordCount[w] += 1
5
6  nWords = len(wordCount)
```

通过这样做，发现了仅在我们的前 5000 条啤酒评论上就有 36 225 个独特单词。换句话说，每条评论（平均）包含大约 7 个先前没见过的单词。虽然这个数字听起来很大，但我们可能会认为当我们看到 5000 条评论时，我们的英语词汇量已经"饱和"，并且不会再看到太多新单词。然而，如果我们对 10 000 条评论重复同样的实验，我们则会得到 55 699 个独特单词。虽然没有翻倍，但仍然是相当大的增长。这表明如果词汇量会饱和，该饱和也是缓慢发生的。

查看词典中的一些实际单词，我们会看到这样的词：

...the; 09:26-T04.; Hopsicle; beery; #42; $10.65; (maybe; (etc.)

也就是说，我们看到的单词包括专有名词、不寻常的拼写、价格和标点符号等。由此，我们很快就会发现，在任何合理单词数量的评论中，我们不会很快用完独特的"单词"。

为了使用词袋表示，我们需要将词典缩减到可管理的大小。这样做的一些潜在步骤包括：

去除大写字母和标点符号： 去除标点符号将会大大减少我们的词典大小，因为像"(maybe"这样的单词变体（即括号后面的单词）将被解析为普通的单词。同样地，我们可以通过将所有文档转换为小写字母来忽略不同的大写模式。

词干提取（stemming）：词干提取，即将相似的单词解析为它们共同的词干。像"drink""drinking"和"drinks"这样的单词都会映射为"drink"[⊖]。这种技术主要是出于搜索和检索设置的考虑（也就是说，即使查询使用了与结果不同的词形变化，也要确保能检索到结果），尽管它们也可以用来减少词典大小。例如，参见 Lovins（1968）和 Porter（1980）的词干提取算法的例子。

停用词（stopword）：停用词是常见的（英语）单词，与其在文档中的频率相比，它们可能（相对）没有什么预测能力。标准的停用词表[⊖]包括诸如"am""is""the"和"them"等单词。删除这些单词可以减少词典大小，或者防止我们的特征表示被常见的单词所淹没（尽管我们将在 8.1.3 节中看到解决这个问题的其他方法）。

诸如是否删除标点符号、是否进行词干提取或是否删除停用词的决定，在很大程度上取决于数据集和应用。例如，像感叹号这样的字符可以预测情感[⊜]，或不同的词形变化（如啤酒评论语料库中的"drink"或"drinker"）可能有不同的含义，或者像"i"和"her"这样的停用词可以改变一个句子的含义。

因此，上述程序本质上相当于特征工程选择：我们最终应该根据上述程序是否能提高给定应用的性能来接受或拒绝这些程序（同样地，这些也是我们在 3.4.2 节中使用验证集所做的选择）。

目前，让我们考虑删除标点符号和大写字母，例如：

```
7    for d in data:
8        r = ''.join([c for c in d['review/text'].lower() if not
             c in string.punctuation])
9        for w in r.split():
10           wordCount[w] += 1
```

在删除它们之后，我们剩下 19 426 个独特的单词。与删除它们之前相比，这几乎减少了一半，但其仍然是一个相当大的词典大小。

将我们的词典减少到可管理大小的更直接的方法是仅包括最常出现的单词：

```
11   counts = [(wordCount[w], w) for w in wordCount]
12   counts.sort()
13   counts.reverse()
14
15   words = [x[1] for x in counts[:1000]]
```

尽管这可能不是一个令人满意的解决方案，但这种表示至少可以让我们建立特征表示。现在，一个简单的基于词袋的情感分析模型将包括预测：

$$评分 = \theta_0 + \sum_{w \in \mathcal{D}} 计数(w) \cdot \theta_w \tag{8.2}$$

这里，$\mathcal{D}$是我们的词典（即我们的单词集）。θ的下标是单词w，但在实践中，为了建立一个特征矩阵，我们会用索引（这里是从 1 到 1000）代替每个单词。

⊖ 或者像"argue""arguing"和"argus"这样的单词会映射到"argu"，即词干可以不是实际的单词。

⊖ 例如，参见 Python 中的 `nltk.corpus.stopwords`。

⊜ 通常，重要的标点符号会当作独立的单词而保留下来，例如，字符串"great!"会被替换成"great!."。

在我们的啤酒评论数据集 [⊖] 上拟合这样一个模型，得到的训练 MSE 为 0.27，，测试 MSE 为 0.51。这证明了这种模型的表达能力，也证明了其容易过拟合。

检查系数 $\boldsymbol{\theta}$，我们发现与绝对值最大的正系数和绝对值最大的负系数相关的五个单词是：

$$\theta_{\text{exceptional}} = 0.320; \qquad \theta_{\text{skunk}} = -0.364;$$
$$\theta_{\text{always}} = 0.256; \qquad \theta_{\text{oh}} = -0.312;$$
$$\theta_{\text{keeps}} = 0.234; \qquad \theta_{\text{skunky}} = -0.292;$$
$$\theta_{\text{impressed}} = 0.224; \qquad \theta_{\text{bland}} = -0.284;$$
$$\theta_{\text{raisins}} = 0.204; \qquad \theta_{\text{recommend}} = -0.267$$

例如，单词"skunk"（与啤酒呈负相关）的每一个实例都会使我们对评分的预测减少大约三分之一颗星。同样地，单词"exceptional"的每一个实例都会使我们的预测增加大约相同的数量。更多观察到的信息如下所示：

- 像"skunk"和"skunky"这样的单词可能传达了相同的信息，这表明我们的表示中有一些冗余，其可能可以通过词干提取来解决。
- "oh"这个单词极为负面，尽管它本身并不表达什么意思。据推测，它出现在像"oh no"这样的短语中（而"no"本身出现在各种各样的短语中，所以不那么负面）。也许我们可以通过使用 N 元语法（N-gram）来解释这种混淆（见 8.1.2 节）。
- 同样地，像"always"或"keeps"这样的单词也是非常正面的，尽管在孤立的情况下没有传达什么情感。单词"raisins"可能会出现在特定的流行物品的背景下。
- 单词"recommend"是高度负面的，尽管它似乎传达了正面的情感。据推测，该单词经常出现在否定短语中（"would not recommend"等）。我们可以通过更好地处理否定来解释这种混淆。

最后，值得注意的是，"skunk"和"exceptional"这两个单词是我们语料库中第 962 和第 991 个最受欢迎的单词，也就是说，它们是我们在选择 1000 个单词的词典时差点被丢弃的单词。一方面，这可能是因为我们的词典规模太小，因为我们几乎错过了最"重要"的单词。另一方面，几乎可以肯定的是，最具预测性的单词是罕见的：毕竟，一个物品被描述为"exceptional"并不寻常。

8.1.2 *N*-gram

迄今为止，我们所开发的情感模型的一些奇怪之处可能是由于词袋模型的简化假设所引起的。至关重要的是，由于词袋模型在文档中没有语法概念，因此它甚至不能处理简单的概念，例如否定（如，"not bad"）或与单独使用时含义不同的复合表达式（如，"oh no"）。

N 元语法模型（N-gram model）试图通过考虑频繁按顺序共现的单词来解决其中的一些问题。也就是说，二元语法（bigram）由文档中相邻的单词对组成；三元语法（trigram）由文档中连续出现的三个单词组组成等。

例如，与以下句子相关的 N 元语法是：

句子：　　'Dark red color, light beige foam'

一元语法：['Dark,''red,''color,''light,''beige,''foam']

二元语法：['Dark red,''red color,''coor, light,''light beige,'…]

⊖　这里使用系数 $\lambda = 1$ 的 ℓ_2 正则化项，同时将 4000 个数据点用于训练，1000 个数据点用于测试。

三元语法 : ['Dark red color,' 'red color, light,' 'color, light beige,' …]
…

从上述例子中，我们可以看到使用 N 元语法表示的一些潜在益处，例如，上面句子中的几个单词是修饰单词 "color" 和 "foam" 的形容词，如果不使用 N 元语法表示，我们可能无法在上下文中正确理解这些名词[⊖]。类似地，否定项（如，"not bad" 等）也很容易通过 N 元语法表示来处理。

在 Python 中提取 N 元语法很简单，例如：

```
16  sentence = 'Dark red color, light beige foam'
17  unigrams = sentence.split()
18  bigrams = list(zip(unigrams[:-1], unigrams[1:]))
19  trigrams = list(zip(unigrams[:-2], unigrams[1:-1], unigrams
        [2:]))
```

在提取了 N 元语法之后，我们对数据进行建模的方法与我们的词袋模型基本相同，也就是说，我们提取和每个 N 元语法相关的计数，并将这些计数作为特征来预测某些结果。

注意，通常我们不会只使用二元语法，而是会使用同时包含一元语法和二元语法的表示。这如同我们之前在 8.1.1 节中的方法，即仅找到最流行的单词（即，一元语法），我们可以一起计算一元语法和二元语法的流行度。

在与 8.1.1 节相同的评论语料库中，大多数流行词仍然是一元语法，即较长的 N 元语法包括 1000 个最流行单词中的 452 个。

一些最流行的 N 元语法包括诸如 "with a" "in the" 和 "of the" 等项。乍一看，这些看起来并不特别有用，而且大多是停用词的组合。同样地，在排名靠前的 N 元语法中很少包括否定项，例如，在排名靠前的 1000 个项中，只有十一个包括单词 "not"，如 "but not" "not a" "is not" "not much" 和 "not too" 等。鉴于这些项没有修改有意义的项，它们似乎不太可能提供有用信息。

上述例子强调了 N 元语法并不能解决所有上述提到的有关处理形容词和否定的问题。事实上，我们必须仔细权衡 N 元语法在特征向量中引入大量冗余和引入一些有用的复合项的可能性。请注意，在这种情况下，要想获得 "两全其美" 的效果并不容易：假设词典大小是固定的，我们就有可能丢弃信息量大的一元语法（如 8.1.1 节中的 "exceptional"），转而选择信息量较小的 N 元语法。同样地，这些问题可能是特定于模型和数据集的，而且很可能可以通过更好地考虑停用词来解决（或可能通过使用更大的词典）。大多数情况下，该例子只是强调了我们在将 N 元语法纳入模型中时必须做出额外的考虑，而且除非仔细处理，否则它们不会带来好处。

图 8.3 总结了 N 元语法表示的一些潜在优缺点。许多缺点集中在表示的冗余上，这可以通过仔细选择重要的特征而得到部分缓解。我们将在 8.1.3 节中重新讨论单词重要性这一主题。

> 总结我们在 8.1.2 节中的讨论，N 元语法在语言建模任务中并不总是有益的，其部分原因是我们必须在 N 元语法的预测价值和编码它们的冗余之间进行权衡。下面总结了一些正面和负面的观点：
> - N 元语法可以直接让我们处理否定和各种形式的复合表达式，从而使得我们可以处理单词之间的关系，而不必求助于显式处理语法的更复杂的模型。

图 8.3   支持和反对 N 元语法的论点

⊖ 尽管人们可以提出相反的论点：如果像 "beige" 这样的形容词很少出现在其他任何上下文中，那么常规的词袋表示可能足以捕捉相关的信息。

> - 在使用 N 元语法时，我们的词典大小迅速增加。假设我们可以处理固定的词典大小，在实践中，这有时又意味着一些信息量大的一元语法将会被不具有信息量的 N 元语法所替代。
> - 在一元语法词典中只占很小一部分的停用词，在建立 N 元语法表示时会快速增加。因此，在 N 元语法表示中存在额外的冗余。
> - 一个 N 元语法表示可能会在特征之间增加大量的冗余（或共线性），例如信息量大的一元语法在几个 N 元语法特征中是重复的。

图 8.3 （续）

最后，让我们评估 8.1.1 节中的同一任务的 N 元语法表示。同样地，我们将通过使用 1000 个最流行的 N 元语法来构建 "N 元词袋（bag-of-ngram）" 模型（对于 N 的任意值）。提取后，我们的模型再次与公式（8.2）中的模型相同，其中唯一的区别是我们的词典由不同长度的 N 元语法的组合组成。

在拟合该模型后，与 8.1.1 节中的模型相比，其性能实际上略有下降（其测试 MSE 为 0.54，而 8.1.1 节中模型的测试 MSE 为 0.51）。检查一些最具预测性的 N 元语法（即，θ_w 的最大值和最小值），我们发现如下所示的一些项：

$$\theta_{\text{pitch black}} = -0.397; \ \theta_{\text{pitch}} = 0.354$$

经过进一步检查，单词 "pitch" 总是出现在 "pitch black" 的表达中，以至于这两项几乎会 "抵消"，这再次强调了表示中的冗余问题。

也许我们可以简单地通过进一步正则化我们的模型来解决这个问题。将正则化系数增加到 $\lambda = 10$，这在一定程度上提高了性能（测试 MSE 为 0.506），并产生更合理的系数，如：

$$\theta_{\text{wonderful}} = 0.177; \quad \theta_{\text{not bad}} = 0.174; \quad \theta_{\text{low carbonation}} = 0.137 \tag{8.3}$$

这似乎可以正确地处理否定（"not bad"）和复合词（"low carbonation"）。

8.1.3 词相关性和文档相似度

假设我们想要建立一个系统，以推荐那些与用户最近交互过的文章内容相似的文章。正如 4.3 节所述，我们可以通过定义一个适当的文章之间的相似度指标来做到这一点，并推荐那些最相似的文章：

$$f(i) = \arg\max_j \text{Sim}(i, j) \tag{8.4}$$

鉴于我们的目标是基于文章内容来定义相似度（而不是像 4.3 节中基于交互历史那样），我们可以考虑基于我们迄今为止在 8.1 节中开发的特征表示来定义相似度。例如，我们可以比较两个词袋表示 $\boldsymbol{x}_i$ 和 $\boldsymbol{x}_j$ 的余弦相似度：

$$\text{Sim}(i, j) = 余弦相似度 \ (\boldsymbol{x}_i, \boldsymbol{x}_j) \tag{8.5}$$

然而，正如我们在 8.1 节中所讨论的，向量 $\boldsymbol{x}_i$ 和 $\boldsymbol{x}_j$ 将会被语料库中最常见的单词所主导（即，量级最大的单词可能是停用词）。

在实践中，用户可能不会仅仅因为两个文档以相似的比例使用了 "the" "of" 或 "and" 这样的单词而认为它们 "相似"。因此，我们大概需要一个关注相关项的特征表示 $\boldsymbol{x}_i$。

图 8.4 是一个书籍评论的示例（《沃特希普荒原》），其中最频繁出现的单词用粗体表示。当然，我们不会说这条评论的主题是 "i" 或 "a"，尽管这些词出现的频率最高。

相反，我们可能会认为像 "nature" 或 "children" 这样的单词更能体现文档的特点，这大概是因为它们在大多数文档中都没有出现。因此，我们可以认为代表某个特定文档的特点的单词是那些在该文档中频繁出现而在其他文档中不出现的词。

> I read **this** after hearing from **a** few people that **it was** among their all-time favorites. **I was** almost put off when **I** saw **it was a** story about rabbits, originally written as **a** tale by **a** father **to** his children—but I'm glad **I** wasn't. **I** found **the** folk tales about El-ahrairah **to** be very impressive. **The** author clearly had **a** vivid imagination **to** create so much of **the** rabbits culture **and** history. But **I** think **this** book **was** worth reading as it's really **a** story about survival, leadership, **and** human nature. Oh **and** Fiver rocks. **And** BigWig is **the** man.

> I was delighted by this book... the only fault is that it was too short! What a fantastic idea; a refuge for the children who have had adventures & now cannot fit back into the identity assigned to them. How many of us are not comfortable in the families we were born to? I loved the way the different doorways were sorted; one would think that adventures shared would be a bonding moment. Rivalries will be ever present; guess that is human nature. I don't want to describe too much & ruin the magic[...]

图 8.4   词频和 tf-idf 的比较。在左边的评论中，按词频计算的前 10 个单词是加粗的（即评论中最常见的单词），而前 10 个 tf-idf 单词（基于 50 000 条评论的样本）添加了下划线。右边是一个高度相似的评论（基于 tf-idf 向量的余弦相似度）

为了捕捉这样的定义，我们应该分别考虑特定文档中的词频和整个语料库中的频率。为此，我们定义了两个项。首先，单词 w 在文档 d 中的词频（term frequency）只是该词在该文档中出现的次数：

$$词频 (w, d) = \text{tf}(w, d) = |\{t \in d \mid t = w\}| \tag{8.6}$$

注意，这与我们在 8.1 节中开发的词袋模型基本相同（尽管后者包括一个固定的词典大小）。

接下来，文档频率（document frequency）测量的是在语料库中有多少文档包含特定的单词。对于单词 w 和语料库 $\mathcal{D}$ 而言，有：

$$文档频率 (w, \mathcal{D}) = \text{df}(w, \mathcal{D}) = |\{d \in \mathcal{D} \mid w \in d\}| \tag{8.7}$$

现在，对于在特定文档中"相关"的单词，我们希望词频 $\text{tf}(w, d)$ 较高，而该单词在整个语料库中的频率 $\text{df}(w, \mathcal{D})$ 相对较低。tf-idf 度量（词频 - 逆文档频率，term frequency-inverse document frequency）是一种启发式方法，它通过以下函数实现这一目标：

$$\text{tf-idf}(w, d, \mathcal{D}) = \text{tf}(w, d) \times \log_2\left(\frac{|\mathcal{D}|}{1 + \text{df}(w, \mathcal{D})}\right) \tag{8.8}$$

（表达式 $1 + \text{df}(w, \mathcal{D})$ 确保分母永不为零，即使是先前未见过的项）。虽然上述表达式抓住了这样一种直觉，即词频应该较高，而文档频率相对较低，但具体的表达式可能看起来有些随意（例如，包含 $\log_2$ 项）。事实上，这种表达式仅仅是一种启发式方法，正如在最初的实现中所描述的那样（Jones，1972）。后来的工作试图通过如解释 $\log_2 \frac{|\mathcal{D}|}{\text{df}(w, \mathcal{D})}$ 作为单词出现在文档中的对数概率（Robertson，2004）来证明这一选择的合理性，尽管这些都是对最终的启发式选择的事后证明。

同样，词频也是一种启发式的方法，并经常被修改以用于特定的上下文中。例如，以下是词频的两个替代定义：

$$\text{tf}'(w, d) = \delta(w \in d) \tag{8.9}$$

$$\text{tf}''(w, d) = \frac{\text{tf}(w,d)}{\max_{w' \in d}\text{tf}(w',d)} \tag{8.10}$$

以上两者本质上都是标准化方案，旨在防止文档越长，tf-idf分数越高。

8.1.4 使用tf-idf进行搜索和检索

虽然我们在开发 tf-idf 的兴趣主要是为了开发一种有效的、通用的文本的词袋模型的特征表示，但我们简要描述了在使用这种表示进行文档检索时的一般策略。

tf-idf可以比较直接地用于检索相似的文档，例如，通过将 tf-idf 表示和余弦相似度相结合（见图 8.4 习题 8.4）。然而，在搜索或检索设置中，"查询"通常不是一个文档，而是一些用户指定的关键词。

Okapi BM-25（Robertson and Zaragoza，2009）将基于 tf-idf 的相似度度量应用于检索设置中，本质上是区分对待查询q和文档d中的单词。虽然文档单词是用 tf-idf 表示的，但所有的查询单词都被认为是同等重要的。查询q和文档d之间的具体分数函数定义为：

$$\text{分数}\,(d, q) = \sum_{i=1}^{|q|} \text{idf}(q_i) \cdot \left(\frac{\text{tf}(q_i,d) \cdot (k_1 + 1)}{\text{tf}(q_i,d) + k_1 \cdot \left(1 - b + b \cdot \frac{|d|}{\text{avgdl}} \right)} \right) \tag{8.11}$$

很多项与公式（8.8）中的项相似；k_1和b是可调节的参数（如文献（Schütze et al.，2008）中，$k_1 \in [1.2, 2.0]$，$b = 0.75$）。avgdl 根据平均文档长度进行标准化（与公式（8.9）和（8.10）中的标准化策略非常相似）。公式（8.11）中的逆文档频率分数也使用了自定义的标准化：

$$\text{idf}(q_i) = \log \left(\frac{|\mathcal{D}| - \text{df}(q_i, \mathcal{D}) + 0.5}{\text{df}(q_i, \mathcal{D}) + 0.5} + 1 \right) \tag{8.12}$$

虽然我们避免深入讨论这一主题，但上述内容只是为了指出基于查询的检索与基于相似文档的检索在策略上的一般区别。更多细节请参考文献（Robertson and Zaragoza，2009）或文献（Schütze et al.，2008）。

8.2 分布式词和物品表示

词向量模型（word2vec）是一种流行的语义表示方法（Mikolov et al.，2013）。这种表示有点类似于我们在本书中一直研究的用户和物品表示（γ_u和γ_i）。也就是说，就像潜在物品表示告诉我们哪些物品与其他物品"相似"（用户也是如此），我们希望找到潜在的词表示γ_w，以告诉我们哪些词是相似的，或者可能出现在彼此相同的上下文中。

出于各种原因：这些类型的"分布式"词表示可能是有用的：

- 与词袋模型（见 8.1 节）不同，分布式表示提供了处理同义词的自然机制。也就是说，互为同义词的单词w和v应该具有邻近的表示γ_w和γ_v，因为它们倾向于出现在相关的上下文中。

- 除了同义词之外，分布式表示可能会让我们更好地理解单词之间的关系 [①]。
- 在某些设置中，分布式表示使我们可以避免与词袋模型相关的维度问题。例如，在开发文本的生成模型时（我们将在8.4节中简要介绍），文档通常被表示为低维词向量 γ_w 的序列，而不是通过词袋模型表示为（如）词ID的向量。

下面我们简要概述一下文献（Mikolov et al., 2013）所描述的 word2vec。在8.2.1节中我们描述了这一思想如何应用于学习物品表示 γ_i 以进行推荐。虽然后者和前者本质上是等价的，但后者可能感觉会更熟悉，因为它类似于我们在5.3节的无用户模型中学习物品表示 γ_i 的方式。

在方法上，word2vec 试图对序列中的单词 w_t 出现在单词 w_{t+j} 附近的概率进行建模，即 $p(w_{t+j}|w_t)$。因此，对于词序列 $w_1, \cdots, w_T$，我们希望学习最大化（对数）概率的词表示：

$$\frac{1}{T}\sum_{t=1}^{T}\sum_{-c \leqslant j \leqslant c, j \neq 0} \log p(w_{t+j}|w_t) \tag{8.13}$$

这里，c 是上下文窗口的大小，它决定了我们要考虑多少相邻的单词，它是一个超参数，可以用于平衡准确率和训练时间，但可能会根据单词 w_t 而变化。定义概率 $p(w_{t+j}|w_t)$ 的一个简单方法是单词 w_{t+j} 很可能出现在具有相似表示的单词 w_t 附近。在文献（Mikolov et al., 2013）中，这是根据表示之间的内积来定义的：

$$p(w_o|w_i) = \frac{e^{\gamma'_{w_o} \cdot \gamma_{w_i}}}{\sum_{w \in \mathcal{W}} e^{\gamma'_w \cdot \gamma_{w_i}}} \tag{8.14}$$

其中，$\mathcal{W}$ 是词典中的单词集。上述公式的分子编码了"输入"词 w_i 和"输出"词 w_o 之间的兼容性。分母只是将值进行标准化，使其对应于类标签的概率。

还需注意，对于每个单词我们都学习了两个表示 γ_w 和 γ'_w（分别称为"输入"和"输出"表示）。虽然这样做会使得参数量增加一倍，但这种表示避免了对称性，例如词不太可能会出现在自己附近。这与我们在开发物品到物品的推荐系统和7.5节中的序列推荐系统时看到的想法相似，同样地，一个物品不可能与其自身被共同购买（或在序列中出现在附近）。

由于公式（8.14）中的分母需要对词典 $\mathcal{W}$ 中的所有词进行标准化，因此计算效率不高。Mikolov 等人（2013）提出了一些方案来解决这个问题，但最直接的方法是简单地采样少量的"负"单词，而不是对整个词典进行标准化。因此，$p(w_o|w_i)$ 的每次计算都由一个近似值代替：

$$\log p(w_o|w_i) \simeq \log \sigma(\gamma'_{w_o} \cdot \gamma_{w_i}) + \sum_{w \in \mathcal{N}} \log \sigma(-\gamma'_w \cdot \gamma_{w_i}) \tag{8.15}$$

其中，$\mathcal{N}$ 是负单词的采样集。Mikolov 等人（2013）提出了选择样本 $\mathcal{N}$ 的各种方案，尽管最关键的论点是采样概率应该与每个词的总频率成正比。

㊀ 例如，参见文献（Mikolov et al., 2013），其中词表示 $\gamma_{king} - \gamma_{man} + \gamma_{woman}$ 接近于 γ_{queen}。

8.2.1　item2vec

物品向量模型（item2vec）（Barkan and Koenigstein，2016）采用 word2vec 的基本思想作为学习推荐设置中物品表示 γ_i 的方法。item2vec 和 word2vec 的主要区别只是句子 / 文档中的词序列被每个用户消费过的物品的有序序列所替代。在实践中，这只是意味着公式（8.15）中的概率被替换为：

$$\log p(i \mid j) \simeq \log \sigma(\gamma_i' \cdot \gamma_j) + \sum_{i' \in \mathcal{N}} \log \sigma(-\gamma_i' \cdot \gamma_j) \tag{8.16}$$

其中，$\mathcal{N}$ 是负物品集，同样是按照总物品频率的比例进行采样。

Barkan 和 Koenigstein（2016）在 Microsoft Xbox Music 收听的歌曲语料库上讨论了这种物品表示在物品到物品的推荐设置中的有效性。他们表明，该方法自然地确定了与歌曲类型相关的潜在维度，以及他们定性地论证了相关物品在语义上比其他物品到物品的推荐技术产生的物品更有意义。

8.2.2　使用Gensim实现word2vec和item2vec

最后，我们使用啤酒评论中的交互和评论数据（如 8.1.1 节）来展示 word2vec 和 item2vec 在实践中是如何起作用的。为了学习词表示，模型的输入是文档的列表（在这种情况下是评论），其中每一个都是词元（单词）的列表。在这个例子中，我们首先去除了大写字母和标点符号，然后进行分词（tokenization），如 8.1.1 节所述。

这里，我们使用 Gensim 来实现 word2vec[⊖]。该模型将我们分词后的评论（这里我们使用 50 000 条评论的语料库）、最小词频、维度（即，$|\gamma_i|$）和窗口大小（即，公式（8.13）中的 c）作为输入。最后一个参数指定了使用哪个具体版本的模型，它对应于上述介绍的模型：

```
from gensim.models import Word2Vec

model = Word2Vec(reviewTokens,   # 分词后的文档
                 min_count=5,    # 丢弃单词前的最小频率

                 size=10,        # 模型维度
                 window=3,       # 窗口大小
                 sg=1)           # 跳字模型

model.wv.similar_by_word('grassy')
```

在最后一行，我们检索了特定查询的最相似的单词；在 Gensim 中，这是基于两个词向量之间的余弦相似度（见公式（4.17））：

$$\max_{w} \frac{\gamma_w \cdot \gamma_{\text{grassy}}}{\|\gamma_w\| \|\gamma_{\text{grassy}}\|} = \text{`citrus,'} \tag{8.17}$$

随后是 "citric" "floral" "flowery" "piney" 和 "herbal" 等。

类似地，我们可以使用相同的代码来运行 item2vec，其中我们分词后的评论被每个用户消费（按时间顺序）的物品列表（即，产品 ID）所替代。

在用评论历史训练模型后，我们发现与莫尔森加拿大淡啤酒最相似的啤酒是其他淡啤酒，如米勒淡啤酒、莫尔森金啤酒、皮尔斯啤酒、库尔斯特别金啤酒和拉巴特加拿大艾尔啤酒等。在图 8.5 中，为了将数据可视化，我们训练了一个二维的 item2vec 模型，其揭示了属

⊖ https://radimrehurek.com/gensim/。

于不同类别的啤酒倾向于占据物品空间的不同部分[⊖]。

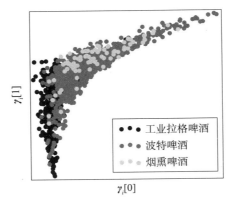

图 8.5   使用二维 item2vec 模型的物品表示（γ_i）。图中显示了三个不同类别的物品表示

8.3   个性化情感和推荐

迄今为止，我们所探讨的文本模型虽然可以应用于诸如评论这样的用户数据，也可以用于推荐相关的文档，但最终都不是个性化的。

目前已有一些尝试将文本模型与用户和偏好的模型相结合，特别是与推荐方法相结合。例如，正如我们在 6 章中看到的通过使用边信息来改进推荐系统的技术一样，文本对于有效理解用户意见的维度是有用的。

除了交互之外，通常还有大量的文本数据可以利用，以拟合更好的模型。除了有助于理解情感之外，文本可以帮助理解物品和偏好的维度，例如，产品的不同属性和用户关心的不同方面。

文本也有助于模型的可解释性。迄今为止，我们开发的推荐系统本质上是"黑箱"，其预测（如公式（5.10））纯粹是根据潜在因子来定义的。文本模型可以用来理解这些潜在维度对应于哪些方面、生成评论（见 8.4 节）或解释推荐（见 8.4.3 节）。

然而，从文本中提取有意义的信息是具有挑战性的。例如，迄今为止我们见到的大多数简单的文本表示（见 8.1 节）都是高维且不是特别稀疏的。简单地将这些特征纳入通用的特征感知模型中可能是无效的，相反，必须设计专门处理文本的方法。下面我们介绍了几种有代表性的方法。

案例研究：评论感知推荐

产品评论是常用于提高推荐性能的信息来源。从概念上讲，评论应该比（如）单一的评分能告诉我们更多关于偏好和意见的信息。对于潜在维度（用户和物品的 γ_u 和 γ_i）来说尤其如此，因为产品评论旨在"解释"用户决策背后的潜在维度。

粗略地说，关于如何纳入评论以提高推荐性能有两种观点。一种选择是将评论文本视为一种正则化的形式，本质上是使得用户或物品的低维表示（通过 γ_u 和 γ_i）类似于从文本中

⊖   使用更高维的嵌入后，使用诸如 t-SNE（Maaten and Hinton，2008）这样的保持距离的可视化技术，可能会产生更有效的可视化效果，但这里我们为了简单起见直接绘制了嵌入的维度。我们将在第 9 章中进一步探讨 t-SNE。

提取的低维表示。另一种观点则试图从文本中提取表示，可用于改进基于特征的矩阵分解方法。我们在下面给出了这两种方法的示例。

作为主题的隐藏因子

早期将文本纳入推荐系统的尝试是使用应用于产品评论的主题模型（topic model）（McAuley and Leskovec，2013a）。主题模型（Blei et al.，2003）学习的是文本的低维表示（本质上是寻找我们在 8.1 节中提到的各种词袋表示中的结构）。"主题"对应于倾向于共同出现的词集或词簇。例如，对电影评论进行训练的主题模型可能会发现，与"动作片""喜剧片"或"爱情片"相关的词组可能倾向于同时出现，因为这些是电影评论中不同的主题（我们在表 8.1 中给出了实际主题的示例）。

表 8.1　解释 Yelp 上评分维度差异的主题示例（McAuley and Leskovec，2013a）

theaters	mexican	italian	medical	coffee	seafood
theater	mexican	pizza	dr	coffee	sushi
movie	saisa	crust	stadium	starbucks	dish
harkins	tacos	pizzas	dentist	books	restaurant
theaters	chicken	italian	doctor	latte	rolls
theatre	burrito	bianco	insurance	bowling	server
movies	beans	pizzeria	doctors	lux	shrimp
dance	taco	wings	dental	library	dishes
popcorn	burger	pasta	appointment	espresso	menu
tickets	carne	mozzarella	exam	stores	waiter
flight	food	pepperoni	prescription	gelato	crab

文献（McAuley and Leskovec，2013a）的基本思想是评论中的低维结构应该与评分中的低维结构相关，毕竟，评分旨在解释用户为什么以某种方式对产品进行评分。此外，即使单个评分可以告诉我们很少的关于解释用户评分的潜在维度的信息，但其也可能包含足够的信息来理解哪些维度对用户或物品的特征是重要的。

这种方法有点类似于我们在 6.4.1 节中涉及的社交推荐方法（Ma et al.，2008），其中共享参数 γ_u 的任务是同时解释评分维度和社交关系。我们在 6.4.1 节中提出的论点是，在没有足够的评分数据的情况下，我们可以从 u 的朋友那里获得信息以估计 γ_u。

同样地，McAuley 和 Leskovec（2013a）提出，共享参数 γ_u 可以通过潜在因子模型同时解释评分维度和评论中的主题：

$$\underbrace{\sum_{(u,i)\in\mathcal{T}}(\alpha+\beta_u+\beta_i+\gamma_u\cdot\gamma_i-r_{u,i})^2}_{\text{评分误差}}+\lambda\underbrace{\sum_{(u,i)\in\mathcal{T}}\sum_{w\in d_{u,i}}\log p(w|\gamma_u,\psi)}_{\text{主题概率}} \tag{8.18}$$

其中 ψ 是特定于主题模型的附加（非共享）参数集（与 6.4.1 中的方法类似，具有共享和非共享的社交参数）。图 8.6 描述了这一想法。

重要的是，上述模型假设潜在评分维度和评论主题之间是一致的。在实践中，评论中可能有一些维度（即主题）与评分维度无关（如，如果用户在书籍评论中讨论情节，这可能与他们的评分关系不大）。同样地，也可能存在与评论中表达的主题不对应的"无形"的潜在维度。通过假设主题和潜在维度之间的一对一关系，该模型在冷启动设置中是有用的，因为它迫使主题模型发现那些能够解释评分变化的主题。这些主题特别有助于我们从一些交互中快速了解解释用户评分的维度。

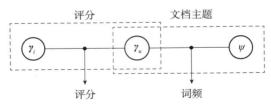

图 8.6   与 6.4.1 节中的社交推荐模型相似，文本个性化模型通常使用一个必须同时解释交互和文档中的结构的共享参数

表 8.1 显示了该模型发现的主题类型的示例。大多数情况下，所发现的因子对应于细粒度的产品类别，这主要反映了用户对某些类型的物品的偏好。

其他主题建模方法

以上是将文本的低维表示（通过主题模型）与交互的低维表示（通过潜在因子模型）相结合的简单方法。其他一些研究者也采用了类似的方法，通常是通过修改用户因子 γ_u 和主题维度之间的关系来实现的。

Ling 等人（2014）和 Diao 等人（2014）都考虑了与上述相同的设置，即评论用于提高评分预测模型的性能。他们都指出了文献（McAuley and Leskovec，2013a）中假设评论主题和用户偏好之间存在简单的一对一映射的局限性，并提出了更灵活的方法来对齐主题和偏好维度。

Wang 和 Blei（2011）对推荐科学文章的问题提出了类似的方法，其中从文章文本提取文档表示，并对用户偏好进行建模以预测他们将把哪些文章纳入他们的个人图书馆中。这与上述公式不同的是，文本与物品（文档）而不是用户相关联，并且该设置本质上是"单类"推荐的示例（如 5.2 节），因为我们一般没有关于用户没有阅读文章的显式负反馈。

神经网络方法

虽然我们上述讨论集中在文本的"传统"模型（例如主题模型），但最近的方法使用神经网络来学习文本表示。Zheng 等人（2017）采用了基于 CNN 的方法（基于 TextCNN（Kim，2014）），他们将用户和物品评论视为两个独立的"文档"，并在此基础上估计用户和物品表示（本质上是 γ_u 和 γ_i）。后来的工作使用注意力机制（我们在 7.7.2 节中有所讨论）扩展了这一想法，以推断在特定的上下文中哪些评论更相关（Chen et al.，2018；Tay et al.，2018）。

8.4   个性化文本生成

在 7.6 节中，我们介绍了作为通用模型的循环神经网络可以用于估计序列中的下一个值，或基于一些上下文和迄今为止见到的词元序列来生成序列。

这种模型通常用于采样（或生成）看起来逼真的文本。用于文本生成的循环网络（例如，见文献（Graves，2013））基本上遵循我们在 7.6 节中看到的相同设置。在每一步 t，网络接受输入 x_t（一个字符或一个词表示），并根据当前的输入 x_t 和上一步的隐藏状态 h_{t-1} 来更新

隐藏状态 h_t（如 7.6 节，可以堆叠多个网络层）。目标输出的序列 y 与 x 相同，但移动了一个词元，即模型需要根据到目前为止见到的所有词元生成序列中的下一个词元。图 8.7 中描述了这种设置。

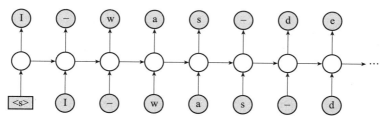

图 8.7　用于文本生成的循环神经网络。在每一步，网络负责根据迄今为止看到的词元和网络当前的隐藏状态生成下一个词元（在这里是一个字符）。"<s>"表示开始生成的"起始词元"（一旦网络生成了终止词元"</s>"，就会终止生成）

虽然上述模型能够生成看起来逼真的样本（即，模仿训练集中的文档），但这些样本不依赖于上下文，也不是个性化的。

有几篇论文已经试图将 RNN 适应于生成个性化文本，即模仿特定用户的上下文、偏好或写作风格的文本。我们在下面描述了几种这样的方法，其中大多数都是针对产品评论的模型：部分原因是这种数据由于用户、物品和它们之间的交互而呈现出变化，但更重要的是这种数据是可以广泛可用的。表 8.2 总结了本节中所涉及的模型。

表 8.2　个性化文本生成方法总结（参考文献：Dong et al.，2017a；Li et al.，2017；Ni et al.，2017；Radford et al.，2017）

参考文献	目标	描述
R17	情感分析	专注于生成用户评论的任务，虽然不是个性化的。目标主要是学习解耦表征和发现情感
D17	基于属性的生成	基于上下文属性（如用户、物品或评分）生成评论的编码器 – 解码器的方法
L17	摘要式提示生成	生成简短的"提示"（类似于评论摘要），也是基于编码器 – 解码器的方法。在训练期间使用评论来学习中间的表示
N17	个性化评论生成	使用将用户和物品因子作为输入的潜在因子方法生成评论

为什么要生成评论

个性化文本生成，特别是在应用于产品评论数据集时，可能看起来是一项不太寻常的任务，没有明显的应用（除了生成评论垃圾）：现有的平台不太可能将生成的评论（如图 8.9 中的评论）呈现给用户。然而，在考虑到个性化语言生成的更广泛的背景时，这项任务就具有更大的价值。在实践中，正如我们在其他地方看到的，由于数据的广泛可用性，评论通常只是一个方便用于训练的测试平台。其他个性化语言生成的应用可能包括对话系统、辅助语言工具或其他具有显著个人差异的数据集中的自然语言处理（例如，临床 NLP）。

即使这评论的上下文中，一个高保真的个性化语言模型可用于除生成以外的其他功能。例如，该模型可以"反向"用于个性化检索或搜索，即检索用户可能以特定方式描述的物品（例如，"适合夏季婚礼的好礼服"这样的查询）。正如我们在 8.4.3 节中所看到的，个性化文本生成也可用于解释或证明预测的系统中。

8.4.1　基于RNN的评论生成

Radford 等人（2017）是最早探索使用循环神经网络（特别是 LSTM 神经网络）来生成评论的研究者之一。

虽然 Radford 等人（2017）的模型不是个性化的，但该方法显示了循环网络在采样看起来逼真的评论方面的有效性。下面我们探讨了几种试图为用户提供个性化评论的方法。在这种设置中，"个性化"包括理解单个用户的写作风格、与特定物品相关的上下文以及这两者之间的交互（这决定了单个用户对物品的反应和情感）。

有条件的评论生成

鉴于使用循环网络从背景分布中采样看起来逼真评论的前景，一些论文也遵循了与文献（Radford et al.，2017）类似的方法来生成与特定上下文相关的评论。

从概念上讲，生成评论以匹配特定上下文遵循编码器 - 解码器架构的思想，该架构已被证明在图像字幕设置中是有用的（Vinyals et al.，2015）。在这里，不是向生成器传递起始词元（见图 8.7），而是传递上下文的编码（即低维表示），如表示图像的嵌入。在这之后，解码遵循与图 8.7 相同的方法，其中模型隐藏状态应该保留有条件地生成文本所需的上下文的基本组件。图 8.8a 描述了这种编码器 - 解码器的方法。

个性化评论生成

Dong 等人（2017a）采用这种编码器 - 解码器的方法来实现"基于属性"的有条件的评论生成。该方法遵循上述设置，即对属性进行编码并传递给 LSTM 文本生成模型。他们的模型中使用的属性包括用户 ID、物品 ID 和与评论相关的分数 [⊖]。

Li 等人（2017）采用了类似的方法来生成简单的"提示"，即评论的简短摘要。该设置也遵循编码器 - 解码器的方法，不过是在 Yelp 和 Amazon 上包括评论和摘要（或 Yelp 上的"提示"）的数据上进行训练。虽然摘要被用作模型的输出，但在训练期间，评论用于学习有效的中间表示，以解释用户和物品之间的交互。

上述方法基于特定的特征或属性来生成评论，因此本质上可以认为是"上下文"个性化的形式。Ni 等人（2017）设计了直接对用户（和物品）进行建模的文本生成方法，以便在只给出用户 ID 和物品 ID 的情况下估计评论。

其基本设置遵循潜在因子的方法，即模型的"输入"是用户表示γ_u和物品表示γ_i。这些潜在用户和物品表示与语言模型（在本例中为 LSTM）共同训练。在实践中，这些表示被拼接到输入词元上，如图 8.8b 所示。从概念上讲，用户因子必须解释用户写作风格的变化模式（如，他们的评论中使用的结构），物品因子必须解释用户可能会写下的物品的总体特点（如，它们的客观属性），而不是潜在因子γ_u和γ_i解释预测评分的用户偏好和物品属性（如第5 章）。同时，用户和物品因子都必须共同解释用户对物品的情感，例如，他们将使用的肯定或否定的语言。

图 8.9 显示了一个通过这种技术生成评论的例子。这条评论出乎意料地连贯，并似乎捕捉到了用户的写作风格（如，他们倾向于在描述每个方面的单独段落上写下他们的评论）；物品的总体特点（如，类别和风味特点）；以及用户偏好的基本特征（导致对该物品的反应冷淡）。回想一下，与传统的推荐系统一样，虽然用户和物品在训练期间都是可见的，但这

⊖ 虽然这种将评分作为输入的依赖大概可以通过单独估计来克服。

个特定的用户和物品的组合是不曾见过的。

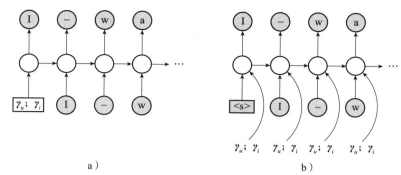

图 8.8 个性化（或上下文）循环网络架构。图 a：编码器 – 解码器架构；这里，图 8.7 中的起始词元被先前的模型（这里是编码用户和物品信息）产生的（或与之联合训练的）输入信号所取代。；图 b：文献（Ni et al.，2017）中的生成 – 拼接网络，其在每一步中都输入上下文信息，以帮助模型在许多步中"记住"上下文

12 oz. bottle, excited to see a new Victory product around, **A:** *Pours a dark brown, much darker than I thought it would be, rich creamy head, with light lace.* **S:** Dark cedar/pine nose with some dark bread/pumpernickel. **T:** This ale certainly has *a lot of malt*, bordering on Barleywine. *Molasses, sweet maple* with a clear *bitter* melon/white grapefruit hop flavour. Not a lot of complexity in the hops here for me. Booze is noticable. **M:** Full-bodied, creamy, resinous, nicely done. **D:** A good beer, it isn't exactly what I was expecting. *In the end above average,* though I found it monotonous at times, hence the 3. *A sipper for sure.*

a)

A: *Pours a very dark brown* with a *nice finger of tan head that produces a small bubble and leaves decent lacing* on the glass. **S:** Smells like a nut brown ale. It has *a slight sweetness* and a bit of a woody note and a little cocoa. The nose is *rather malty* with some chocolate and coffee. The taste is strong but not overwhelmingly sweet. The sweetness is overpowering, but not overwhelming and is a pretty strong *bitter* finish. **M:** Medium bodied with a slightly thin feel. **D:** *A good tasting beer. Not bad.*

b)

图 8.9 相同用户和物品的真实评论（图 a）和生成的评论（图 b）（加粗 / 斜体以示强调）

这项工作的扩展将潜在用户和物品表示与可观测的属性相结合（Ni and McAuley，2018）。这样做有助于模型使用更好地捕捉特定物品细节（如电子产品的技术特征）的语言。其提出的进一步应用是使用这种技术来辅助评论生成。例如，该系统不是从头开始生成评论，而是用来帮助用户根据模板或特定要点或属性来写评论，同时仍然遵循他们的个性化写作风格。

8.4.2　案例研究：个性化食谱生成

迄今为止，我们对个性化文本生成的研究主要集中在产品评论上。这在很大程度上是一种偶然性的选择，因为评论语料库是一个广泛可用的用户生成的文本来源。在这里，我们重点介绍另一个具有用户层面交互的文本数据来源，即食谱。

食谱最近作为一种有趣的文本数据来源出现，既用于个性化检索，近期也用于生成（Majumder et al.，2019）。早期系统通过帮助用户搜索其配料针对特定健康状况的食谱来促进与食谱的个性化交互（Ueta et al.，2011）。后来的系统使用明确的规则和配料限制以避免特定的饮食限制来完成同样的任务（Inagawa et al.，2013）。其他面向检索的系统试图帮助

用户在"开放场景"中找到食谱，例如通过搜索与照片相对应的食谱（Marin et al., 2019）。

最近，Majumder 等人（2019）考虑了是否可以使用文本生成框架来合成个性化食谱。在这里，我们的想法是生成与特定用户偏好（或具体地说，他们以前的交互）相一致的新食谱。这种设置有点类似于 8.4 节的设置，其中我们试图根据用户和物品（的表示）来生成个性化文本。在文献（Majumder et al., 2019）中，训练目标是特定用户消费过的食谱集，在此基础上，系统应该输出该用户将消费的另一个食谱（即，生成文本）[⊖]。通过这种方式，该方法可以生成与用户通常会消费的食谱相一致的食谱（例如，在配料和烹饪技术等方面）。图 8.10 是该系统生成的食谱的一个例子。

名称：Pomberrytini；

配料：石榴 – 蓝莓汁、蔓越莓汁、伏特加；

将除了冰块以外的所有配料放入搅拌机或食品加工机中混合。制作成光滑的糊状物，然后加入剩余的伏特加，再搅拌至光滑。倒入冰镇过的杯子中，用少许柠檬和新鲜薄荷进行装饰。

图 8.10   文献（Majumder et al., 2019）的个性化食谱示例

8.4.3   基于文本的解释和证明

迄今为止，我们已经研究了文本的两种应用场景：（1）文本数据作为提高个性化模型的预测准确性的一种手段（见 8.3 节）；（2）文本数据作为预测模型的输出（见 8.4 节）。除了这些应用，文本作为解释模型预测的手段也很有吸引力。

基于文本的解释与机器学习模型的可理解性、可解释性和合理性等更广泛的主题相关。在基于文本的解释中，目标是检索或生成解释模型预测的简短文本片段。这种模型使我们更接近于产生"类人"解释的概念目标，即模仿一个人向另一个人解释决策或推荐的方式。

与上述个性化文本生成模型一样，这一领域的大部分工作都集中在推荐和评论数据集上，因为评分数据可以作为训练个性化解释模型的方便的测试平台。在其他设置中，如基于文本的分类（Liu et al., 2019），也考虑了更广泛的（非个性化的）基于文本的解释的主题。

抽取式的方法 VS 摘要式的方法：论证（和总结）方法可以大致分为抽取式（extractive）和摘要式（abstractive）。"抽取式"的模型使用类似于检索的方法来选择与给定上下文或查询相关的文本片段（如，从训练的语料库中选择）。"摘要式"的方法通过改写语料库或生成方法生成新的文本（见 8.4 节）。

众包解释

在使用生成模型进行基于文本的解释之前，Chang 等人（2016）试图使用众包（crowdsourcing）来生成个性化解释以用于电影推荐。由于众包工人不太可能实时生成推荐，Chang 等人（2016）采用了一种基于模板的方法，其中工人基于用户对特定方面或标记的兴趣生成理由（如，为什么要向喜欢戏剧的用户推荐《Goodfellas》）。为了帮助众包工人编写解释，可以向他们展示与特定标记相关的提取评论片段，并要求他们将这些文本摘要变成连贯的解释[⊖]。

不管众包这种解释的实用性如何，Chang 等人（2016）的主要目标是确认基于文本

⊖ 在实践中，Majumder 等人（2019）将其他元数据（如食谱标题）输入到该方法中，以克服"从头开始"生成食谱的困难。

⊖ 文献（Chang et al., 2016）中的完整流程包括一些额外的细节，例如在几个基于众包的解释中投票选出最佳解释的步骤等。

的解释对用户的整体价值（其中人工生成的解释可以视为某种黄金标准）。他们从效率（efficiency）（让用户了解物品的相关属性）、有效性（effectiveness）（帮助用户决定是否要看电影）、信任（trust）和满意度（satisfaction）等方面来评估基于文本的解释。他们发现，在效率、信任和满意度方面，基于文本的解释比基于标记的解释更受欢迎，但在有效性方面的变化就基本可以忽略不计了。

从评论中生成解释

Ni 等人（2019a）探索了论证生成的摘要式的方法。总的来说，该模型类似于我们探索的用于评论生成的方法，其中训练模型来生成给定用户 / 物品对的评论。Ni 等人（2019a）使用了类似的训练设置，但用于训练的目标文本是被确认为适合作为推荐理由的文本。最终，该文本从评论中获得，其主要挑战是如何在评论文本中识别出适合作为理由的句子。Ni 等人（2019a）认为，与在评论、提示或基于检索的技术上训练的模型相比，在这种获取的文本上训练会产生更有效的解释。

图 8.11 显示了使用不同的技术和训练设置生成的理由示例（来自文献（Ni et al., 2019a））。

方法	类型	输出
个性化检索	抽取式	一份很棒的汉堡和薯条
生成"提示"	摘要式	这个地方太棒了
生成解释	摘要式	早餐三明治总体来说很饱

图 8.11　向特定用户推荐 Shake Shack 的生成理由示例。来自 Yelp 数据（Ni et al., 2019a）

8.4.4　对话式推荐

可以说，在开发上述基于文本的解释或理由的系统时，我们的隐式目标是模仿人类解释或证明其决策的方式。接下来，也许一个理想的交互式推荐系统可以模仿对话的范式。

对话式推荐系统结合了对话生成、可解释性和交互式推荐的思想。"对话"的精确范式差异很大：早期的方法只提供了用户的简单迭代反馈（Thompson et al., 2004），而最近的方法更接近于自由形式的对话（Kang et al., 2019a）。

下面，我们对一些有代表性的方法进行了总结。我们参考了文献（Jannach et al., 2020）中的更全面的综述。表 8.3 总结了本节涵盖的模型。

表 8.3　对话式推荐的方法总结（参考文献：Christakopoulou et al., 2016；Kang et al., 2019a；Li et al., 2018；Mahmood and Ricci, 2009；Thompson et al., 2004）

参考文献	类型	描述
T04	查询优化	引出用户对物品属性的偏好和限制
MR09	强化学习	在每一轮中查询用户的推荐属性；学习选择查询的策略，以有效地产生理想的推荐
C16	迭代推荐	收集关于推荐物品的反馈，以便迭代学习用户的偏好；探索各种查询策略以快速引出偏好
L18	自由形式的对话	收集对话数据，其中"推荐器"推荐电影，"搜索者"提供反馈。训练一个对话式模型来模仿"推荐器"的角色
K19	自由形式的对话和强化学习	与上述类似，但使用强化学习进行训练，使得"推荐器"和"搜索者"交换信息以达成目标推荐

查询优化

早期的对话式推荐方法本质上将"对话"视为一种迭代查询优化（query refinement）。在文献（Thompson et al.，2004）中，用户被问及一些试图确定他们对一组固定属性（如，菜肴类型和价格范围等）的偏好或限制的问题。因此，这样的用户模型只是对潜在的属性值的加权。检索包括选择那些属性与用户偏好最匹配的物品。

其他早期的"对话式"推荐方法本质上是交互式推荐的形式，其中系统可以在每一轮中查询用户或收集用户的反馈（Mahmood and Ricci，2007，2009）。Mahmood 和 Ricci（2009）采用了强化学习的方法进行交互式推荐。在每个步骤中，系统可能会执行一些动作，包括询问用户关于特定属性的更多细节，或询问他们对一组推荐的反馈。强化学习技术根据系统在给定的状态下应该执行的动作来选择最佳的策略。

交互式推荐

Christakopoulou 等人（2016）采用了与上述类似的策略，但将交互式推荐框架与潜在因子模型相结合，类似于我们在第 5 章中研究的那些模型。在这里，目标是使用对话策略来快速推断用户对物品属性 γ_i 的偏好 γ_u。交互包括单边形式的"对话"，其中系统向用户询问关于他们偏好的简单问题。文献（Christakopoulou et al.，2016）的一个主要目标是了解应该向用户提出什么样的问题，以便有效地引出他们的偏好。问题可以是绝对的（询问用户是否喜欢或不喜欢某个物品），或成对的（询问用户喜欢两个物品中的哪一个）。问题选择策略是确定在每个步骤中应该评估哪些物品。策略包括选择随机物品、估计兼容性最高的物品或兼容性最不确定的物品。在每个问题之后，根据问题的回复重新计算兼容性分数，从而形成一个在连续几轮中逐渐变得更准确的模型。

自由形式的对话

最近的方法试图更加严格地遵循对话范式。在理想情况下，对话应该是自由形式的，其中系统的问题和用户的回复都采用自由文本的形式。Li 等人（2018）试图以这种形式来构建针对电影推荐的对话式推荐系统，他们克服的一个主要挑战是为该任务建立适当的真实数据（ground-truth data）。他们的方法建立在以前构建对话数据集的尝试之上，包括专门围绕电影的对话（Dodge et al.，2016）。对话是由扮演推荐器或搜索者的众包工人构建的。推荐器与搜索者之间的对话根据提及的电影和显式反馈（搜索者是否观看过提及的电影、他们是否喜欢这些电影）进行标记。他们收集了大约 10 000 个这样的对话。

在收集了这些数据后，Li 等人（2018）试图训练一个发挥推荐器作用的对话生成模型。他们的解决方案结合了对话生成和推荐系统的思想，因此可以估计用户偏好并控制输出以参考特定的电影。

文献（Li et al.，2018）中的方法的潜在局限性是，它依赖于显式电影提及和反馈来学习用户的偏好，因此他们的方法不能直接地根据一个简单的目标推荐电影，例如用户要求"一部好的科幻电影"。Kang 等人（2019a）试图按照这种"目标导向"的推荐观点来构建对话式推荐器。为了收集数据，他们进行了一个对话游戏，其中搜索者和推荐器（"专家"）都能得到提示的电影集：搜索者的电影集代表他们表面上的兴趣，而专家的集合是电影合集，其中一部电影能匹配搜索者的偏好（根据相似度指标离线确定）。专家的目标是通过反复的对话来确定其中哪部电影符合用户的偏好。Kang 等人（2019a）指出，虽然原则上专家可以简单地列举他们集合中的电影，直到他们找到"正确"的电影，但在实践中这很少发生，而且玩家倾向于进行自由形式的对话，询问一般的属性和质量。

与 Li 等人（2018）一样，Kang 等人（2019a）随后训练了对话代理来进行游戏。在游戏的过程中，专家可以参与对话回合，也可以从他们的集合中选择一部电影，其目标是让专家以尽可能少的动作识别目标电影。

8.5　案例研究：Google Smart Reply

Google Smart Reply 是为 Gmail 开发的系统，用于自动推荐电子邮件的简短回复。给定一个电子邮件线程作为输入，该系统的任务是显示（三个）可能的回复。尽管其最终目标是最大化用户对该功能的使用，但该系统是通过采用大量的线程/回复对的语料库进行训练的，并学习预测用户对给定的电子邮件线程的历史回复（或最大化其可能性）。

作为个性化文本生成的一个案例研究，该系统是有趣的，原因有以下几点：

- 作为个性化机器学习的一种形式，Google 的解决方案没有显式的用户参数。相反，"个性化"是通过从电子邮件线程中已经存在的上下文中学习来隐式完成的。
- 他们在一系列论文中描述了这一问题的两种连续但完全不同的解决方案。第一种是基于序列到序列的语言模型（即文本生成框架），第二种是看起来更简单的基于检索的解决方案。
- 这些研究的其他有趣的方面包括他们如何处理可扩展性、多样性和在给定的上下文中提出回复的适当性等。

文献（Kannan et al.，2016）和文献（Henderson et al.，2017）描述了我们讨论的模型。第一种解决方案（Kannan et al，2016）使用了基于 LSTM 的序列到序列的模型。该模型从原始信息中读取了词元序列，这些词元用于生成隐藏状态，然后用于开始生成目标回复（该模型可用于对预定的回复候选项进行排序，也可用于生成）。在上述两个解决方案中，必须处理以下几个问题：

- 系统必须以训练期间不使用私人/敏感的数据的方式进行训练（同样，解码也不能泄露敏感数据）。
- 在回复候选项中进行选择时，生成的回复必须在语义上是多样化的。即使是语法完全不同的回复，在意图上也可能是多余的。这是使用语义聚类（semantic clustering）方法来实现的。
- 即使是倾向于得到肯定回复的信息，回复候选项也应该是肯定回复和否定回复的组合。
- 最后，该系统应该仅适用于自动回复可能合适的情况。

在后续一篇论文中，Henderson 等人（2017）提出了基于多层感知机的替代方法。总体问题设置是相似的：在给定输入电子邮件的情况下，选择一小组回复。然而，鉴于多层感知机不能生成回复，因此他们收集了一大组回复候选项，使得系统仅负责对回复候选项进行评分或排序。

Henderson 等人（2017）的主要论点是，在仅仅给定足够大的候选回复集的情况下，基于检索的方法具有与基于生成的方法相当的性能，同时明显更简单，并有助于更快的推理（检索）。为了达到预期的效果，他们纳入了一些细节，其模仿了我们在本书中探讨的一些策略，例如：

- 如何使用固定长度的特征来有效地表示文本（电子邮件）。Henderson 等人（2017）使用了基于 N 元语法的词袋表示（见 8.1.2 节）。
- 如何选择负实例（即，不回复的电子邮件）。正如 5.2.2 节所述，我们不能将所有负实例与给定的正实例进行比较，而是必须依赖于采样。
- 如何进行有效的推理（检索）。在通过多层感知机嵌入查询和回复对后，可以通过内积对它们进行评分。因此，寻找最兼容的回复类似于最大化内积搜索，如 5.6 节所示。

最终，该案例研究揭示了（或强化了）这样一个观点，即简单的解决方案通常可以和更复杂的解决方案一样有效，并且复杂的真实世界的系统正是可以通过我们所研究的那种"标准"的技术来开发。

习题

8.1 以下习题可以使用任何包括与数字评分相关的评论的数据集来完成。实现基于词袋模型的情感分析流程，如 8.1 节中的公式（8.2）。你可以按照所提供的代码作为起点来构建一个基于 1000 个最常见的一元语法的模型。

8.2 在从文本中构建特征表示时，必须做出几种选择。扩展习题 8.1 中的模型，并使用验证集，尝试各种建模选择（除了正则化超参数 λ）。可能的建模选择包括以下几种：

- 词典大小。
- 是否使用一元语法、二元语法或两者的组合 ⊖。
- 是否删除大写字母和标点符号，或将标点符号视为独立的单词。
- 是否使用 tf-idf（见公式（8.8））
- 是否处理停用词和词干提取等。

8.3 在 8.2.1 节中，我们介绍了 item2vec 作为物品到物品推荐的替代方法。就像我们在第 4 章（见习题 4.3）中所做的那样，考虑如何使用这种物品到物品的模型来根据用户的历史交互进行推荐，并将其与其他推荐方法进行比较。Gensim 中的几种方法有助于基于交互序列检索相关物品。

8.4 正如在 8.1.4 节中所讨论的，文档的 tf-idf 表示可用于检索在语义上彼此相似的文档。在本习题中，我们将把单个物品的所有评论作为单个"文档"。首先，计算所有物品的 tf-idf 表示，并计算给定的特定查询（如，数据集中第一个物品）的最相似物品（根据 tf-idf 向量之间的余弦相似度）。之后，将此与基于词袋表示计算的相似度进行比较。

8.5 在第 4 章（见习题 4.4）中，我们考虑使用相似度函数来预测用户 / 物品对的评分。调整其中一个预测器（如，公式（4.22）中的预测器），以使用基于文本的物品到物品相似度函数来估计评分，如你在习题 8.4 中开发的函数或习题 8.3 中的 item2vec 模型 ⊖。

⊖ 也就是说，所有的一元语法和二元语法都可以按流行度排序。某些常见的二元语法（如常见的否定）会比某些一元语法具有更高的频率，并纳入模型中。

⊖ 鉴于重复计算高维文本特征的物品到物品相似度可能是相当密集的计算，因此只在用户 / 物品对的小样本上评估你的方法很可能是可行的。

项目7：个性化文档检索

我们在上述习题中开发的模型使用了来自文本的特征，但大多数都不是个性化的。在这里，我们将按照本章中开发的方法，探索如何将这些模型个性化。如同上述习题，该项目可以使用任何涉及评分和用户评论的数据集来完成。

作为起点，我们将构建情感分析的个性化模型，你的模型可以扩展你在习题 8.1 和 8.2 中开发的模型。也许最简单的个性化形式是为每个用户拟合偏置项，就像我们在第 5 章中开发推荐系统时包括的偏置项一样。该项可以解释这样的事实，即一个用户可能认为三星评分是正面的（因此使用肯定的语言），而另一个用户可能认为它是负面的。我们可以通过扩展类似公式（8.2）的模型来纳入这一项：

$$\alpha + \beta_u + \sum_{w \in \mathcal{D}} 计数(w; \mathcal{D}) \cdot \theta_w \qquad (8.19)$$

该模型可以通过以下两种方式来拟合：（1）将用户身份视为独热向量，并将问题视为普通的线性回归问题；（2）通过梯度下降，就像我们在第 5 章开发推荐系统时拟合偏置项一样。

拟合该模型后，研究增加偏置项在多大程度上提高了性能（如，就 MSE 而言），以及它在多大程度上改变了与最肯定和否定的单词相关的权重。

接下来，我们想开发一个更复杂的模型来估计与特定文档（中的单词）的个性化兼容性。为每个用户拟合模型 θ_w 是不切实际的（我们可能没有每个用户足够的交互）。相反，我们可以开发一个模型，根据潜在因子来评估用户与文档的兼容性。我们不是将潜在因子与单个文档相关联，而是将它们与文档中的单词相关联，以扩展公式（8.19）中的词袋模型：

$$\alpha + \beta_u + \sum_{k=1}^{K} \sum_{w \in \mathcal{D}} 计数(w; \mathcal{D}) \cdot \gamma_{u,k} \theta_{k,w} \qquad (8.20)$$

这里，K 本质上是主题的集合，$\gamma_{u,k}$ 测量了用户 u 对主题 k 感兴趣的程度，$\theta_{k,w}$ 测量了单词 w 与主题 k 相关的程度，计数 $(w, \mathcal{D})$ 测量了单词在特定文档中出现的次数。

同样地，上述模型可以通过梯度下降来实现，但也可以考虑如何使用分解机来拟合类似的模型（见 6.1 节）。公式（8.20）本质上捕捉了词嵌入（通过词袋模型）和用户之间的潜在交互 ⊖。

将公式（8.20）中的模型的性能与只有偏置（见公式（8.19））和非个性化（见公式（8.2））的模型的性能进行比较。该模型可以很容易扩展以纳入 N 元语法或来自文本的额外特征。

⊖　粗略地说，我们使用文档的词袋表示来代替公式（6.1）中设计的矩阵中的物品。

视觉数据个性化模型

传统的视觉数据模型处理的是分类、检测或图像生成等问题，尽管大部分方法都不是个性化的：判别模型（分类器、检测器）通常关注的是识别图像中的一些目标标签，而生成模型关注的是学习一个背景分布，用于控制大型数据语料库的整体动态。另一方面，我们的许多决策和交互都可能受到视觉因素的影响，对视觉属性的偏好可能非常主观。

上述情况与我们在第 8 章中介绍文本模型时看到的情况很相似。正如 8.3 节所述，文本可用于提高推荐的准确率和可解释性，在个人偏好明显受视觉信号主导的设置中，视觉数据也同样可以用于提高模型的准确率。

视觉数据在时尚等领域中至关重要。在这些领域中，偏好很大程度上会受到视觉因素的主导。在这种情况下，像推荐这样的问题是高度个性化的，而像物品之间的兼容性等问题则取决于难以精确定义的复杂因素。此外，这种情况下的推荐经常会面临冷启动问题，因为新物品和很少消费的物品是长尾的。

在本章中，我们将首先探讨图像搜索和检索等"传统"设置中的个性化（见 9.1 节）。之后，我们将探讨如何将视觉数据纳入推荐方法（见 9.2 节）。虽然我们的讨论大部分将围绕时尚推荐等领域展开，其中视觉特征发挥着重要作用，但我们也会关注其他视觉引导场景，如艺术和家居装饰。

接下来，我们将探讨涉及视觉数据的新推荐模态。物品到物品或基于集合的推荐在涉及视觉数据的设置中都尤其重要，同样包括时尚中的服装搭配生成等设置（见 9.3 节）。

最后，我们将探讨图像的个性化生成模型（见 9.4 节）。正如我们在第 8 章中看到的生成个性化文本的模型一样，在一些设置中，人们可能希望根据用户的偏好或背景生成个性化的图像，比如个性化设计系统。

9.1 个性化图像搜索和检索

在研究视觉数据在推荐背景中的使用之前，我们有必要简要考虑一下在诸如图像搜索和检索等"传统"设置中视觉数据是如何处理的，以及如何个性化这些设置。我们将探讨两种具有代表性的方法，它们与我们在前几章中看到的方法具有共同之处，即使用潜在因子表示来描述用户和查询，以及使用联合的嵌入。当我们在后面的章节中论述更复杂的个性化模型时，这些相同的主题会再次出现。

潜在因子：Wu 等人（2014）通过识别与特定用户相关的热搜来个性化图像检索。在找到趋势查询（trending query）后（基于文献（Al Bawab et al.，2012）的方法），他们使用潜在因子方法来估计用户和查询之间的兼容性。这种设置是一种隐式反馈（我们只观测到正实例，即历史查询），Wu 等人（2014）采用了类似于我们在 5.2.1 节中看到的实例重加权（instance reweighting）方案。在这里，他们拟合了与用户（γ_u）和查询（γ_q）相关的潜在因子，如下所示：

$$\sum_{u,q} c_{u,q} (R_{u,q} - \gamma_u \cdot \gamma_q)^2 + \Omega(\gamma) \tag{9.1}$$

这里，R 是一个二元交互矩阵，用于记录用户在训练期间是否提交过查询 q。权重矩阵 c 控制了我们的实例重加权策略（见公式（5.19）），其基本思想是，趋势实例应该有较高的重要性。

联合嵌入：在第 8 章中，我们看到使用联合嵌入来捕捉交互和评论数据之间共享的隐藏因子（见图 8.6）。在图像检索设置中也使用了类似的思想，在这种情况下，学习查询 q 和图像 i 之间的共享嵌入：

$$d(q,i) = \|g(q) - g(i)\|_2^2 \tag{9.2}$$

例如，在文献（Pan et al.，2014）中，$g(q)$ 和 $g(i)$ 都是基于（文本）查询特征 f_q 和（视觉）图像特征 f_i 的简单线性嵌入：

$$g(q) = f_q W^{(查询)}; \quad g(i) = f_i W^{(图像)} \tag{9.3}$$

训练 $W^{(查询)}$ 和 $W^{(图像)}$，使得公式（9.2）中的距离可以根据点击数据来最小化。也就是说，带有大量点击的查询/图像对之间的距离应该很小 ⊖。

我们将在 9.3.1 节中看到类似的设置，其中查询图像被投影到一个低维的"风格空间"（见公式（9.8）），以便可以检索到相邻的图像。公式（9.3）中基于查询的检索方法也是基于类似的原理，只是查询特征是从文本中提取的。

9.2 视觉感知推荐和个性化排序

就像我们在第 8 章（见 8.3 节）中看到的文本一样，视觉数据也难以直接纳入推荐系统中，因为其特征表示是高维且稠密的。

涉及视觉内容（如服装）的个性化推荐问题已经研究了数年，其中最初的尝试完全忽略了视觉数据。例如，一个早期的服装推荐系统（Hu et al.，2014）学习用户的"风格"以推荐服装，但其使用"喜欢"而不是任何视觉特征的分析来实现。同样地，YouTube 的早期推荐方法（Davidson et al.，2010）是基于共同访问的启发式的"相关度分数"（本质上是一种基于邻域的方法，如 4.3 节），尽管模型中包括一些基于视频元数据的特征。较新的解决方案（基于深度学习）采用了更复杂的候选项生成和排序策略，但其同样很少使用显式的视觉信号（Covington et al.，2016）。

下面，我们重点介绍一些将视觉数据显式纳入推荐和个性化排序模型中的主要方法。

视觉贝叶斯个性化排序

将视觉信号纳入排序模型的最初尝试遵循 5.2.2 节的贝叶斯个性化排序框架，以纳入观测到的与每个物品相关的图像特征 f_i，如产品图像。也就是说，我们想要定义一个兼容函数 $x_{u,i,j} = x_{u,i} - x_{u,j}$（如公式（5.24）），以估计两个物品 i 和 j 哪个更符合用户的偏好。

从简单的基于潜在因子的兼容模型开始，我们可能首先考虑简单地用我们观测到的图像

⊖ 注意，该方法假设查询和点击数据在训练时是可用的，这大概是来自不基于视觉嵌入的方法。

特征替代（潜在）物品表示 γ_i，即：

$$x_{u,i} = \alpha + \beta_u + \beta_i + \gamma_u \cdot f_i \tag{9.4}$$

这样，γ_u 将确定哪些特征与每个用户最兼容（事实上，这是一个线性模型，如第 2 章）。虽然在概念上是合理的，但一旦我们考虑到图像特征通常是非常高维的，那么这样做的问题就变得很明显。例如，下面研究中使用的视觉特征（从 ImageNet 中提取）是 4096 维的。因此，将它们直接纳入 $x_{u,i}$ 中，如公式（9.4），将需要为每个用户拟合数千个参数，这在每个用户通常只有数十个交互的数据集中是不可行的。

视觉贝叶斯个性化排序（He and McAuley，2015）试图通过矩阵 E 将图像投影到低维嵌入空间中来解决这个问题。这里，E 是 $|f_i| \times K$ 矩阵（如 $4096 \times K$），其将图像投影到一个 K 维空间中。在此之后，投影的图像维度可以与用户的偏好维度相匹配：

$$x_{u,i} = \alpha + \beta_u + \beta_i + \gamma_u \cdot (Ef_i) \tag{9.5}$$

注意，投影特征 Ef_i 的作用与 γ_i 在典型的潜在因子模型中的作用基本相同，只是它们是根据特征而不是历史交互来学习的（因此，可用于冷启动设置）。

注意，Ef_i 是学习到的嵌入，对其拟合是为了最大化观测到交互的概率，正如公式（9.5）中的其他项一样。还需要注意的是，虽然 E 是高维的（若 $|f_i| = 4096$，$K = 10$，则将会有大约 40 000 个参数），但它是在所有物品中共享的全局项。因此，对于一个足够大的数据集，它只占模型参数的很小一部分。

因为嵌入是低秩的，我们假设用户对这些视觉维度的偏好可以通过少量的因子来解释。虽然这与"标准"的潜在因子模型（见公式（5.10））的假设类似，但我们进一步假设这些因子可以通过视觉维度来解释。然而，在实践中，可能有几种潜在因子无法用视觉特征来解释（如受价格、材料和品牌等影响的因子）。为了解决这个问题，原论文中同时包括潜在物品因子 γ_i 和视觉物品因子 Ef_i：

$$x_{u,i} = \alpha + \beta_u + \beta_i + \overbrace{\gamma_u(Ef_i)}^{\text{视觉偏好维度}} + \underbrace{\gamma_u' \cdot \gamma_i}_{\text{潜在偏好维度}} \overbrace{\beta^{(f)} \cdot f_i}^{\text{视觉偏置}} \tag{9.6}$$

相应地，这里有两组用户项：解释对视觉因子的偏好的 γ_u 和解释对非视觉因子的偏好的 γ_u'。直觉上，这两项将根据物品的"冷门"程度发挥不同的作用：对于"冷门"的物品，视觉特征将比潜在因子更可靠；而对于"热门"的物品（即，具有许多相关交互的物品），γ_i 将能够捕捉额外的非视觉维度。公式（9.6）还包括一个"视觉偏置"项 $\beta^{(f)} \cdot f_i$（$\beta^{(f)}$ 是一个 $|f_i|$ 维的向量），其能够估计冷启动场景中的物品偏置。

要有效实现这样的算法，还需要考虑其他一些因素。例如，随机访问（高维）图像特征（如，在随机梯度下降算法中）会导致较差的缓存性能，并且计算投影 Ef_i 的成本很高。在实践中，这些问题可以通过以下方式来处理，即预先计算所有投影 Ef_i（这可以作为单个矩阵 – 矩阵的乘积来计算），并仅在梯度下降过程中定期更新 E。

视觉贝叶斯个性化排序在物品只有很少相关交互的设置中是有效的（He 和 McAuley（2015）指出这在时尚推荐场景中是常见的）。在原论文中，该模型是在 Amazon 的服装数据集和服装交易数据集（Tradesy）上阐释的。后者尤其具有挑战性，因为交易的物品并没有很长的交易历史，这意味着模型的预测必须主要依赖于视觉信号。

时尚趋势的视觉演变建模

He 和 McAuley（2016）将上述来自视觉贝叶斯个性化排序的思想扩展到了时序动态场景。在这种设置中对时序动态进行建模是有趣的，这部分是因为（如）服装购买的时序变化模式与其他设置中的成功模式不同，如在 Netflix（见 7.2.2 节）中。这种模型作为一种分析时尚随时间的历史趋势的手段是有趣的。

He 和 McAuley（2016）的主要想法是简单地将训练数据集分成一系列的轮次（epoch），其中每个轮次都有自己的参数。这些轮次有点类似于 Netflix 中用于建模长期时序动态的"区间"，但一个关键的区别是区间大小是可变的，并以学习到的间隔替换（使用动态规划过程）；鉴于模型有大量的参数，这有助于确保在时序变化不大的时间段内使用较少的区间，而在变化较大的时间段内使用更多（和更小）的区间。

9.3 案例研究：视觉和时尚兼容性

在 9.2 节中，我们看到了如何使用视觉感知推荐系统将物品（或物品的图像）与用户偏好相匹配。在第 4 章（见 4.3 节）中，我们讨论了几种考虑物品之间相似度的推荐方法，这些方法指导了"物品到物品"的推荐方法（如，"购买过 X 的人也购买过 Y"）。在这里，我们希望开发类似的方法来建立物品之间的视觉相似度（或兼容性）。与我们在 4.3 节中所做的基于交互历史的相似度不同，这里我们可以直接基于物品的视觉外观构建相似度。

许多关于视觉兼容性的研究都特别关注时尚图像。在这种领域中，估计兼容性显然可以应用于一些具体任务，如服装搭配生成或推荐，甚至是生成互相兼容的物品的"衣柜"。更简单地说，在时尚等场景中，过去的交互或购买的视觉兼容性是未来交互强有力的预测因素。

使该问题变得困难的一些具体特点（不同于其他形式的物品到物品的推荐）如下所示：

- 构建作为视觉兼容性的"真实"数据集是具有挑战性的，即已知的"很搭配"的物品对。
- 除此之外，任何兼容物品的真实值必然是具有很多噪声且高度主观的。成功的方法需要考虑到这些挑战，并可能以个性化的方式学习兼容性。
- 在时尚等场景中，使物品在视觉上兼容的特征可能是微妙的，而且可能与共同购买的数据中的信息，甚至与大多数视觉特征描述符中的信息有很大的差异。
- 最后，"兼容性"的概念在语义上与"相似度"完全不同。例如，搭配的服装应该在某些方面是相似的，但在其他方面是互补的。

解决这些问题的方法主要是在对上述问题的具体解决方案上有所不同。我们在下面描述了几种关键的方法。

9.3.1 从共同购买中估计兼容性

早期估计视觉兼容性的方法是从共同购买中构建数据集，如使用来自 Amazon 的公开可用的评论数据集。

McAuley 等人（2015）从 Amazon 的推荐界面中爬取数据（"购买过 X 的人也购买过 Y"等），并就服装而言，将这些视为视觉上兼容的物品的"真实"示例。

在定义了这样的兼容函数之后，我们的目标是学习合适的距离函数，使得经常共同购买的物品倾向于比其他物品更接近。然后，在简单的二元分类框架（类似于对数几率回归）中使用该距离函数进行预测：

$$p(i 与 j 共同购买) = \sigma(c - d(i, j)) \tag{9.7}$$

在第 7 章中，我们考虑了如何为下一个兴趣点推荐等问题学习距离函数（见 7.5.3 节）。当这样做时，物品和用户通过参数 γ 投影到潜在空间中。为了推荐兼容的服装，我们可以直接使用从 i 和 j 的产品图像中提取的特征：首先，通用的视觉特征容易获得，并且可能在时尚兼容场景中提供有用信息；其次，在冷启动设置中依赖特征是可取的，这在物品词汇量大且不断变化的设置（如时尚）中可能很常见；再次，仅仅基于视觉特征的模型可以更直接地转移到没有用户数据的设置中。

给定与物品 f_i 和 f_j 相关的图像特征，McAuley 等人（2015）讨论了建立视觉相似度的几种策略。一般来说，我们可以直接考虑 f_i 和 f_j 之间的（平方）距离（即，$\left\| f_i - f_j \right\|_2^2$），但通用的图像特征可能不会专注于与时尚相关的属性。

第二种解决方案是学习一个加权的距离函数，以发现哪些特征是相关的，并丢弃那些不相关的特征，即 $\sum_k w_k \left(f_{i,k} - f_{j,k} \right)^2$。然而，有人认为，在时尚场景中，"兼容性"不能通过对特征之间的相似度进行建模来捕捉。例如，用户一般不会因为一件衬衫看起来与一条裤子"相似"而选择它。为了解决这个问题，他们提出了将图像投影到低维的"风格空间"的相似度函数：

$$d(i, j) = \left\| s_i - s_j \right\|_2^2; \quad 其中 \quad s_i = E \times f_i \tag{9.8}$$

在文献（McAuley et al.，2015）中，f_i 是从 ImageNet（Jia et al.，2014）上训练的模型中提取的 4096 维的图像描述符。E 是一个 $4096 \times K$ 的向量，其中 K 是某个小的嵌入维度（大约 $K = 10$）。最终，嵌入向量 $s_i = E \times f_i$ 类似于先前模型中的潜在因子 γ_i，从某种意义上说，它捕捉了解释共同购买变化的潜在维度。

然后，使用互补对的数据集 $\mathcal{C}$ 和非互补对的集合 $\mathcal{C}^-$（在实践中是随机采样的）来训练该方法。接着使用类似于对数几率回归的设置来训练该模型，以区分互补对和非互补对：

$$\underbrace{\sum_{(i,j) \in \mathcal{C}} \log \sigma(c - d(i, j))}_{互补对} + \overbrace{\sum_{(i,j) \in \mathcal{C}^-} \log(1 - \sigma(c - d(i, j)))}^{非互补对} \tag{9.9}$$

最后，尽管该方法主要是为物品到物品的推荐而设计的（因此不是个性化的），但可以通过增加用户潜在向量 γ_u 来开发一个个性化的版本，其中 γ_u 编码了该"风格空间"的哪些维度对每个用户是重要的：

$$d_u(i,j) = \sum_k (\gamma_{u,k} s_{ik} - \gamma_{u,k} s_{jk})^2 \tag{9.10}$$

（在这种情况下，该模型是在每个用户 u 共同购买物品的三元组 (u,i,j) 上训练的。）

McAuley 等人（2015）指出，这种模型可以有多种用途。首先，它可以准确预测共同购买，特别是当预测是个性化的。第二，使用图像数据可以有效地可视化模型参数，即确定解释用户"风格"差异的主要维度。最后，由于该模型（如公式（9.8））仅将图像作为输入，因此它可以被迁移去评估原始训练数据之外的服装搭配的兼容性（也可以说是"时尚性"）。

Veit 等人（2015）利用相同的共同购买数据来解决相同的任务，但直接从"像素级"做起，即通过训练卷积神经网络而不是使用预训练的图像表示。图 9.1 描述了这种架构：两个标签为"兼容"或"不兼容"的输入图像（物品），传递给两个 CNN，其中这两个 CNN 共享相同的参数。CNN 学习两个物品的低维表示 $\phi(x)$ 和 $\phi(y)$；这些本质上等价于公式（9.8）的"风格空间"嵌入，只是它们是从像素级学习的，因此有可能捕捉到预训练表示中没有的细微特点。与公式（9.8）一样，该模型被训练来学习一个指标，使得兼容物品具有邻近的嵌入，而不兼容的物品则没有。

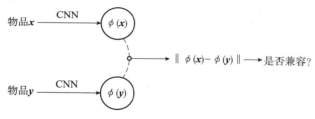

图 9.1　物品 - 物品兼容性的基本孪生设置

He 等人（2016a）表明，通过对"查询"物品 i 和"目标"物品 j 使用单独的嵌入，可以在时尚场景中提高预测性能，即：

$$d(i,j) = \left\| \gamma_i - \gamma'_j \right\|_2^2 \tag{9.11}$$

重要的是，通过使用两个不同的潜在空间，"兼容性"不需要遵循度量空间的假设，例如，物品不需要与自己兼容。通过这种方式，在匹配物品时，模型可以学习到哪些方面应该系统地不同，如蓝色裤子搭配棕色鞋子。

9.3.2　在开放场景的图像中学习兼容性

上述论文表明，在预测时尚等领域中的共同购买时，视觉数据是有效的。然而，这种模型是否真的能学习到有用的"时尚性"概念是有待商榷的。首先，共同购买是一个具有很多噪声的指标，其表明的是两个物品是否兼容：在实践中，一个账户上的两次购买甚至可能不是同一个用户的。其次，这种数据集中的图像（如，Amazon 的产品图像）不是"原始"的图像（它们通常是白色背景上缩放的、居中的物体），所以可能难以捕捉（如）照片中服装搭配的时尚性。

Kang 等人（2019b）试图通过开发直接在"原始"图像上操作的时尚性模型来解决这一问题。在训练时，该方法包括已知的包含特定物品的图像（或"场景"）；每个物品也都有一个与 9.3.1 节中图像类似的"清晰"的产品图像。其基本思想是，该物品必须与场景中的其他物体兼容。

为了构建一个训练集，从每个训练图像中裁剪出已知的物品，并生成不包含已知物品但应该包含兼容物体的场景图像。最终，这意味着我们有一组训练对，包括一个物品和一个已知与该物品兼容的（裁剪过的）场景（但不包含该物品）。从这里可以通过学习场景（s）和产品（p）图像之间的关系来估计时尚兼容性：

$$d(s,p) = \|f(\boldsymbol{s}) - f(\boldsymbol{p})\|_2^2 \tag{9.12}$$

与公式（9.8）非常类似，该距离函数是基于场景和产品图像的学习到的嵌入。这些嵌入与 9.3.1 节中使用的嵌入存在一些差异，主要是考虑到场景图像可能包含大量不相关的物体这一事实。重要的是，该方法使用了注意力机制（如 7.7.2 节，另见文献（Xu et al.，2015）），其用于识别场景图像中与兼容性检测相关的区域。例如，在户外图像中，注意力机制可以学习关注图像中的人和他们的服装搭配，而忽略周围场景中的"背景"物体。

注意，上述模型最终不是个性化的模型，即没有与单个用户相关的参数。然而，从个性化的视角来看，该系统可以说比 9.3.1 节中的系统更有用，因为它允许用户上传自己的图像，并收到与他们个人风格相匹配的推荐。因此，它是上下文感知或非参数个性化的一个示例。

除了关于个性化时尚的实验，Kang 等人（2019b）还表明同样的技术可用于其他场景中的互补物品推荐，如根据客厅中的物品推荐兼容的家具。

9.3.3 生成时尚衣柜

上述论文考虑了物品之间的成对兼容性，将其作为选择一组物品的代理，这些物品将形成兼容的服装搭配。

Hsiao 和 Grauman（2018）考虑了更具挑战性的问题，即找到可用于生成兼容服装搭配的物品集合（称为"胶囊衣柜"）。他们对"衣柜"的具体概念是属于固定类别（或"层"）的一组物品，如上衣、下装和外套。一个好衣柜的品质是它应该能够生成许多服装搭配，也就是说，大量的物品集应该是相互兼容的。同时，一个衣柜应该有多种多样的物品（如，许多几乎相同的牛仔裤和 T 恤会形成许多服装搭配，但不会是一个好的衣柜）。

首先，他们定义了一种度量标准，以确定单一服装搭配中物品的兼容性。具体方法基于主题建模。本质上，服装搭配由低维向量表示；该向量的每一维度又对应于某些视觉属性的混合（如，服装搭配维度可能对应于"花卉图案"，同时该维度可能与描述外观、形状和剪裁等视觉属性相关 ⊖）。如果一组物品的集体属性与训练中的服装搭配的属性相似，那么就可以说这组物品构成了一套好的服装搭配。

Hsiao 和 Grauman（2018）探讨了这些交互的组件（例如服装搭配、衣柜、多功能性以及这些组件的个性化）之间的关系，并制定了优化方案来规避问题的组合性质。

也许 Hsiao 和 Grauman (2018) 最重要的贡献只是创造性地使用了训练数据，并形式化了一组物品在兼容性方面"良好"的含义。他们认为，这种模型和训练程序比其他依赖于成对兼容关系的技术更可取。基于主题模型的方法产生了关于服装搭配的整体质量的综合概念，同时可以在完整的服装搭配图像上进行训练，而不是从共同购买中收集训练数据（如 9.3.1 节），因为这样可能会受到噪声或其他不代表真正的时尚兼容性的影响。

⊖ "服装搭配"和"属性"大致类似于原始主题模型公式中的"文档"和"单词"（Blei et al.，2003）。

9.3.4　时尚之外的领域

时尚物品的视觉动态通常是个性化视觉模型研究的重点，但时尚并不只是视觉特征发挥关键作用的唯一领域。

一些其他研究者试图研究在相关领域中的个性化视觉动态。Bell 和 Bala（2015）学习了从 Houzz 收集的家居装饰品的视觉兼容模型。该模型类似于我们在 9.3.1 节中研究的时尚兼容模型，其主要目标是通过孪生神经网络（siamese network）学习图像之间的相似度函数。在训练时，该问题本质上是一种视觉搜索：也就是说，给定一个包含物品的场景，识别该物品。这是通过在图像对的数据集上训练来实现的，其中一个图像是场景中的物品，另一个图像是清晰（或"标志性"）的产品图像。因此，学习到的距离指标只是试图将原位图像和清晰图像映射到同一点。尽管该任务的主要应用是视觉搜索（即，在该图像中找到物品，或找到包含该物品的图像），但他们也讨论了利用学习到的指标的其他潜在应用，如识别跨类别的风格兼容物品。

Kang 等人（2019b）也将他们的模型（我们在 9.3.2 节中所研究的）调整为家具 / 家居装饰推荐问题。该技术与 9.3.2 节中描述的技术本质相同，只不过其是在来自 Pinterest 的室内设计和家居装饰品的数据集上进行训练的。在这里，该方法不是估计形成一套服装搭配的物品（通过在训练期间从场景中保留该物品），而是用于识别场景中与其他物品视觉上兼容（或互补）的家居装饰品。

He 等人（2016b）在艺术推荐的背景下考虑了视觉动态。他们的设置是一个在线艺术社区（Behance），其中个性化偏好可能会受到各种视觉、时序或社交因素的影响。从本质上讲，其建模方式类似于用于建模时尚的时序动态，即通过将预训练的图像嵌入与各种特定应用的时序动态相结合。他们的时序模型的主要组件是基于马尔可夫链的方法（如 7.5 节），其中交互主要受最近的上下文的影响。He 等人（2016b）还观察到，艺术推荐具有重要的社交组件，因此可以根据艺术家的身份和艺术本身来估计偏好（见 6.3.2 节）。

9.3.5　可替代和互补产品推荐的其他技术

虽然大部分关于可替代和互补物品推荐的工作都是由时尚应用推动的（其中，这种推荐可以自然地用于生成服装搭配等），但其他一些工作已经更广泛地考虑了这个问题，其要么考虑了不同的数据模态（除了视觉特征），要么考虑了除时尚之外的场景中的互补性。

学习非度量的物品关系

Wang 等人（2018）也研究了推荐可替代或互补产品的问题，其对我们上述研究的方法进行了一些修改。

首先，正如我们在 9.3 节中所看到的，一个好的互补性产品推荐模型应该认识到"互补性"在理想情况下不应该被相似度函数所捕捉到。也就是说，互补的物品具有系统性的不同特点，特别是物品与其本身不是互补的。

按照这个逻辑，我们可以为互补对 i 和 j 训练一个包括两组因子 γ_i 和 γ'_j 的互补模型 ⊖（类似于公式（9.11））：

⊖　注意，在实践中，互补对 $i \to j$ 是有向的。例如，大部分相机购买与存储卡配对，而只有小部分存储卡购买与相机配对。

$$\underbrace{\sum_{(i,j)\in\mathcal{C}}\log\sigma(\boldsymbol{\gamma}_i\cdot\boldsymbol{\gamma}_j')}_{\text{互补对}}+\overbrace{\sum_{(i,j)\in\mathcal{C}^-}\log\sigma(\boldsymbol{\gamma}_i\cdot\boldsymbol{\gamma}_j')}^{\text{非互补对}} \tag{9.13}$$

他们还提出了其他几个扩展，主要是为了处理数据稀疏问题和冷启动场景。Wang 等人（2018）利用了关于可替代物品的具体语义知识。例如，如果互补对倾向于属于特定的子类别（如，衬衫通常与牛仔裤搭配），那么这将作为一个弱信号，表明这些类别中的其他产品也是互补的。同样地，可替代关系也可能是可传递的，也就是说，如果 i 可以替代 j，j 可以替代 k，那么 i 可能可以替代 k。这些类型的各种"软"约束最终有助于提高性能。

多样化互补物品推荐

尽管互补推荐的目的与查询物品不同，但这并不一定意味着所推荐的互补物品是彼此不同的。例如，只推荐 T 恤作为牛仔裤的互补可能没有用；相反，我们可能希望推荐衬衫、腰带和鞋子等的组合。

虽然我们将在第 10 章中再次深入讨论多样性的概念，但在这里我们讨论一些在互补物品推荐的特定背景下考虑该问题的方法。

He 等人（2016a）认为，一组好的互补物品可以表示为不同概念或兼容"模式"的结合体 c。他们从物品 i 和 j 之间的简单成对兼容模型开始，如下所示：

$$d_c(i,j)=\left\|\boldsymbol{\gamma}_i-\boldsymbol{\gamma}_j^{(c)}\right\|_2^2 \tag{9.14}$$

其中，$\boldsymbol{\gamma}_i$ 和 $\boldsymbol{\gamma}_j^{(c)}$ 是基于图像嵌入的因子。这类似于公式（9.8）的模型，尽管该模型包括"查询"物品 i 和互补物品 j 的单独嵌入 $\boldsymbol{\gamma}$ 和 $\boldsymbol{\gamma}^{(c)}$；使用单独的嵌入打破了 i 和 j 之间的对称性，这对互补物品来说是可取的 [⊖]（如，物品不应该与其自身互补）。

接下来，他们指出，公式（9.14）只捕捉了兼容性的单一概念。如果使用这样的函数来训练模型，这大概会对应于数据中主要的兼容模式，但不会是多样化的。为了解决这个问题，他们提出了将数据中的兼容关系视为几个相互竞争的概念的概率混合。该想法借用了被称为混合专家（Mixture of Expert，MoE）的数学框架（Jacobs et al.，1991）。具体来说：

$$d(i,j)=\sum_{c=1}^{C}\underbrace{p(c\,|\,i)}_{\text{兼容函数}c\text{与查询}i\text{的相关性}}\cdot d_c(i,j) \tag{9.15}$$

这里，$p(c\,|\,i)$ 测量的是哪些类型的兼容关系 $d_c(i,j)$ 最可能与查询物品 i 相关。虽然写成概率的形式，但可以更简单地认为它是一个用不同权重组合兼容关系的函数，则有：

$$p(c\,|\,i)=\frac{\exp(\boldsymbol{\theta}_c\boldsymbol{f}_i)}{\sum_{c'}\exp(\boldsymbol{\theta}_c\boldsymbol{f}_i)} \tag{9.16}$$

其中 $\boldsymbol{f}_i$ 是描述图像 i 的特征向量，$\boldsymbol{\theta}_c$ 是与第 c 个兼容函数相关的参数向量。

最终，该模型为每个物品（以及查询嵌入 $\boldsymbol{\gamma}_i$）学习到了 C 个独立的嵌入 $\boldsymbol{\gamma}_i^{(c)}$，其中每个都对应于不同的兼容性或"互补性"概念。原则上，这意味着模型能够捕捉同时交互的几种

⊖　因此，公式（9.14）不再是一个距离函数。

不同的兼容模式。在测试时，兼容物品的不同列表可以根据其相关性$p(c|i)$从不同的兼容函数$d_c(i,j)$中采样得到。

纳入物品类型

Hao等人（2020）指出，通过显式地使用可用的类别数据可以实现互补产品推荐的准确率和多样性。该方法不是直接预测哪些物品j与查询物品i兼容，而是首先尝试估计几个类别中的哪些与给定查询相关。在此之后，该方法通过几个特定类别的兼容函数来生成互补物品，这类似于公式（9.14）中的$d_c(i,j)$。

9.3.6　在TensorFlow中实现兼容模型

我们在上一节中见到的大多数兼容模型在预训练的图像特征上实现起来相对简单。

下面我们假设特征矩阵X，使得x_i是描述物品i的图像特征（如，文献（He and McAuley，2015）中的ImageNet的特征），并且每一个(i,j)对与确定这一对是兼容（$y=1$）还是不兼容（$y=0$）的标签y相关。然后，该模型通过$s_i = E_i x_i$和$s_j = E_j x_j$将图像投影到"风格空间"中（类似于公式（9.5））。在这里我们使用了两个独立的嵌入，以便模型可以学习到不对称的关系。最后，我们通过$\sigma(c-d(s_i - s_j))$来评估兼容性（类似于公式（9.9））：

```python
1   class CompatibilityModel(tf.keras.Model):
2       def __init__(self, featDim, styleDim):
3           super(CompatibilityModel, self).__init__()
4           # 查询物品（Ei）和目标物品（Ej）的嵌入
5           self.E1 = tf.Variable(tf.random.normal([featDim,
               styleDim],stddev=0.001))
6           self.E2 = tf.Variable(tf.random.normal([featDim,
               styleDim],stddev=0.001))
7           # 公式（9.9）中的偏移项
8           self.c = tf.Variable(0.0)

10      def predict(self, x1, x2):
11          # γi 和 γj 的风格空间嵌入
12          s1 = tf.matmul(x1, self.E1)
13          s2 = tf.matmul(x2, self.E2)
14          return tf.math.sigmoid(self.c - tf.reduce_sum(tf.
               math.squared_difference(s1,s2)))

16      # 给定图像特征x1和x2，以及标签y（0/1）
17      def call(self, x1, x2, y):
18          # 公式（9.9）的简写
19          return -tf.math.log(self.predict(x1,x2)*(2*y - 1) -
               y + 1)

21  model = CompatibilityModel(4096, 5)
```

同样地，我们可以修改代码以使用基于内积的兼容性：

```python
22  def predict(self, x1, x2):
23      s1 = tf.matmul(x1, self.E1)
24      s2 = tf.matmul(x2, self.E2)
25      return tf.math.sigmoid(self.c - tf.matmul(s1,tf.
           transpose(s2)))
```

最后，我们通过从训练集中采样的兼容和不兼容的配对并计算梯度来训练模型 ⊖ ：

⊖　虽然该示例足够简单，训练相对较为快速，但一些方法可以使得该代码更有效率。例如，可以同时计算 X 中所有图像的嵌入。

```
26    def trainingStep(compat):
27        with tf.GradientTape() as tape:
28            (i1,i2,y) = random.choice(compatiblePairs)
29            x1,x2 = X[i1],X[i2]
30            objective = model(x1,x2,y)
31        gradients = tape.gradient(objective, model.
                trainable_variables)
32        optimizer.apply_gradients(zip(gradients, model.
                trainable_variables))
```

9.4 图像的个性化生成模型

在第 8 章中，我们从两个方向考查了文本个性化模型：首先，我们在预测任务中使用文本，例如，我们看到了文本如何用于回归问题（见 8.1 节），以及提高推荐系统的性能（见 8.3 节）；其次，我们看到了如何个性化文本生成模型（见 8.4 节），即生成符合用户写作风格或偏好的文本。

同样地，到目前为止，我们对视觉数据的讨论也考虑了使用图像来提高预测性能。我们值得花一点时间来探索如何个性化图像生成模型。

简而言之，我们将考虑扩展的基本框架是生成对抗网络（Generative Adversarial Network，GAN）。

生成对抗网络是一种无监督的学习框架，其中两个组件"竞争"以生成看起来逼真的输出（特别是图像）（Goodfellow et al.，2014）。其中一个组件（生成器）进行训练以生成数据，而另一个组件（判别器）进行训练以区分真实和生成的数据。因此，生成的数据被训练得看起来"逼真"，从某种意义上说它们与数据集中的真实数据没有区别。这种系统还可以以额外的输入为条件，以便对具有某些特征的输出进行采样（Mirza and Osindero，2014）。

图 9.2 描绘了生成对抗网络的基本设置。其中，$x_{真实}$是从数据集中采样的图像，而$x_{生成}$是生成的图像。将图像x输入到判别器$D(x)$，让其预测该图像是数据集中的样本还是合成图像。对于图像生成，判别器通常是一种卷积神经网络（CNN），而生成器是一系列反卷积操作，本质上是通过与 CNN 类似的原理来操作的，但方向相反。生成器将潜在编码z作为输入，这是一个允许生成器产生不同图像的随机输入（z本质上是一个描述图像数据中的变化模式的流形，以捕捉训练数据集中的变化）。判别器D和生成器G同时进行训练，使得生成器逐渐变得更擅于生成能够"欺骗"变得越来越好的判别器的图像。

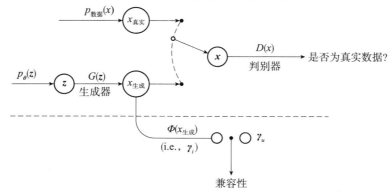

图 9.2 生成对抗网络（GAN）和个性化 GAN 的基本设置。虚线上方的组件描述了"标准"GAN 设置，其中生成器与判别器相互竞争，以生成与真实数据无法区分的图像。虚线下方的组件用于开发个性化 GAN，以促使生成的图像与特定用户兼容

上述类型的架构已经用于生成各种逼真的图像，包括艺术作品、服装和人脸。Kang 等人（2017）试图开发可以生成捕捉单个用户偏好的图像的个性化 GAN。

他们的方法本质上是将 GAN 框架和个性化的图像偏好模型相结合，这类似于视觉贝叶斯个性化排序。图 9.2 描述了这一基本思想。一旦训练好 GAN（如上所述），由给定的潜在编码生成的图像 $G(z)$ 就会传递给判别器 (D) 和个性化偏好模型。对于偏好模型，图像由 $\Phi(G(z))$ 表示，这类似于 γ_i 或公式（9.5）中的 $\boldsymbol{Ef_i}$，但不同于 VBPR，合成的图像不与任何特定物品 i 相关。接着，通过 $\gamma_u \cdot \Phi(G(z))$ 来估计用户对该合成图像的偏好。最终，个性化 GAN 的目标是生成的图像应该同时看似真实（根据 $D(G(z))$）且是用户所希望的（根据 $\gamma_u \cdot \Phi(G(z))$）：

$$\arg\max_z \underbrace{\gamma_u \cdot \Phi(G(z))}_{\text{用户对生成图像的偏好}} - \overbrace{\eta(D(G(z))-1)^2}^{\text{生成图像的“真实性”}} \qquad (9.17)$$

Kang 等人（2017）认为，上述模型可用于多个方面。最直接的是，它可用于生成符合单个用户偏好的设计（或图像）。公式（9.17）可直接修改以找到用户群的最佳设计（如，通过对用户 $\sum_u \gamma_u \cdot \Phi(G(z))$ 取平均值）。另外，给定一个现有的图像（而不是生成的图像 $G(z)$），公式（9.17）（或者说，它的梯度）可以用来对图像的局部修改提出建议，使其更适合用户或群体。

习题

9.1   从 9.3.6 节的代码开始，使用一个小型的兼容（和不兼容）对的数据集（例如，Amazon 的服装产品，如文献（McAuley et al.，2015）），建立一个估计兼容关系的流程（如，"也购买过"或"也浏览过"产品）。调整模型（如，在嵌入维度和正则化等方面）并测量其准确率（根据其成功区分兼容和不兼容物品的能力）。

9.2   习题 9.1 的模型是基于 $\|s_i - s_i'\|_2^2$ 形式的距离（相似度）函数。注意，这个相似度函数的具体选择并没有什么特别之处（正如 5.5.1 节所述）。考虑该模型的变体是否会带来更好的性能，例如：

- 平方距离是否比内积或其他距离函数的选择更可取？

- 9.3.6 节中的模型通过 $s_i = \boldsymbol{Ef_i}$ 将图像特征 $\boldsymbol{f_i}$ 嵌入到潜在空间中。这是否优于纯粹的潜在嵌入（γ_i）？对于冷门和热门的物品来说，它们之间的比较情况如何？

- 不同类别可以有不同的兼容性语义。对每个类别学习不同的嵌入 $\boldsymbol{E_c}$ 是否有用？

9.3   学习图像之间的兼容函数的一个具有挑战性的方面是生成负样本（即，被认为是不兼容的物品对）。如果我们简单地通过随机选择不兼容的物品来生成样本，我们可能会学习到一个仅仅能预测例如男士的鞋子往往与女士的衣服不兼容的简单的解决方案。换句话说，该模型可能学会的只是间接地对物品分类。这种模型可能是准确的，但却很难学习到哪些组合是时尚的语义。另外，你可以尝试训练一个兼容模型，它为每个正样本（兼容的）对 (i, j) 选择一个更有挑战性的负样本对 (i, k)，其中 k 与 j 具有相同的类别。这将使得模型依赖于颜色、纹理和图案等方面，而不是简单地学习对物品分类。通过训练两种模型（随机采样和类别内采样）来评估你的解决方案，并比较它们在类别内的测试集上的性能。

9.4 在研究时尚兼容性等概念时（或者，在推荐系统中的任何潜在物品表示），探讨学习到的表示是否在语义上与我们直觉上的相似度概念相对应是值得的。为了评估这一点，将潜在物品表示 γ_i 在两个维度上可视化是有用的（为了可以绘制这些表示）。在图 8.5 中，我们只是简单地通过学习二维物品表示来做到这一点，尽管这样做我们很可能是在可视化一个次优模型。目前，有各种技术可以学习距离保持的嵌入，以实现数据的可视化 ⊖。下面我们展示了通过 t-SNE（McInnes et al.，2018）嵌入表示矩阵的代码：

```
1  import numpy as np
2  from sklearn.manifold import TSNE
3
4  X_embedded = TSNE(n_components=2).fit_transform(X) # X
         是所有物品表示 γᵢ 的矩阵
```

使用这种（或其他嵌入）策略，将你在上述习题中拟合的嵌入可视化。为了理解这些嵌入的语义，按类别（如图 9.3 所示）或其他一些特征（价格和品牌等）将它们可视化可能是有用的。

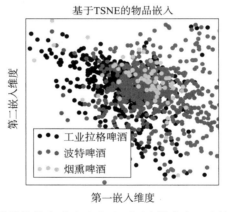

图 9.3   通过 t-SNE 将十维的物品表示（γ_i）嵌入到两个维度中，这是图 8.5 中模型的十维版本

项目8：生成兼容的服装搭配

在这个项目中，我们将遵循 9.3 节中开发的类似策略，探索构建服装搭配推荐器的各种方法。

首先，考虑你如何生成一个兼容物品的训练数据集。最现实的做法可能是先考虑成对的兼容性，即生成互相兼容的物品对 (i, j) 的训练数据集（如 9.3 节或 9.3.6 节）。即使如此，也有几种选择可以用来挖掘成对的兼容数据。例如：

- 共同购买关系（如，"购买过 i 的用户也购买过 j"），如文献（McAuley et al.，2015）。
- 从用户交互历史中直接挖掘共同购买的物品（如，若用户 u 同时购买了物品 i 和 j，这

⊖   也就是说，这样我们可以将 K 维数据嵌入到两个维度中，这样，一旦嵌入，原始空间中的"相似"物品仍然会很接近。

表明它们可能是兼容的）。McAuley 等人（2015）也探讨了这种策略。

- 上述两种方法都具有很多的噪声，因为物品不一定是为了一起穿而一起购买的。第三种方法是从实际服装搭配数据中挖掘显式的关系，如 9.3.2 节。

考虑上述每种方法的优缺点。例如，哪种方法能让你收集到最多的数据，哪种方法会具有最少的噪声？进一步考虑你应该如何选择样本，例如，你可能希望避免两个物品都属于同一类别的 (i, j) 对，或者可能进一步将你的数据集限制在某些你感兴趣的类别。

同样，你应该选择一个适当的策略来生成训练的负样本，即不同时出现的 (i, j) 对。一般来说，这种样本可以从随机物品对中生成，更"困难"的负样本可以通过从特定类别中选择 (i, j) 对来生成。

在构建数据集后，这里有几个潜在的有趣研究方向，如：

（1）什么模型适用于估计兼容关系？一个好的起点可能是一个模型，如公式（9.13）中的模型，因为在这种情况下，兼容关系可能是不对称的。

（2）考虑是否值得通过嵌入策略纳入视觉特征以估计兼容性（如，遵循 9.3.6 节中的代码），或者在潜在空间中对兼容性建模是否已经足够（如公式（9.11））。

（3）考虑纳入品牌、价格和文本特征等其他特征是否有用。

（4）为该任务训练一个个性化模型是否有价值，也就是说，你能否预测 i 和 j 对特定用户 u 是否兼容，而不是预测物品对 (i, j) 是否兼容。仔细思考用户的身份是否能解释兼容关系中的大量变化，以及是否能挖掘足够的数据来拟合个性化模型（类似于公式（9.10）中的方法）。

最后，考虑可视化模型（或其预测值）的方式，可以通过在低维空间中表示物品的方式（如习题 9.4），也可以通过构建简单的界面以探索兼容的物品的方式。

注意，除了使用视觉特征之外，上述步骤可用于为任何类型的数据（如，菜单中的菜肴和播放列表中的歌曲）建立物品到物品的兼容模型，并不限于服装搭配的生成。

第 10 章

Personalized Machine Learning

个性化机器学习的影响

迄今为止，我们在很大程度上将个性化机器学习视为"黑箱"任务。也就是说，给定用户、他们的背景信息和一些潜在的刺激，我们能否估计用户对这些刺激的反应？

这种机器学习的黑箱视角虽然对建立准确的模型有效，但忽略了如何应用这些模型在现实世界中的潜在影响。

大体上说，盲目应用机器学习模型的危险已被充分研究：机器学习算法可能会延续、掩盖或放大训练数据中的偏置，或者对代表性不足的群体来说，准确性较低。检测和减轻这些偏置在很大程度上描述了机器学习中的"公平性"研究的范畴（例如，参见文献（Dwork et al., 2012））。

在个性化机器学习的背景下，黑箱模型如果不小心被应用也可能会掩盖／放大偏置或其他问题。下面我们重点介绍本章将进行研究的一些示例：

- 推荐系统虽然表面上是为了帮助发现而设计的，但实际上可能会有一种"过度集中"（concentration）效应，其中用户逐渐被锁定在只包含少数物品的"过滤气泡"（filter bubble）中（见 10.2 节）。
- 通过推荐最大限度符合用户兴趣的内容，系统可能会向他们推荐越来越"极端"的内容（见 10.2 节）。
- 推荐系统可能会降低训练数据中代表性不足的用户（或用户群体）的效用。例如，被广泛推荐的"流行"物品可能只是反映了在大多数群体中受欢迎的物品（见 10.7 节）。
- 推荐可能只关注用户的主要兴趣，而没有捕捉到他们交互的多样性（diversity）和广度（见 10.6.3 节）。
- 系统可能会因为无法推荐长尾产品而对供应商（或内容创建者等）不利（见 10.7.1 节）。

为了从概念上说明上述问题，图 10.1 强调了简单应用推荐系统的方式可能会导致"过度集中"或"极端化"（extremification）效应。图 10.1a 展示了通过最大化内积（$\gamma_u \cdot \gamma_i$）生成的个性化推荐，见 5.1 节；图 10.1b 展示了通过找到相似的物品（即，γ_i 的最近邻）来生成物品到物品的推荐。在最大化内积时（见图 10.1a），推荐的物品位于物品空间的"边缘"。例如，如果我知道用户喜欢动作片，那么可能会推荐动作内容最多的电影。虽然这在电影推荐的背景下可能是有意义的，但在 YouTube 上推荐某些视频时，这种策略可能会将用户推向边缘或"极端"的内容。另外，在选择最近邻时（见图 10.1b），对用户的推荐会过度集中在非常相似的内容上，这可能会导致"过滤气泡"效应。

虽然上面只是概念性的演示，但在下文中，我们将介绍在部署的推荐设置的上下文中分析过滤气泡和极端化的实证研究（如，来自 YouTube 和 Facebook 的实证研究）。我们还将进一步研究多样性、偏置和公平的问题，以探索个性化模型训练的各种潜在影响。

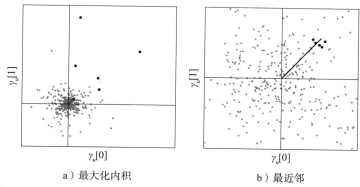

a）最大化内积   b）最近邻

图 10.1   通过最大化内积（图 a）或取最近邻（图 b）为用户选择的推荐

这些想法与机器学习中的公平和偏置这一更广泛的主题有关，尽管正如我们将看到的那样，个性化设置中的问题可能有很大的差异。在介绍这些问题时，我们的重点是提出解决这些问题的策略，以便构建更多样化、无偏和公平的个性化模型。

10.1   度量多样性

在探讨衡量推荐对多样性（以及过滤气泡和极端化等）影响的案例研究之前，简要考虑一下我们如何在前几章开发的推荐器的基础上评估这种影响。我们将关注两个主要的概念：首先，在所有用户中，推荐的物品是否与消费过的物品集具有相同的分布？其次，在单个用户中，与其历史消费趋势相比，推荐物品的多样性是更丰富了还是更匮乏了？

我们首先按照 5.8.2 节中的代码（即，使用基于贝叶斯个性化排序的模型）训练了一个推荐器（这里使用的是 Goodreads 的漫画书）。

接下来，我们从模型中生成一组示例推荐，并将其与原始交互数据进行比较。对于每个用户，生成与他们在原始数据中的交互次数相同的推荐，这样一来，每个用户在我们的交互数据和实验推荐数据中出现的次数相同：

```
1  countsPerItem = defaultdict(int)
2
3  for u in range(nUsers):
4      # 给定交互矩阵x，如5.2节
5      recs = model.recommend(u, Xui, N = len(itemsPerUser[u]))
6      for i, score in recs:
7          countsPerItem[i] += 1
```

接着，我们将上述测量值与从交互数据中得出的相同测量值进行比较。特别要注意的是，流行物品（基于历史交互次数）是否频繁出现在推荐中；反之，被频繁推荐的物品是否流行？我们在图 10.2 描绘了这些比较。

这两者似乎相当匹配，即流行物品往往会得到频繁的推荐，而被频繁推荐的物品也往往是流行的。不过这两者也存在一些差异，例如，交互分布的"高峰"似乎没那么多。我们有各种方法可以正式测量这两个分布之间的差异，或计算汇总统计数据来帮助比较它们。在物品推荐的背景下，我们可能感兴趣的是这两个分布中的一个是否比另一个更集中，即推荐频率是否在几个流行物品周围达到峰值（相对于更平坦的或更长尾的分布）。对此，一种测量方法（我们将在下面的一些研究中使用）是基尼系数（Gini coefficient），这是一个统计离散

度的测量方法。给定一组测量值 y（在这种情况下是与每个物品相关的频率），基尼系数测量的是频率之间的平均（绝对）差异，即：

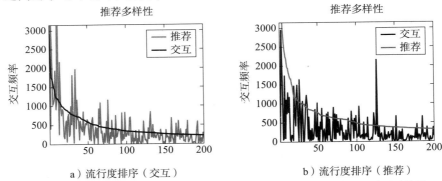

a）流行度排序（交互）   b）流行度排序（推荐）

图 10.2 交互与推荐的分布（基于 Goodreads 的漫画书训练的隐式反馈模型）。图 a 测量了 200 个最流行的物品的推荐频率（通过训练集中的交互次数来测量）；图 b 测量了 200 个最受推荐的物品的交互频率

$$G(y) = \frac{\sum_{i=1}^{N} \sum_{j=1}^{N} |y_i - y_j|}{2N^2 \overline{y}} \tag{10.1}$$

过度集中的数据将具有较大的系数，而较平坦的分布将使 $G(y)$ 接近于零（分母中 $2\overline{y}$ 将公式缩放到范围 [0, 1]）。

在实践中，系数可以近似计算，即通过抽样而不是枚举所有可能的物品对：

```
8   def gini(y, samples=1000000):
9       m = sum(y) / len(y) # 平均值
10      denom = 2 * samples * m
11      numer = 0
12      for _ in range(samples):
13          i = random.choice(y)
14          j = random.choice(y)
15          numer += math.fabs(i - j)
16      return numer / denom
```

在这个特定的实验中，交互数据产生的基尼系数为 $G \approx 0.72$，而推荐产生的基尼系数为 $G \approx 0.77$。换句话说，与历史交互数据相比，这种特定的推荐算法所产生的推荐更加"集中"。

10.2 过滤气泡、多样性和极端化

推荐系统放大了对流行物品的现有偏置，让用户陷入"过滤气泡"（Pariser，2011），又或是引导用户走向极端的内容，这些观点经常在大众媒体上被报道和讨论，尽管这些概念通常没有精确的定义。凭经验度量这些类型的动态很困难，因为我们很少有能力去分析没有推荐器的对照场景。

下面我们探索了几种更精确地测量多样性（以及相关概念，如过滤气泡和极端化）的尝试，这些尝试通过模拟（simulation），或经验性地度量真实用户的交互模式来展开。

10.2.1 通过模拟探索多样性

早期的一篇论文试图通过模拟来定义和分析推荐系统对交互多样性的影响（Fleder

and Hosanagar，2009）。他们指出，关于推荐系统为什么会鼓励或阻碍多样性存在两种相互竞争的假设：一方面，推荐系统可以引导内容的发现，这可以增加物品交互的多样性（Brynjolfsson et al.，2006）；另一方面，推荐系统可能会加强已经受欢迎的产品的流行度，从而减少多样性（Mooney and Roy，2000）。他们建立了一个简单的生成推荐的模拟以试图解决这个问题，其中物品被推荐的概率或用户接受该物品的概率是可以控制的。通过改变可控参数，他们表明在几乎所有条件下（即，除了边缘的情况），推荐系统会导致过度集中效应（即，导致交互多样性的减少），正如基尼系数所测量的那样。

当然，上述情况并不一定适用于每种推荐系统。事实上，正如我们将在 10.3 节中看到的那样，可以设计一个推荐系统，以便显式地针对推荐物品的多样性。相反，上述结果只是简单表明，在个别条件下，推荐系统可能会导致过度集中效应。

10.2.2　实证度量推荐多样性

继 Fleder 和 Hosanagar（2009）通过模拟研究了过滤气泡的可能性后，Nguyen 等人（2014）提出了从实证方式度量推荐系统在真实设置中对内容多样性的影响的初步尝试。

Nguyen 等人（2014）的研究问题与上述模拟的研究问题类似，即：随着时间的推移，推荐系统是否会逐渐向用户展示更有限的内容，以及这种影响作为用户对推荐的接受程度的函数是如何变化的。

他们根据"标签基因组"来定义多样性，这是分配给电影的标签集合。然后，标准的相似度测量方法（如，余弦相似度）用于测量（或传播）推荐和观看的电影之间的相似度。

从经验上看，Nguyen 等人（2014）发现无论是推荐还是用户的实际交互，多样性都随着时间推移而减少。但有趣的是，对于那些倾向于与系统的推荐交互（即，评分）的用户来说，这种影响会减弱。因此，虽然在用户的交互模式中似乎有整体的过度集中效应，但并不完全清楚推荐系统发挥了什么作用。我们将在 10.5.2 节中通过一项关于 Facebook 的实证研究来进一步探讨这个问题。

Zhou 等人（2010）对 YouTube 上的推荐进行了类似的实证研究，并认为 YouTube 的推荐（特别是"相关视频"的功能）对内容多样性有正面的影响。他们表明，推荐推动了 YouTube 上很大一部分的浏览，同时由推荐驱动的浏览比由流行度驱动的系统的浏览具有更高的多样性 [⊖]。

10.2.3　审核极端内容的途径

Ribeiro 等人（2020）试图实证分析用户在 YouTube 上获得极端内容的途径。作者使用了精心筛选的频道列表（在他们的研究中为"另类右翼"政治频道），以建立"极端"内容的真实标准。他们还收集了不那么极端的内容（"另类温和派"和一般媒体等），以确定随着时间的推移，是否存在从较不极端的内容到较为极端的内容的系统路径（通过跟踪用户的评论历史）。

他们的主要发现是，似乎存在一个用户从较少（如，"另类温和派"）极端内容迁移到较多极端内容的轨迹，并且与极端内容交互的用户往往可以追溯到早期他们主要与较不激进的频道交互的时间点。他们还考虑了推荐在这种激进化过程中的作用，指出往往存在从更温和

⊖　注意，很难说推荐驱动的浏览因此是"多样化的"。鉴于流行度驱动的浏览可能会导致高度集中，因此可以说不是一个特别多样化的基线。

的社区到更极端的内容的途径（尽管该途径往往是通过频道而不是视频推荐）。虽然他们无法评估个性化在这一过程中的作用（因为他们无法获取呈现给用户的实际推荐），但这表明，即使是比较简单的物品到物品的推荐，也仍然可以引导用户接触到极端的内容。

10.3   多样化技术

在理论上讨论了推荐器如何引导用户找到小众的、高度相似的或极端的内容（见图 10.1），并通过上述案例研究实证评估了同样的问题后，我们现在转向可以用于减轻这些影响的策略。在这里，我们研究试图平衡相关性和多样性的技术。多样化（diversification）策略一般通过确保没有任何结果是过度与自己相似的，来寻求优化一组结果的总体质量。多样性只是我们将考虑的几个"准确率以外"的指标之一（在 10.6 节中将探讨其他几种指标）。从某种意义上说，这些指标在很大程度上是定性的：就我们基于相关性（评分和购买的可能性等）来优化和评估模型而言，通常寻求改进总体可用性的一些主观概念（在这种情况下，一组结果不应该过于与自己相似）。在设计多样化技术时，将看到的一个主题是，我们可以显著增加多样性（和其他指标），而相关性只有最小限度的降低。我们将在 10.5 节中通过案例研究看到评估这些方法的更详细的策略。

表 10.1 总结了本节讨论的方法（以及我们稍后将讨论的另一种方法）

表 10.1   多样化技术总结（参考文献：Adomavicius and Kwon，2011；Carbonell and Goldstein，1998；Steck，2018；Wilhelm et al.，2018；Zhang et al.，2012）

参考文献	技术	描述
CG98	最大边缘相关	与已推荐的物品相比，推荐的物品应该平衡效用和多样性（见 10.3.1 节）
AK11	总体多样性	推荐的物品应该是那些对特定用户具有较高的兼容性，但具有较低的总体多样性（如，流行度）的物品，这将影响整个人群的推荐的总体多样性（见 10.3.2 节）
W18	行列式点过程	平衡效用和多样性（如 MMR），但使用基于集合的目标（见 10.3.3 节）
Z12	惊喜度	推荐应该是相关的，但与用户历史上的推荐相比是出乎意料的（见 10.6.1 节）
S18	校准	推荐应该表现出与用户历史交互相同的属性分布（如，在推荐类别方面）（见 10.6.3 节）

10.3.1   最大边缘相关

在文档检索场景中普遍使用的多样性的简单概念是，在检索文档的（已排序的）列表中，每个检索物品都应该同时相关，但同时不能与已返回的物品太相似。

最大边缘相关（Maximal Marginal Relevance，MMR）捕捉到了这一概念（Carbonell and Goldstein，1998）。该方法最初是为检索最能概括文档（关于某个查询）的文本段落集而设计的：每个文档都应该与查询相似，但也应该与已经检索到的文档不同。

同样的概念可以直接应用于推荐场景，因为我们有相关性和相似度的概念，例如，相关性可以是潜在因子模型的输出，而相似度可以根据余弦相似度来定义，或定义为物品表示 γ_i 和 γ_j 之间的内积。

为了将这一概念应用于推荐，我们将最大边缘相关定义为：

$$MMR = \underset{i \in R \backslash S}{\arg\max} [\lambda \underbrace{\mathrm{Sim}^{\text{用户}}(i,u)}_{\text{与用户的相关性}} - (1-\lambda) \overbrace{\underset{j \in S}{\max} \mathrm{Sim}^{\text{物品}}(i,j)}^{\text{与已推荐的物品的相似度}}] \qquad (10.2)$$

其中，R 是一个初始的推荐候选集（最普通的，如用户没有交互过的物品列表），S 是目前为止检索到的物品集。$\mathrm{Sim}^{\text{用户}}$ 和 $\mathrm{Sim}^{\text{物品}}$ 分别是物品－用户和物品－物品的相似度函数。前者大概是由推荐系统返回的兼容函数，后者是任何物品－物品的相似度度量。

注意，以上的计算是迭代进行的，即我们通过最大化 MMR 一次增加一个结果，直到列表 S 具有期望的大小。最后，λ 权衡了我们对兼容性和多样性的关注程度。

10.3.2　多样化推荐的其他重排序方法

与最大边缘相关（MMR）类似，目前已有为推荐场景中的重排序专门设计的几种方法。MMR 等重排序方法假设我们有一个初始的排序函数，并相信它能找到高相关性的物品，但它缺乏多样性。因此我们希望对这些初始结果进行重排序，以平衡这两个问题。

Adomavicius 和 Kwon（2011）提出了一种这样的重排序的推荐方法。该方法假设存在三个部分：第一，兼容性分数，如评分预测 $r(u, i)$；第二，面向相关性的排序技术 $\mathrm{rank}_u(i)$，它可以是任何排序函数（尽管最普通的可能是简单地通过 $r(u, i)$ 来对预测排序）；第三，另一个"面向多样性"的排序函数，从概念上讲，这应该侧重于向用户推荐他们通常不会考虑的物品。

文献（Adomavicius and Kwon，2011）中的一个面向多样性的损失的示例是按照流行度对物品进行排序，其中最不流行的物品排在前面：

$$\mathrm{rank}^{(\mathrm{pop})}(i) = |U_i| \qquad (10.3)$$

推荐不流行的物品初看起来并不是特别有效的推荐策略，然而，该排序是与预测分数 $r(u, i)$ 结合使用的。具体来说，为了鼓励多样性，我们希望找到该用户可能会喜欢的不流行的物品。本质上，这有点类似于我们在文档中查找重要单词的 tf-idf 方法（见 8.1.3 节）。

文献（Adomavicius and Kwon，2011）中的具体（重）排序目标如下所示：

$$\mathrm{rank}'_u(i,t) = \begin{cases} \mathrm{rank}^{(\mathrm{pop})}(i) & \text{如果} \, r(u,i) \geq t \\ \alpha_u + \mathrm{rank}_u(i) & \text{其他} \end{cases} \qquad (10.4)$$

在这里，t 是阈值项，本质上确定了低流行度推荐中的某个物品是否有足够高的分数以进行推荐。α_u 是偏移项，确保了在排序中基于流行度的推荐先于 $\mathrm{rank}_u(i)$ 的推荐出现。

文献（Adomavicius and Kwon，2011）表明，随着阈值 t 的改变，系统逐渐在推荐精确率和多样性之间进行权衡。他们考虑了几种不同的排序函数，例如，使用基于平均评分和评分方差等其他函数来代替基于流行度的排序。

他们还指出这种排序机制实现的多样性与 10.3.1 节中的多样性有很大的差异，因为它并不鼓励单个用户的物品列表的多样性（或差异性）。相反，他们讨论了相关的总体多样性的概念，其定义了整个物品集合本身的多样性，即对所有用户的推荐应该合理地覆盖完整的物品集合。这与我们将在 10.7.1 节中讨论的 P 公平性（P-fairness）的概念相关。

10.3.3　行列式点过程

迄今为止，我们已经讨论了尝试平衡准确率和多样性的各种方法，而这些方法本质上是

"启发式"策略，即贪婪地选择能最大化效用且与其他物品相比足够新颖的物品。

行列式点过程（Determinantal Point Process，DPP；Kulesza and Taskar，2012）是一种基于集合的优化技术，可用于识别同时最大化物品质量和物品间多样性的物品子集。具体来说，给定物品集I，DPP 给每个子集$S \subseteq I$分配一个概率$p(S)$，则目标是对这一概率进行建模以找到最大化$p(S)$的物品子集（即参数化），这可以是全局的也可以是对于单个用户的，并且其在效用和多样性之间具有最佳的权衡。

Wilhelm 等人（2018）研究了 DPP 在 YouTube 上多样化推荐的应用。

该方法假设存在一些输入。首先，与先前的多样化技术一样，我们假设给定效用或"质量"的估计值$f(u,i)$（如，来自预训练的推荐系统），其编码了在给定物品i的特征的情况下，用户u将与物品i交互的概率，我们还假设了两个物品之间的预定义距离函数$d(i,j)$。

接下来，我们有已经呈现给用户的历史物品集（即现有系统的输出），以及用户选择的物品子集（由二元标签$y_{u,i}$表示）。我们的目标是选择将使交互总次数最大化的物品子集，这在实践中通过最大化累积增益来进行训练：

$$\sum_u \sum_i \frac{y_{u,i}}{\text{rank}_u(i)} \tag{10.5}$$

其中，$\text{rank}_u(i)$是由所提出的算法分配的新排序。也就是说，用户交互的物品（$y_{u,i}=1$）应该具有较高的排名（见 5.4.3 节）。

注意，上述方式似乎让人想起"传统"的推荐方法，即我们对物品进行排序，以便正交互具有较高的排名（这似乎与我们在 5.4.3 节中看到的方式类似）。这里的主要区别只是在效用和多样性得到平衡时，观测到的交互总次数将达到最大化（如，若推荐只涉及用户的一个兴趣，用户将会很快感到厌烦）。

接着，给定包含N个物品的候选集，我们定义了一个矩阵$\boldsymbol{L}^{(u)}$，其中对角线上的项$L_{i,i}^{(u)}$编码了物品i的效用，而非对角线上的项$L_{i,j}^{(u)}$编码了两个物品i和j的相似度。Wilhelm 等人（2018）具体使用的参数化为：

$$L_{i,i}^{(u)} = f(u,i)^2 \tag{10.6}$$

$$L_{i,j}^{(u)} = \alpha f(u,i) f(u,j) \exp\left(-\frac{d(i,j)}{2\sigma^2}\right) \quad \text{对于} i \neq j \tag{10.7}$$

现在，子集S的质量与S推导出的$\boldsymbol{L}$的子矩阵的行列式 $\det(\boldsymbol{L}_S)$ 成正比，具体为：

$$p(S) = \frac{\det(\boldsymbol{L}_S)}{\sum_{S' \subseteq I} \det(\boldsymbol{L}_{S'})} \tag{10.8}$$

重要的是，上述公式的分母可以通过以下公式进行高效计算：

$$\sum_{S' \subseteq I} \det(\boldsymbol{L}_{S'}) = \det(\boldsymbol{L} + \boldsymbol{I}) \tag{10.9}$$

其中，$\boldsymbol{I}$是单位矩阵。

为了理解为什么行列式是多样化的，我们可以考虑一个简单的例子，其中 S 只有两个物

品 i 和 j 组成；那么行列式为：

$$\det\left(\begin{bmatrix} L_{i,i} & L_{i,j} \\ L_{j,i} & L_{j,j} \end{bmatrix}\right) = L_{i,i}L_{j,j} - L_{i,j}L_{j,i} \tag{10.10}$$

当效用较高（ $L_{i,i}L_{j,j}$ ）而相似度较低（ $L_{i,j}L_{j,i}$ ）时，该值将达到最大值。

尽管公式（10.8）的形式较为简单，但要解决找到最优子集的（NP 难）问题仍然不切实际。Wilhelm 等人（2018）通过一个简单的贪心算法（类似于 10.3.1 节中的算法）来解决这个问题。该算法从视频空集 $S = \varnothing$ 开始，迭代添加最大化行列式 $\det(\boldsymbol{L}_{S\cup\{i\}})$ 的物品 i。

注意，公式（10.7）中的参数化包括两个可调参数 α 和 σ。直观地讲，这些参数控制了效用与多样化的相对权重（ α ），以及相似度函数的"紧密度"（ σ ）。这些参数是全局选择的，但原则上也可以针对每个用户进行学习。

最终，实验发现，与其他各种多样化策略相比，在用户的视频信息流中实现上述 DPP 提高了用户的满意度（通过会话持续时间来测量）。

10.4　实现一个多样化推荐器

我们将基于 10.3.1 节的最大边缘相关方法来简要描述多样化的推荐器的实现，当然也可以采用 10.3.2 节的其他重排序策略来实现。

我们建立了一些实用的数据结构。首先，收集候选推荐列表，排除用户消费过的物品。接下来计算了用户 u 与所有物品的兼容分数。在这里，兼容分数（即，公式（10.2）中的 $\mathrm{Sim}^{用户}(i,u)$ ）只是潜在因子推荐器的一个输出（我们使用基于批处理的预测函数，如 5.8.5 节）。接下来按照最高评分到最低评分的顺序对这些物品进行排序。在实践中，我们可能只希望对前几百个物品进行重排序，而不是对兼容性极低的物品计算多样性分数。

```
1  candidates = list(itemSet.difference(itemsPerUser[u]))
2  compatScores = list(zip([float(f) for f in model.
       predictSample([userIDs[u]]*len(candidates), [itemIDs[i]
       for i in candidates])], candidates))
3
4  compatScores.sort(reverse=True)
```

接下来，我们实现了一个函数来确定候选推荐和已经在列表中的推荐之间的相似度（即，公式（10.2）中的 $\max_{j\in S}\mathrm{Sim}^{物品}(i,j)$ ）。itemEmbeddings 是包含每个物品的嵌入 γ_i 的查询表。相似度函数（sim）是余弦相似度（未显示），尽管可以用其他相似度函数代替（包括简单的替代方法，如检查物品是否属于同一类别）：

```
1  itemEmbeddings = dict(zip(candidates, tf.nn.embedding_lookup
       (model.gammaI, [itemIDs[i] for i in candidates])))
2
3  def maxSim(itemEmbeddings, i, seq):
4      if len(seq) == 0: return 0
5      return max([sim(itemEmbeddings,i,j) for j in seq])
```

为了实现迭代重排序，我们定义了一种方法，其通过迄今为止生成的推荐列表（seq），并基于公式（10.2）的加权组合生成下一个要添加到列表中的物品。λ 作为参数传递给函数，以权衡兼容性和多样性的重要性：

```
1  def getNextRec(model, compatScores, itemEmbeddings, seq,
       lamb):
2      scores = [(lamb * s - (1 - lamb) * maxSim(itemEmbeddings
           ,i,seq), i) for (s,i) in compatScores if not i in
           seq]
3      (maxScore,maxItem) = max(scores)
4      return maxItem
```

注意，上述实现是低效的，并且即使在一个适度大小的数据集上（就物品集合大小而言）也需要几秒的时间来生成推荐。我们可以使用几种策略来提高它的性能，如有效的检索技术（如 5.6 节），或通过利用兼容性或多样性的函数中的某些结构，这样就不需要计算所有分数。

多样化推荐示例：表 10.2 显示了在啤酒评论数据上的多样化推荐示例。选择不同的 λ 值来控制兼容性 / 多样性的权衡（对于随机选择的用户）。第一组推荐（$\lambda=1$）只对兼容性进行了优化：向用户推荐了浓烈的黑啤酒和印度淡色艾尔啤酒的选择。将 λ 降低一点（中间一列）会引入一些"淡色"但相似的啤酒，进一步降低 λ 会导致啤酒类别繁多（小麦啤酒、兰比克啤酒和苏格兰艾尔啤酒等）。

表 10.2　多样化推荐（最大边缘相关）

排序	较低的多样性	中等的多样性	较高的多样性
1	Founders KBS (Kentucky Breakfast Stout)	Founders KBS (Kentucky Breakfast Stout)	Founders KBS (Kentucky Breakfast Stout)
2	Two Hearted Ale	Samuel Smith's Nut Brown Ale	Samuel Smith's Nut Brown Ale
3	Bell's Hopslam Ale	Two Hearted Ale	Salvator Doppel Bock
4	Pliny The Elder	Bell's Hopslam Ale	Oil Of Aphrodite-Rum Barrel Aged
5	Samuel Smith's Oatmeal Stout	Kolsch	Great Lakes Grassroots Ale
6	Blind Pig IPA	Drax Beer	Blue Dot Double India Pale Ale
7	Stone Ruination IPA	A Little Sumpin' Extra! Ale	Calistoga Wheat
8	Schneider Aventinus	Odell Cutthroat Porter	Dogwood Decadent Ale
9	The Abyss	Miner's Daughter Oatmeal Stout	Traquair Jacobite
10	Northern Hemisphere Harvest Wet Hop Ale	Rare Bourbon County Stout	Cantillon Gueuze 100% Lambic

注意，λ 的理想值取决于多种因素，如我们对兼容性和多样性函数的具体选择 ⊖。该解决方案也可能对超参数敏感（如，因子数量和正则化程度）。在实践中，多样性的最佳数量可能只是由"看起来正确"的东西引导的。

⊖　它们甚至可能不在同一尺度上：在我们的案例中，一个是评分（范围为 [1, 5]），而另一个是余弦相似度（范围为 [-1, 1]）。

10.5　关于推荐和消费多样性的案例研究

在 10.2.2 节中，我们了解了 YouTube 上关于多样性的实证研究，其认为推荐系统导致了多样化的浏览，但这一分析是有局限的，因为比较的基准是基于流行度的替代方案（这可能不会增加多样性）。下面，我们探讨了一些额外的案例研究，即在音乐（10.5.1 节）和新闻（10.5.2 节）推荐的背景下研究多样性，并试图根据用户的消费模式来描述用户的特点，以及如何引导用户接触更多样化的内容。

10.5.1　Spotify上的多样性

Anderson 等人（2020）试图实证研究推荐算法对多样性的影响，更重要的是理解不同类型的用户对多样化推荐的反应。

该论文考虑了 Spotify 上大约一亿个用户的收听模式。与 Fleder 和 Hosanagar（2009）根据基尼系数来定义"多样性"（即，物品消费的统计离散度）不同，Anderson 等人（2020）根据歌曲表示来定义多样性，即本质上是推荐系统中的 γ_i 值 [⊖]。

Spotify 上的特定嵌入 γ_i 使用类似 item2vec 的方法进行估计（正如 8.2.1 节所述）。遵循先前的工作（Waller and Anderson，2019），用户 u 的听歌活动的音乐多样性是根据他们称为通才 – 专才（Generalist-Specialist，GS）的分数来定义的。具体来说，我们首先将用户听歌历史的中心（我们称之为 γ_u）定义为：

$$\gamma_u = \frac{1}{|H|}\sum_{j=1}^{|H|}\gamma_{H_j} \tag{10.11}$$

其中，H 是用户听歌历史的歌曲列表，因为其具有重复性，所以重复的收听会更多地计入平均值。然后，将 GS 分数定义为用户表示 γ_u 和他们所收听的歌曲之间的平均余弦相似度：

$$GS(u) = \frac{1}{|H|}\sum_{j=1}^{|H|}\frac{\gamma_{H_j}\cdot\gamma_u}{\|\gamma_{H_j}\|\|\gamma_u\|} \tag{10.12}$$

直觉上，专才（高 $GS(u)$）倾向于在他们的听歌历史中有主要面向某个方向的歌曲 γ_i，而通才（低 $GS(u)$）并非如此，在表面上对应于更广泛的偏好。

文献（Anderson et al.，2020）中的部分分析研究了多样性（以 $GS(u)$ 为指标）和其他属性之间的关系。例如，不太活跃的用户往往是专才（$GS(u)$），而通才用户不太可能放弃系统（"流失"），并且更有可能订阅产品的"付费"版本。

然而，该分析的主要特征是研究推荐和多样性之间的关系，特别是通才和专才对算法推荐的不同反应。这是通过将 Spotify 上的真实用户暴露在不同推荐条件下进行实验测量的。他们使用了三种推荐系统：仅仅只根据流行度对歌曲进行排序（在特定的预定义子类型内）、基于用户 – 物品相似度的简单相关性排序器（本质上是一种启发式推荐），以及推荐器通过最大化用户听完一首歌曲的概率来专门训练。

⊖　当然，这个版本的"多样性"有其自身的局限性，因为它假设学习到的潜在空间准确地捕捉了物品之间的语义多样性。

首先，与流行度相比，推荐方法导致两个群体播放的歌曲数量大幅增加（它们也导致跳过的歌曲数量增加，但这在额外的播放中得到了弥补）。也就是说，与流行度基线相比，用户在与推荐的物品交互时更投入。其次，在两个群体（通才和专才）中都体现出推荐的优势，但对专才来说更明显：这与该论文的假设一致，即专才对符合他们个人相关评分标准的歌曲更敏感。最后，学习型排序器比相关性排序器有一点额外的优势，尽管这种优势出乎意料地有限，但这表明简单的相关性排序在这种情况下是足够的。

引导用户接触更多样化的内容

在后续论文中，Hansen 等人（2021）也考虑了 Spotify 上的消费模式，并广泛探讨了在算法选择、多样性方法和用户满意度方面的权衡。他们指出（正如我们在本章中所看到的），一些排序方法偏向于推荐高流行度的内容，其类似于用户历史中的交互。与 Anderson 等人（2020）一样，他们也发现有证据表明，在许多情况下，用户可以通过更多样化且不太流行的推荐来获得满足。

我们探讨了几种多样化技术，其中每种技术本质上都试图在相关性和多样性之间进行权衡。Hansen 等人（2021）探讨了每种技术的优点；他们普遍支持将基于强化学习的方法作为引导用户接触多样化内容的手段，但也注意到了构建这种系统所涉及的困难。

10.5.2　过滤气泡和在线新闻消费

很多关于"过滤气泡"的讨论都是在在线新闻的背景下进行的，其中人们通常关注的是推荐系统（或者更简单地说，算法排序技术）是否会限制用户消费内容的意识形态多样性。

Bakshy 等人（2015）研究了 Facebook 上用户倾向于消费符合他们政治意识形态的新闻的程度。该分析首先训练一个监督学习系统，根据自愿将其政治立场作为个人资料一部分的用户的分享情况，给新闻文章贴上"自由派""保守派"或"中立"的标签。

他们感兴趣的主要问题集中在与用户意识形态一致或"交叉"的内容曝光在用户前（或用户选择与之交互）的程度。"曝光"指的是呈现内容的算法信息流排序，而"交互"指的是用户点击曝光的内容。

在这种分析中有许多混杂因素，该研究试图控制这些因素。例如，用户的社交网络主要是由拥有共同意识形态的朋友组成，因此自然地，用户通过他们的社交网络可能接触到的内容主要不是交叉的。同样，用户与内容交互（即，点击）的倾向也被以下事实所混淆：信息流排序器在决定哪些内容（以及突出程度）首先呈现给用户时，已经考虑了点击概率。

在试图控制这些影响后，该研究的主要发现是，算法排序确实使用户接触到意识形态多样化的新闻比他们的社交群体的意识形态构成所预期的要少，然而用户与意识形态多样化内容的交互率甚至低于他们的曝光率。基于此，作者认为，个人选择在用户接触意识形态同质化的内容方面起着最重要的作用。

然而，上述论点并没有反驳在线新闻消费"过滤气泡"的可能性，它只是认为其主要原因（就 Facebook 的例子而言）不一定是算法问题。

消费途径的多样性

Flaxman 等人（2016）试图衡量新的消费形式（新闻聚合器和社交推荐等）对新闻消费的多样性和极端性的影响。他们的分析是基于安装了 Bing Toolbar 插件的 50 000 名用户，其中该插件可以追踪用户的交互模式。

该论文的主要目标是度量通过不同的消费途径与新闻交互的用户之间的多样性有何不

同。直接消费（直接访问 URL 或访问书签）、基于信息汇集的消费（在他们的研究中是访问 Google News 的链接）、社交消费（来自 Facebook、Twitter 或电子邮件），以及搜索（通过在 Google、Bing 和 Yahoo 搜索上的查询进行消费）。除此之外，还必须处理各种琐碎问题，以确定哪些链接对应于新闻文章、哪些对应于意见舆论等。大部分的数据收集工作都集中在确定文章和出版商的意识形态立场上（这一点没有基准事实）。然后，个人的意识形态立场是根据他们消费的文章来衡量的。

这四种来源的消费以各种方式进行测量。首先，隔离度量的是两个随机选择的、通过同一途径消费新闻的用户之间极性分数的平均距离。这些分数显示，在所有四个途径中，意见文章的消费者比新闻的消费者更加隔离，社交媒体和搜索流量的隔离程度最高。这可能与过滤气泡的概念相一致，在某种程度上，这些媒体导致了意识形态上更加隔离的群体。

与这一结果相反，他们还发现，从搜索引擎和社交媒体消费媒体的用户也更多地接触到意识形态多样化的新闻（与从信息汇集或通过直接消费新闻的用户相反）。Flaxman 等人（2016）认为，大多数在线新闻消费模仿了传统的媒体消费模式，其中用户主要访问他们偏好的主流媒体的主页。最终，就在线新闻中存在的"过滤气泡"而言，其动态并不像最初看起来那样简单。

Google News 上的过滤气泡

Haim 等人（2018）对 Google News 的推荐进行了探索性研究，以确定个性化对内容多样性的影响。与 Bakshy 等人（2015）一样，他们大致认为过滤气泡的影响有点被夸大了，或者说推荐中的偏置模式与传闻中了解的"过滤气泡"有所不同。

他们进行了两项研究，以研究"显式"和"隐式"的个性化。这两项研究都是基于对 Google News 提供的实际新闻推荐的实证观察，即从几个合成的用户账号中进行抽样。然后，根据主题和内容的多样性，将推荐和"传统"（即，非个性化的、筛选过的）新闻来源进行比较。

在"显式"设置中，他们利用 Google News 的一个功能，以允许用户在一组大类（如体育、娱乐和政治）中指定他们感兴趣的新闻类型。然后，注释者根据这些类别给推荐的文章贴上标签，以量化显式偏好和推荐的文章之间的一致性。

第一个发现仅仅是 Google News 确实尊重用户的显式偏好，在某种意义上，推荐的文章与所需的主题相匹配的比例远远超过其在非个性化设置中的比例。

Haim 等人（2018）还根据来源多样性（即，Google News 聚合的原始新闻来源）来评估推荐。在这里，他们惊奇地发现，一些相对小众的新闻来源主导了推荐，而更多的主流来源则代表性不足，这一结果在每个个性化的账户中相对一致。

在"隐式"设置中，Haim 等人（2018）利用了几个社交媒体账户，这对应于具有特定（但合成的）人口统计数据和偏好的用户（如营销经理和老年保守派等）。然后，每个模拟代理都与社交媒体交互（喜欢 Facebook 和 Google+ 上的文章等），并对在 Google News 上得到的推荐进行比较。

第二项研究的主要结论是，隐式的个性化对推荐结果的影响很小（尽管有证据表明一些结果确实是个性化的）。

最终，虽然 Bakshy 等人（2015）和 Haim 等人（2018）都反对"过滤气泡"这样的说法，但两者都指出了推荐中潜在的偏置问题：Bakshy 等人（2015）认为，与用户更广泛的社交群体相比，推荐确实呈现出一种总体上更具偏向性的观点，而 Haim 等人（2018）则表明，某些小众来源往往在新闻推荐中被过度代表。

10.6　准确率之外的其他指标

迄今为止，我们已经在推荐相关性最高的物品（如，最高的点击率）与确保推荐物品彼此不会太相似之间的权衡方面考虑了多样性。除了相关性，物品之间的多样性只是一个需要权衡的理想特性。

除了相关性和多样性之外，一个推荐列表的其他理想特征可能包括：

- 物品对用户来说应该是新颖的，即推荐系统应该在发现新物品和推荐具有高交互概率但用户已知的物品之间进行平衡。
- 我们的目标可能不是内部多样化，而是物品之间的相互兼容性（如，文献（Hao et al.，2020））。
- 推荐的物品应该具有较好的覆盖度，也就是说，它们应该代表广泛的类别或特征。或者，在匹配用户历史记录中的类别分布方面，它们应该是平衡的。
- 其他目标可能更加模糊，如感知到的意外度（unexpectedness）、惊喜度（serendipity）或总体用户满意度（satisfaction）。

Kaminskas 和 Bridge（2016）广泛调查了这些用于推荐系统的备选优化评分标准，特别关注多样性、惊喜度、新颖性（novelty）和覆盖度。下面我们简要对他们的一些主要发现（以及最近的工作）进行了综述。

Kaminskas 和 Bridge（2016）讨论的许多多样化推荐的方法都是重排序策略，类似于最大边缘相关（见 10.3.1 节）和我们迄今为止讨论过的其他技术。他们还讨论了其他可能需要多样性的设置，如对话推荐（见 8.4.4 节）以及与信息检索的"投资组合优化"中更传统的工作的关系（Markowitz，1968）。

10.6.1　惊喜度

研究者已经进行了各种尝试来定义推荐背景下的"惊喜度"。Kaminskas 和 Bridge（2016）从"惊喜"的核心属性开始（即，推荐应该与用户的预期不同）。Kotkov 等人（2018）指出，惊喜度应该是相关性、新颖性和意外度的结合。

这些竞争因素中的每一个都很难被精确定义，而且有些（如"惊喜"的推荐）可能是主观的。下面我们讨论了一些将惊喜度纳入推荐的具体尝试，并理解它在实践中对用户的意义。

音乐推荐中的惊喜度

Zhang 等人（2012）考虑了如何通过平衡准确率、多样性、新颖性和惊喜度的目标来改进音乐推荐。他们的具体方法结合了我们已经见过的许多思想：多样性是根据推荐列表中的物品之间的余弦相似度来测量的（如 4.3.3 节）；新颖性或"意外度"是根据所有物品的流行度来定义的（如 10.3.2 节）；惊喜度（或"非惊喜度"，其值低意味着惊喜度高）是使用一个新颖的函数来定义的，其本质上测量了推荐的物品与用户交互历史中的物品有多相似：

$$
\text{非惊喜度} = \frac{1}{|U|} \sum_{u \in U} \frac{1}{|I_u|} \sum_{i \in I_u} \sum_{j \in R_u} \frac{\text{Cos}(i, j)}{|R_u|} \tag{10.13}
$$

其中，R_u 是向用户推荐的物品集，I_u 是用户 u 的物品历史。如果推荐的物品平均来说与用户历史中的物品不同，则该度量指标将取较低的值。

考虑到这三个指标（多样性、新颖性和惊喜度），Zhang 等人（2012）寻求可以优化它们而不过度影响准确率的推荐技术。虽然诸如公式（10.13）这样的指标不能直接纳入到优化方案中，但各种模型的设计都是为了确保推荐在主题上的多样化或属于不同的簇。Zhang 等人（2012）在定量上研究了该模型在不同配置下准确率、多样性、新颖性和惊喜度之间的权衡。他们还进行了用户研究以评估该模型的定性方面，揭示"惊喜度"和"有用性"的主观概念可以在不过度损害用户享受的情况下得到改进。

通过用户研究调查惊喜度

鉴于惊喜度的精确定义的模糊性，Kotkov 等人（2018）试图通过一篇综述来评估它对用户的意义。他们调查了普遍提出的多样性概念，如用户根本没有听说过的物品、没有想到会被推荐的物品，或与他们通常消费非常不相似的物品。他们发现，惊喜的推荐在扩大用户偏好方面是有效的，并且在满意度方面没有显著影响。他们调查了意外度的关键特征及其在文献中的不同定义（其中一些我们在 10.6.2 节中研究过）。特别的是，他们发现用户不期望相关（或不期望喜欢）的物品往往在用户满意度方面具有负面影响，并且与其他意外度概念相比，在扩大偏好方面并不那么有效。

Wang 等人（2020）也通过大规模用户研究来研究惊喜度，并直接询问用户哪些类型的物品特征有助于感知推荐的惊喜度。他们发现，虽然感知到的惊喜度受到较低的流行度的正面影响（类似于公式（10.4）中简单多样化技术的原理），但诸如来自久远的类别或在时序上将类似的推荐分开等特点，并没有对感知到的惊喜度做出贡献。与之前的交互相比，"惊喜"的结果在时间和类别上可能很接近，考虑到我们在上述定义惊喜度方面的努力，这有点令人惊讶。Wang 等人（2020）假设，这是用户偏好的快速演变性质所导致的，其中久远的交互会快速失去意义。他们还发现，（感知到的）惊喜度在用户群体中并不是静止不变的（年长的或男性用户倾向于认为推荐更加惊喜，而年轻的用户对物品流行度更敏感等）。一种假设是，这与对特定的购物平台的总体熟悉程度相关。

10.6.2　意外度

Adamopoulos 和 Tuzhilin（2014）试图定义与（电影）推荐相关的"意外度"的概念。他们指出，我们不能孤立地以意外度为目标，否则就会产生意外但质量差的推荐。因此，他们寻求一种效用的概念，以平衡意外度和传统的推荐质量指标。他们将意外度（对于用户 u 和物品 i）定义为 i 和用户 u "期望"得到的物品集之间的距离，并进一步假设该距离存在某个最优值（对于每个用户来说可能是不同的）：太意料之中的推荐是用户不感兴趣的，而太意外的推荐将会认为是不相关的。"质量"的定义更加直接地体现在评分方面。

然后，必须确定的几个量是：每个用户对意外的个人容忍度，意外度和效用之间的理想权衡，以及"预期"的定义。对于后者，Adamopoulos 和 Tuzhilin（2014）在电影属性方面使用了基于内容相似度的定义（具有相似属性的电影是"预期"的）。他们的目标不是拟合这些值（这些在很大程度上是主观量），而是在各种假设场景下评估推荐方法的性能。最有希望的发现是，与只以质量为目标的方法相比，优化这种联合效用不会损害性能。

Li 等人（2020）从聚类的角度定义了意外度：用户的消费历史（γ_i）在潜在空间进行聚

类。一个"意外"的物品*j*是不接近任何簇的物品。为了防止模型简单地推荐离群或"边缘"物品（这一般可能会使意外度最大化），他们引入了期望效用值的单峰分布。然后，将意外度与效用进行平衡，根据测量每个用户倾向于偏好意外度而不是相关性的程度的个性化因素来进行加权。

10.6.3 校准

与多样性相关的一个概念是预测或推荐的校准（calibration）。多样性指标可能表明我们应该向用户提供分布广泛的推荐，这可能会超出他们显式偏好的范围，而校准指的是推荐应该与表达的偏好成比例。例如，如果用户观看的电影中科幻电影占 40%，浪漫喜剧电影占 60%，那么就不应该像简单地通过最大化兼容性进行推荐时可能会发生的那样，只推荐浪漫喜剧电影。

Steck（2018）在 Netflix 的电影推荐的背景下引入了这种校准推荐的概念。他们的工作讨论了评估校准的指标，以及校准现有推荐系统输出的方法。

他们的校准概念是基于一组预定义的物品类型，并使用随机的类型向量 $p(g|i)$ 来描述的（如，一部电影可能被分类为 80% 的"动作片"和 20% 的"科幻片"），这可能适用于期望校准的其他属性。校准指标背后的基本思想是用户历史 $i \in I_u$ 中的类型 g 的分布应该与推荐的物品 $i \in R_u$ 的分布相匹配。这两项分别定义为：

$$历史的：\quad p(g|u) = \frac{\sum_{i \in I_u} w_{u,i} \cdot p(g|i)}{\sum_{i \in I_u} w_{u,i}} \qquad (10.14)$$

$$推荐的：\quad q(g|u) = \frac{\sum_{i \in R_u} w_{r(i)} \cdot p(g|i)}{\sum_{i \in R_u} w_{r(i)}} \qquad (10.15)$$

这两个公式都包括一个"加权"项 w。在历史分布的情况下 $w_{u,i}$ 可以根据（如）新近性对物品进行加权，或者在推荐 $w_{r(i)}$ 的情况下可以根据它们在列表中的位置（即，它们的排序）对推荐进行加权。这两项也可以忽略。

现在，我们的目标是生成一组推荐物品 R_u，使得两个分布可以紧密匹配。两个分布之间的差异可以通过 KL 散度（Kullback-Leibler divergence）进行测量：

$$KL(p,q) = \sum_g p(g|u) \log \frac{p(g|u)}{q(g|u)} \qquad (10.16)$$

当然，除了良好校准之外，根据推荐系统本身，推荐也应该是高度兼容的。Steck（2018）通过权衡推荐效用和校准（通过权衡超参数 λ）的简单公式实现了这一点：

$$R_u = \arg\max_R \underbrace{(1-\lambda) \cdot \sum_{i \in R} f(u,i)}_{兼容性} - \underbrace{\lambda \cdot KL(p, q(R))}_{校准} \qquad (10.17)$$

Steck（2018）指出，上述问题是一个困难的组合优化问题，但可以通过迭代地一次将一个物品添加到 *R* 中来贪心近似（具有一定的最优化保证），以便优化上述标准，直到达到期望的物品数。

这种方法的一个吸引人的特性是，它可以以一种纯粹的事后方式应用于任何将用户和物品之间的分数相关联的推荐系统的输出。Steck（2018）的实验表明（通过改变公式（10.17）中的λ），可以在推荐效用损失最小的情况下实现合理的校准。

10.7 公平性

机器学习中的公平性（fairness）通常根据预测和受保护的特点来定义。例如，在构建分类器来帮助招聘决策时，我们可能感兴趣的是确保男性和女性以大致相同的比例列为"合格"。或者，一个预测再犯的系统不应该对某个种族的群体有偏见（Chouldechova，2017）。

通常，我们可能希望分类器 $f(x_i)$ 的输出不依赖于某些受保护的特征 $x_{i,f}$（表示种族和性别等）。一些常见的定义如群体均等，它表明无论一个人是否具有受保护的特征，正面预测（如，被列为"合格"）的概率应该是相等的：

$$p(f(x_i) = 1 | x_{i,f} = 1) = p(f(x_i) = 1 | x_{i,f} = 0) \qquad （10.18）$$

机会均等的相关概念允许目标变量依赖于受保护特征的可能性，并指出在合格（ $y_i = 1$ ）或不合格（ $y_i = 0$ ）的个体中，无论是否具有受保护的特征，正面预测的概率应该是相同的：

$$p(f(x_i) = 1 | x_{i,f} = 1, y_i = y) = p(f(x_i) = 1 | x_{i,f} = 0, y_i = y) \qquad （10.19）$$

这些只是几十个公平性概念中可能令人感兴趣的两个例子，例如，参见文献（Mehrabi et al.，2019）中的全面综述。

分类器可能由于各种原因而违反上述规则。例如，训练数据可能表现出对某一群体的历史偏置，或者，在高度不平衡的数据上训练的分类器可能只是对数据中代表性不足的群体做出不准确（或不平衡）的预测（我们已经在 3.3.1 节中见过不平衡数据集的一个简单示例）。目前人们已经提出了一些机器学习技术来减轻这种情况下的不公平性，如通过对偏置数据进行预处理（Kamiran and Calders，2009）或改变分类器本身（Zafar et al.，2017）。

在推荐和个性化预测的背景下，人们对构建"公平"的模型的定义和目标可能略有不同。Yao 和 Huang（2017）试图将公平的概念适应于个性化推荐背景。他们考虑了一个课程推荐的示例，其中计算机科学的课程评价可能主要代表了以男性为主的人群的偏好。在这种数据集上训练的模型（或者甚至是基于流行度的简单统计或启发式方法等）可能只是反映了大多数群体的偏好或活动。

他们介绍了几个关于推荐系统输出的公平性指标，并表明这些指标可以直接纳入到训练目标中（这意味着可以阻止模型做出不公平的预测）。他们的指标是通过将用户划分为群体 g_u 来定义的，并假设这些群体是二元的，尽管在性别的研究案例中 g_u 可以简单地划分为过度代表的群体（男性）和代表性不足的群体（非男性）。

价值不公平（value unfairness）衡量的是一个群体相对于另一个群体倾向于高估或低估其评分的程度：

群体g对物品的平均评分

$$U_{\text{val}} = \frac{1}{|I|} \sum_{i=1}^{|I|} | (\underbrace{\mathbb{E}_g[y]_i - \overbrace{\mathbb{E}_g[r]_i}}) - (\mathbb{E}_{\neg g}[y]_i - \mathbb{E}_{\neg g}[r]_i) | \qquad （10.20）$$

群体g对物品的预期预测

注意，由于两边都采用了期望值（或平均值），因此该度量对于两个群体之间的大小差异是不变的。

在潜在因子模型中可能会发生价值不公平（如公式（5.10）），例如，当偏置项 β_i 主导预测时；在一个群体被过度代表的模型中，偏置项可能本质上仅反映过度代表的群体的偏好。

绝对不公平（absolute unfairness）用绝对值代替了（公式（10.20）中的）期望值的差异：

$$U_{\text{abs}} = \frac{1}{|I|} \sum_{i=1}^{|I|} \left\| |\mathbb{E}_g[y]_i - \mathbb{E}_g[r]_i| - |\mathbb{E}_{\neg g}[y]_i - \mathbb{E}_{\neg g}[r]_i| \right\| \tag{10.21}$$

在这一变化后，绝对不公平现在可以捕捉到一个群体的评分比另一个群体的评分更多被错误预测（在绝对意义上）的程度。这本质上衡量的是两个群体之间的系统效用的差异，即如果一个群体经常收到高错误率的推荐，那么该系统对他们就不太可能有用。

接下来，Yao 和 Huang（2017）定义了低估和高估的不公平性，以评估模型低估或高估真实评分的倾向：

$$U_{\text{低估}} = \frac{1}{|I|} \sum_{i=1}^{|I|} \left| \max\{0, \mathbb{E}_g[r]_i - \mathbb{E}_g[y]_i\} - \max\{0, \mathbb{E}_{\neg g}[r]_i - \mathbb{E}_{\neg g}[y]_i\} \right| \tag{10.22}$$

$$U_{\text{高估}} = \frac{1}{|I|} \sum_{i=1}^{|I|} \left| \max\{0, \mathbb{E}_g[y]_i - \mathbb{E}_g[r]_i\} - \max\{0, \mathbb{E}_{\neg g}[y]_i - \mathbb{E}_{\neg g}[r]_i\} \right| \tag{10.23}$$

这些定义有点类似于我们在 3.3 节中评估排序模型时见过的相关概念。持续低估类似于低召回率（未能检索到相关物品），而高估则类似于低精确率（检索到的是不相关的物品）。两者都可能降低推荐系统对其中一个群体的效用。

最终，Yao 和 Huang（2017）表明，上述每个指标都可以纳入公式（5.14）中的推荐系统中。也就是说，它们可以通过一个权衡项进行组合，从而使模型准确的同时将不公平性最小化，例如：

$$\frac{1}{|\mathcal{T}|} \sum_{(u,i) \in \mathcal{T}} \underbrace{(\alpha + \beta_i + \beta_u + \gamma_i + \gamma_u - R_{u,i})^2}_{\text{准确率}} + \lambda \underbrace{U_{\text{abs}}}_{\text{（绝对）公平}} \tag{10.24}$$

这种优化仍然是直接的，因为每个公平性指标对于模型参数来说都是可微的。该论文的主要发现是公平性指标可以得到优化，同时在整个模型准确率方面只需要付出最小的代价。

除了提出上述目标之外，Yao 和 Huang（2017）还表明，真实的数据实际上确实在上述指标方面表现出偏置。对此，他们使用了 MovieLens 中不同类型的数据，其中女性或男性的比例过高。最后，他们表明这种偏置可以使用上述技术来减轻。

10.7.1   多方面公平性

Burke（2017）描述了将公平性指标引入推荐问题的单独尝试。与上述定义的公平性指标相比，其主要的区别是从系统用户（"消费者"）和内容提供者（"生产者"）的角度来考虑公平性。作为一个例子，他们考虑了小额贷款网站 Kiva.org 上的一个假设的推荐场景，其中来自不同商业的建议在推荐中得到一定程度的平衡表示可能是可取的。更广泛地说，这是一

个 "匹配" 设置中的推荐实例，其中双方（该示例是指用户和商业）相互匹配。在这种情况下，公平性不应该只根据某一方来定义，而应该考虑到两种利益相关者的需求。在线广告、共享经济或在线交友等其他例子也是如此（如 6.3.1 节）。

为了实现这种公平性概念，他们分别从消费者（consumer）和生产者（producer）的角度考虑了公平性，并将其称为 C 公平性（C-fairness）和 P 公平性（P-fairness）。根据这些定义，我们上述研究的公平性指标都是 C 公平性的示例。Burke（2017）指出，C 公平性和 P 公平性不仅仅是对称的定义，P 公平性可能具有在研究 C 公平性时没有遇到的要求。例如，在产品推荐设置中，如果我们想要增加销售多样性，那么生产者是被动的，即他们不会主动寻求系统中的推荐。

最后，Burke（2017）考虑了 CP 公平性的设置，其中公平性必须同时从双方的角度考虑。我们将在 10.8 节中对性别偏置进行案例研究时重新讨论 P 公平性和 CP 公平性的示例。

表 10.3 总结了本节（以及我们在 10.8 节中的案例研究）中选择的公平性目标。

表 10.3　个性化公平性目标比较（参考文献：Ekstrand et al.，2018b；Wan et al.，2020；Yao and Huang，2017）

参考文献	目标	描述
YH17	价值不公平	两个群体中的任何一个所预测的兼容性都不应该比另一个预测得更高或更低（见 10.7 节）
YH17	绝对不公平	两个群体中的任何一个都不应该比另一个有更多的错误预测的兼容性（见 10.7 节）
E18	推荐中的群体均等	在推荐的物品中，人口统计数据（如，作者的性别）应该达到合理的平衡（或应该与训练分布相匹配）（见 10.8.2 节）
W20	营销公平性	营销媒体中代表性不足的个体（如图像）不应该降低推荐效用（见 10.8.3 节）

10.7.2　在TensorFlow中实现公平性目标

我们在本节中开发的公平性目标的部分吸引力在于，它们可以直接纳入到标准推荐器的学习目标中[⊖]。下面我们将实现 10.7 节中的 "绝对不公平"。我们将使用来自啤酒评论的数据（这与 2.3.2 节中使用的数据相同），其中包括用户性别信息，且男性用户明显比例过高。首先，我们读取数据，记录每次交互的用户性别：

```
5   for d in parse('beer.json.gz'):
6       if not 'user/gender' in d: continue # 跳过没有指定性别
            的用户
7       g = d['user/gender'] == 'Male'
8       u = d['user/profileName']
9       i = d['beer/beerId']
10      r = d['review/overall']
11      if not u in userIDs: userIDs[u] = len(userIDs)
12      if not i in itemIDs: itemIDs[i] = len(itemIDs)
13      interactions.append((g,u,i,r))
```

接下来，我们建立了一些实用的数据结构，以根据群体成员关系（g 表示男性，$\neg g$ 表示女性）来存储每个物品的交互：

⊖　这不同于一些经典设置中的公平性目标。例如，在平衡性别方面的招聘决策时，可能不允许算法基于受保护的属性来进行决策（参见文献（Lipton et al.，2018））。

```
14  interactionsPerItemG = defaultdict(list)
15  interactionsPerItemGneg = defaultdict(list)
16
17  for g,u,i,r in interactions:
18      if g: interactionsPerItemG[i].append((u,r))
19      else: interactionsPerItemGneg[i].append((u,r))
```

我们还为每个群体存储了物品集，以供采样：

```
20  itemsG = set(interactionsPerItemG.keys())
21  itemsGneg = set(interactionsPerItemGneg.keys())
22  itemsBoth = itemsG.intersection(itemsGneg)
```

最后，我们实现了绝对（不）公平目标。该实现方法计算了单个物品的公平性目标（即，公式（10.21）求和中的一项）。在训练期间，该目标可以用于小样本物品的调用，并添加到准确率项中：

```
23  def absoluteUnfairness(self, i):
24      G = interactionsPerItemG[i]
25      Gneg = interactionsPerItemGneg[i]
26      # 计算公式（10.21）中的各项
27      rG = tf.reduce_mean(tf.convert_to_tensor([r for _,r in G
            ])) # 𝔼_g[r]_i
28      rGneg = tf.reduce_mean(tf.convert_to_tensor([r for _,r
            in Gneg])) # 𝔼_¬g[r]_i
29      pG = tf.reduce_mean(self.predictSample([userIDs[u] for u
            ,_ in G], [itemIDs[i]]*len(G))) # 𝔼_g[y]_i
30      pGneg = tf.reduce_mean(self.predictSample([userIDs[u]
            for u,_ in Gneg], [itemIDs[i]]*len(Gneg))) # 𝔼_¬g[y]_i
31      Uabs = tf.abs(tf.abs(pG - rG) - tf.abs(pGneg - rGneg))
32      return self.lambFair * Uabs
```

10.8　关于推荐中性别偏置的案例研究

正如 Yao 和 Huang（2017）使用性别失衡作为研究推荐系统中代表性不足的群体的公平性和偏置的例子，一些研究调查了推荐器表现出显著偏置或对特定性别的效用降低的特定场景。

10.8.1　数据重采样和流行度偏置

Ekstrand 等人（2018a）研究了与文献（Yao and Huang，2017）（见 10.7 节）中类似的问题，其也注意到了主要群体与代表性不足的群体之间存在的实质性的效用差距（即，最接近于公式（10.21）中的绝对不公平）。据报道，性别和年龄属性都存在偏置，并且这两个属性都是用户在电影和歌曲的数据集（来自 MovieLens（Harper and Konstan，2015）和 Last. FM（Celma Herrada，2008））中自我报告的。

不同于文献（Yao and Huang，2017），这种偏置是使用平衡整体效用与不公平性的联合目标来校正的（见公式（10.24）），Ekstrand 等人（2018a）使用了数据重采样的方法来校正这种偏置。这种方法借用于文献（Kamiran and Calders，2009）中的公平分类背景。其基本思想是对数据重采样，以实现群体之间的平等代表性。实际上，这与我们在 3.3.2 节中探讨的重加权方案非常相似。

Ekstrand 等人（2018a）还提出了推荐系统中流行度偏置的潜在问题（文献（Bellogin et al.，2011）也讨论了这一问题），其中对于流行的物品效果良好的算法通常会比个性化更好的算法更受青睐（但对于流行物品，后者性能更差）。为了解决这个问题，他们引入了控制流行度影响的评估指标，以便可以根据算法的个性化程度而不是选择流行物品的倾向来比较算法。

10.8.2　书籍推荐中的偏置和作者性别

　　Ekstrand 等人（2018b）从书籍作者的角度探讨了偏置。这有点类似于 10.7.1 节的 P 公平性的思想，因为我们感兴趣的是推荐如何对"生产者"（在这种情况下是某种性别的作者）产生偏置。

　　书籍评论和元数据是从 BookCrossing（Ziegler et al.，2005）、Amazon（McAuley et al.，2015）和 Goodreads（Wan and McAuley，2018）中收集的。该研究的一个有趣的部分是如何增强这些数据集，以纳入每个作者的性别，这在上述任何数据集中都不是立即可用的特征。作者性别信息是从外部来源编译的，并与每个数据集的记录相匹配。

　　Ekstrand 等人（2018b）首先分析了数据集中作者的总体性别分布，并与单个用户的阅读历史中的性别分布进行了比较。除此之外，他们还试图研究推荐算法是如何"传播"性别偏置的，也就是说，对某种性别的作者表现出适度倾向的用户会在多大程度上倾向于被推荐该性别的作者。最后，他们分析了这些问题可以通过算法减轻到什么程度。

　　最终，该研究得出结论，所有三个数据集中的作者（至少是那些身份可以确定的作者）都是以男性为主。在用户的评分历史方面，该分布并不那么倾斜。在推荐算法方面，结果非常复杂，其中某些算法和数据集导致了或多或少倾斜的推荐，或者以其他方式模仿用户自己的性别偏好的推荐。

　　最后，作者发现推荐中的性别不平衡可以通过简单的重排序策略得到缓解，并且可以最小化对性能的影响。这一分析与我们对过滤气泡的研究（见 10.5.2 节）或 10.6.3 节中用于校准推荐的技术（在这种情况下是为了匹配期望的性别分布而不是类型分布）有一些相似之处。

10.8.3　营销中的性别偏置

　　Wan 等人（2020）从产品营销方面研究了偏置。例如，如果展示某件服装的模特标注了他们的性别、体重、年龄和肤色等，那么用户可能会更倾向于（更不倾向于）购买该服装。在某些情况下，这些特征可能与该物品的实用性直接相关，但在其他情况下也可能不相关。如果用户仅仅因为自己的身份没有表示出来而不愿意与该物品交互，这就降低了系统对用户的效用，在销售方面表现为错失机会，并在营销中引起了更广泛的表示问题。从这个角度来看，"公平性"是 10.7.1 节中 CP 公平性的一个示例，因为生产者和消费者都面临不公平待遇的影响。

　　与 Ekstrand 等人（2018b）一样，Wan 等人（2020）首先评估了在历史交互（在他们的案例中是购买）中可以发现这种偏置的程度。他们考虑了两种设置：服装（使用来自 ModCloth 的数据集）以及电子产品（使用来自 Amazon 的数据）。在 ModCloth 上，他们感兴趣的是，如果模特的体型与用户不同，用户是否会更不倾向于购买该物品（如，用户穿大码服装，而模特不是，尽管该服装有大码的尺码但用户也不倾向于购买它）。在 Amazon 上，他们感兴趣的是，根据他们的营销形象，表面上"无性别"的产品在男性和女性用户中是否有不同的销售模式。

　　由于用户的性别和尺码属性不易获得，因此该研究再次面临着数据增强难题。ModCloth 指定了营销形象中模特的尺码，而用户的尺码是从他们只购买某种尺码的物品的历史趋势中推断出来的。在 Amazon 上，数据增强较为困难：营销图像中的性别属性必须使用计算机视觉技术来进行推断，用户的性别属性是从他们购买的服装类别中推断出来的[⊖]。

事实上，该研究确定了用户的属性和他们的购买模式之间存在显著的相关性（如，男性用户倾向于购买由男性模特营销的电子产品）。当然，如同书籍推荐中的性别（见 10.8.2 节）一样，我们很难将"偏置"或"不公平性"与用户的内在偏好或合法的营销选择分离开（如，女性用户倾向于购买女性手表的原因可能主要是因为实用）。然而，该研究的目标是确定推荐系统是否会放大这种偏置，以及这种影响是否可以减轻。

他们提出的具体问题是，推荐误差是否与市场细分和营销形象相关。这与公式（10.21）中的绝对不公平的概念有些相似，尽管后者只从用户身份的角度来考虑不公平性，而这里的问题同时涉及用户和物品的"身份"。具体来说，他们研究了四种可能的误差类型：

$$
产品形象 \begin{cases} 女性 \\ 男性 \end{cases} \underbrace{\begin{bmatrix} \overline{e}_{F,F} & \overline{e}_{M,F} \\ \overline{e}_{F,M} & \overline{e}_{M,M} \end{bmatrix}}_{} \\ \underbrace{女性 \quad 男性}_{用户身份} \tag{10.25}
$$

在零模型下，误差不应该与市场细分相关（这可以通过特定的统计测试来测量）。

Wan 等人（2020）发现这些误差确实与市场细分显著相关，他们试图通过平衡模型误差和误差相关性的损失来解决这一问题：

$$
\overbrace{\sum_{u,i}(f(u,i)-r_{u,i})^2}^{预测误差} + \alpha \underbrace{\mathcal{L}_{corr}}_{市场细分上的误差均等} \tag{10.26}
$$

同样，这种联合损失可以像公式（10.24）那样进行优化，以最小化预测准确率损失来满足公平性目标。

最终，上述案例研究表明，即使就单一特征（性别）而言，潜在的公平性影响也出人意料地多样化，需要仔细注意才能解决。

习题

10.1 在该习题中，我们将探索平衡相关性和多样性的推荐系统。你可以根据 10.4 节中的代码和数据来实现。首先尝试各种多样性目标，如：

- 使用其他基于物品表示的相似度函数来替换余弦相似度（sim）。
- 使用基于物品特征的相似度函数。例如，简单的多样性函数可能只是度量两个物品是否属于不同的类别，或者是否具有不同的 ABV 等。
- 用 10.3 节中的其他评分标准来替换最大边缘相关标准，如公式（10.4）或公式（10.8）。

评估多样化技术是困难的，因为它们以牺牲量化指标来提高质量。通过绘制多样化参数（如，公式（10.2）中的 λ）变化时的相关性指标（如 5.4 节中的那些）来评估你的多样化技术。你的图表是否包含一个"拐点"，即在不牺牲相关性的情况下显著增加多样性的区域？

10.2 除了我们在习题 10.1 中看到的多样性问题，我们还在 10.2.1 节和 10.2.2 节中研究

⊖ 当然，服装购买是性别认同的一个粗略代表，而那些购买跨越两个性别类别的用户则不在考虑范围内。

了过度集中效应，即推荐系统可以将推荐物品的分布偏向于比训练数据中表示的物品更小的物品集。在 10.1 节中，我们根据历史数据与推荐数据的基尼系数（见公式（10.1））来衡量集中程度。你可以考虑一些策略来减少推荐中的过度集中，如：

- 显式地惩罚高流行度（或高度推荐）的物品，使其不会被推荐得太频繁（如，通过对流行的物品增加一个较小的负偏置）。
- 纳入多样化策略，如习题 10.1 中的策略。
- 在推荐中加入少量的随机化。

注意，一般可以简单地通过随机均匀推荐来产生不太集中的推荐。如同习题 10.1，看看你是否能制定一个提高集中度（就基尼系数而言）而不显著损害相关性指标的策略。

10.3　在 10.7 节中，我们为个性化推荐系统开发了各种公平性目标。虽然我们将在项目 9 中更多地探讨这些目标，但目前让我们考虑公式（10.18）中的群体均等概念。在文献（Ekstrand et al., 2018b）中，群体均等是根据（书籍作者的）性别来衡量的，但对于本习题的目标，你可以考虑与物品相关的任何属性（如，啤酒的 ABV 是低还是高）。对于一些这样的属性，将训练分布（即，具有该属性的历史交互的比例）与推荐分布进行比较。考虑你是否可以设计简单的策略来纠正任何差异，例如，通过系统性地将更高的相关性分数分配给代表性不足的类别的物品。

项目9：多样性和公平推荐

在该项目中，我们将考虑如何改进我们最初在第 5 章中开发的推荐方法的输出。选择一个包括性别属性的数据集，如我们在 2.3.2 节中使用的啤酒数据，或 10.8 节中的其他数据。一个合适的数据集应该：

- 包含性别属性，并且在该属性上是不平衡的（如，大多数用户是男性）。在这样的数据集中，我们可能会担心推荐会降低代表性不足群体的效用。
- 包含物品的元数据，如类别、价格或其他物品属性，其可用于度量推荐多样性和校准等。

原则上，我们可以用任何包括以下信息的相似数据集来完成该项目：（1）感兴趣的属性，使得我们可以度量偏置，如性别和年龄等；（2）物品元数据，使得我们可以度量多样性。

使用该数据集，从以下角度分析多样性和公平性：

（1）实现一个推荐系统来预测数据集中的评分，如 5.1 节中的潜在因子模型。

（2）使用上述模型，计算 10.7 节中的四个公平性指标（即，价值不公平、绝对不公平、低估不公平和高估不公平），并比较男性用户（g）和非男性用户（$\neg g$）的指标[⊖]。

（3）接下来，根据多样性评估推荐的物品。你可以通过几种方式来测量多样性，如可以根据推荐的物品的分布或某种属性（如，风格或品牌）来度量多样性。它可以是一种正式的离散度度量，如基尼系数（如公式（10.1）），也可以是类似于图 10.2 中的推荐与交互频率的关系图。

⊖　或者是任何过度代表的群体 g。

Abdollahpouri, Himan, Burke, Robin, and Mobasher, Bamshad. 2017. Recommender systems as multistakeholder environments. In: *UMAP '17: Proceedings of the 25th Conference on User Modeling, Adaptation and Personalization*. ACM.

Adamopoulos, Panagiotis and Tuzhilin, Alexander. 2014. On unexpectedness in recommender systems: Or how to better expect the unexpected. *ACM Transactions on Intelligent Systems and Technology*, **5**(4), 1–32.

Adomavicius, Gediminas and Kwon, YoungOk. 2011. Improving aggregate recommendation diversity using ranking-based techniques. *IEEE Transactions on Knowledge and Data Engineering*, **24**(5), 896–911.

Al Bawab, Ziad, Mills, George H, and Crespo, Jean-Francois. 2012. Finding trending local topics in search queries for personalization of a recommendation system. In: *KDD '12: Proceedings of the 18th ACM SIGKDD International Conference on Knowledge Discovery and Data Mining*. ACM.

Amer-Yahia, Sihem, Roy, Senjuti Basu, Chawlat, Ashish, Das, Gautam, and Yu, Cong. 2009. Group recommendation: Semantics and efficiency. *Proceedings of the VLDB Endowment*, **2**(1), 754–65.

Anderson, Ashton, Kumar, Ravi, Tomkins, Andrew, and Vassilvitskii, Sergei. 2014. The dynamics of repeat consumption. In: *WWW '14: Proceedings of the 23rd International World Wide Web Conference*. ACM.

Anderson, Ashton, Maystre, Lucas, Anderson, Ian, Mehrotra, Rishabh, and Lalmas, Mounia. 2020. Algorithmic effects on the diversity of consumption on Spotify. In: *WWW '20: Proceedings of The Web Conference 2020*. ACM.

Bachrach, Yoram, Finkelstein, Yehuda, Gilad-Bachrach, Ran, Katzir, Liran, Koenigstein, Noam, Nice, Nir, and Paquet, Ulrich. 2014. Speeding up the Xbox recommender system using a Euclidean transformation for inner-product spaces. In: *RecSys '14: Proceedings of the 8th ACM Conference on Recommender Systems*. ACM.

Bahdanau, Dzmitry, Cho, Kyunghyun, and Bengio, Yoshua. 2014. Neural machine translation by jointly learning to align and translate. *arXiv preprint arXiv:1409.0473*.

Bakshy, Eytan, Messing, Solomon, and Adamic, Lada A. 2015. Exposure to ideologically diverse news and opinion on Facebook. *Science*, **348**(6239), 1130–2.

Bao, Jie, Zheng, Yu, Wilkie, David, and Mokbel, Mohamed. 2015. Recommendations in location-based social networks: A survey. *GeoInformatica*, **19**, 525–65.

Barkan, Oren and Koenigstein, Noam. 2016. Item2vec: Neural item embedding for collaborative filtering. In: *2016 IEEE 26th International Workshop on Machine Learning for Signal Processing*. IEEE.

Bayer, Immanuel. 2016. fastfm: A library for factorization machines. *The Journal of Machine Learning Research*, **17**(184), 1–5.

Bell, Robert M and Koren, Yehuda. 2007. Lessons from the Netflix prize challenge. *ACM SIGKDD Explorations Newsletter*, **9**(2), 75–9.

Bell, Sean and Bala, Kavita. 2015. Learning visual similarity for product design with convolutional neural networks. *ACM Transactions on Graphics*, **34**(4), 1–10.

Bellogin, Alejandro, Castells, Pablo, and Cantador, Ivan. 2011. Precision-oriented evaluation of recommender systems: An algorithmic comparison. In: *RecSys '11: Proceedings of the Fifth ACM Conference on Recommender Systems*. ACM.

Bennett, James, Lanning, Stan, et al. 2007. The Netflix prize. In: *Proceedings of the KDD Cup and Workshop*, p. 35.

Bentley, Jon Louis. 1975. Multidimensional binary search trees used for associative searching. *Communications of the ACM*, **18**(9), 509–17.

Blei, David M, Ng, Andrew Y, and Jordan, Michael I. 2003. Latent Dirichlet allocation. *Journal of Machine Learning Research*, **3**, 993–1022.

Bobadilla, Jesús, Ortega, Fernando, Hernando, Antonio, and Gutiérrez, Abraham. 2013. Recommender systems survey. *Knowledge-Based Systems*, **46**, 109–32.

Bordes, Antoine, Usunier, Nicolas, Garcia-Duran, Alberto, Weston, Jason, and Yakhnenko, Oksana. 2013. Translating embeddings for modeling multi-relational data. In: *Advances in Neural Information Processing Systems 26 (NIPS 2013)*, Neural Information Processing Systems Foundation.

Bordes, Antoine, Boureau, Y-Lan, and Weston, Jason. 2017. Learning end-to-end goal-oriented dialog. *arXiv preprint arXiv:1605.07683*.

Bottou, Léon. 2010. Large-scale machine learning with stochastic gradient descent. In: *Proceedings of COMPSTAT 2010. Springer*.

Brin, Sergey and Page, Lawrence. 1998. The anatomy of a large-scale hypertextual web search engine. *Computer Networks and ISDN Systems*, **30**(1–7), 107–17.

Broder, Andrei Z. 1997. On the resemblance and containment of documents. In: *Proceedings. Compression and Complexity of Sequences 1997*. IEEE.

Brynjolfsson, Erik, Hu, Yu Jeffrey, and Smith, Michael D. 2006. From niches to riches: Anatomy of the long tail. *Sloan Management Review*, **47**(4), 67–71.

Burke, Robin. 2002. Hybrid recommender systems: Survey and experiments. *User Modeling and User-Adapted Interaction*, **12**, 331–70.

Burke, Robin. 2017. Multisided fairness for recommendation. *arXiv preprint arXiv:1707.00093*.

Cai, Chenwei, He, Ruining, and McAuley, Julian. 2017. SPMC: Socially-aware personalized Markov chains for sparse sequential recommendation. In: *IJCAI '17: Proceedings of the 26th International Joint Conference on Artificial Intelligence*. International Joint Conferences on Artificial Intelligence.

Carbonell, Jaime and Goldstein, Jade. 1998. The use of MMR, diversity-based reranking for reordering documents and producing summaries. In: *SIGIR '98: Proceedings of the 21st Annual International ACM SIGIR Conference on Research and Development in Information Retrieval*. ACM.

Case, Karl E and Fair, Ray C. 2007. *Principles of Microeconomics*. Pearson Education.

Celma Herrada, Òscar. 2008. *Music recommendation and discovery in the long tail*. Ph.D. thesis, Universitat Pompeu Fabra.

Chang, Shuo, Harper, F Maxwell, and Terveen, Loren Gilbert. 2016. Crowd-based personalized natural language explanations for recommendations. In: *RecSys '16: Proceedings of the 10th ACM Conference on Recommender Systems*. ACM.

Charikar, Moses S. 2002. Similarity estimation techniques from rounding algorithms. In: *STOC '02: Proceedings of the 34th Annual ACM Symposium on Theory of Computing*. ACM.

Chen, Chong, Zhang, Min, Liu, Yiqun, and Ma, Shaoping. 2018. Neural attentional rating regression with review-level explanations. In: *WWW '18: Proceedings of the 2019 World Wide Web Conference*. ACM.

Chen, Le, Mislove, Alan, and Wilson, Christo. 2016. An empirical analysis of algorithmic pricing on Amazon Marketplace. In: *WWW '16: Proceedings of the 25th International Conference on World Wide Web*. ACM.

Chen, Shuo, Moore, Josh L, Turnbull, Douglas, and Joachims, Thorsten. 2012. Playlist prediction via metric embedding. In: *KDD '12: Proceedings of the 18th ACM SIGKDD International Conference on Knowledge Discovery and Data Mining*. ACM.

Cheng, Heng-Tze, Koc, Levent, Harmsen, Jeremiah, Shaked, Tal, Chandra, Tushar, Aradhye, Hrishi, Anderson, Glen, Corrado, Greg, Chai, Wei, Ispir, Mustafa, et al. 2016. Wide & deep learning for recommender systems. In: *DLRS 2016: Proceedings of the 1st Workshop on Deep Learning for Recommender Systems*, 7–10.

Cho, Eunjoon, Myers, Seth A, and Leskovec, Jure. 2011. Friendship and mobility: User movement in location-based social networks. In: *KDD '11: Proceedings of the 17th ACM SIGKDD International Conference on Knowledge Discovery and Data Mining*. ACM.

Chouldechova, Alexandra. 2017. Fair prediction with disparate impact: A study of bias in recidivism prediction instruments. *Big Data*, **5**(2), 153–63.

Christakopoulou, Konstantina, Radlinski, Filip, and Hofmann, Katja. 2016. Towards conversational recommender systems. In: *KDD '16: Proceedings of the 22nd ACM SIGKDD International Conference on Knowledge Discovery and Data Mining*. ACM.

Cortes, Corinna and Vapnik, Vladimir. 1995. Support-vector networks. *Machine Learning*, **20**, 273–97.

Covington, Paul, Adams, Jay, and Sargin, Emre. 2016. Deep neural networks for YouTube recommendations. In: *RecSys '16: Proceedings of the 10th ACM Conference on Recommender Systems*. ACM.

Dacrema, Maurizio Ferrari, Cremonesi, Paolo, and Jannach, Dietmar. 2019. Are we really making much progress? A worrying analysis of recent neural recommendation approaches. In: *RecSys '19: Proceedings of the 13th ACM Conference on Recommender Systems*. ACM.

Davidson, James, Liebald, Benjamin, Liu, Junning, Nandy, Palash, Van Vleet, Taylor, Gargi, Ullas, Gupta, Sujoy, He, Yu, Lambert, Mike, Livingston, Blake, et al. 2010. The YouTube video recommendation system. In: *RecSys '10: Proceedings of the Fourth ACM Conference on Recommender Systems*. ACM.

Devlin, Jacob, Chang, Ming-Wei, Lee, Kenton, and Toutanova, Kristina. 2019. BERT: Pre-training of deep bidirectional transformers for language understanding. In: *Proceedings of NAACL-HLT 2019*. Association for Computational Linguistics.

Diao, Qiming, Qiu, Minghui, Wu, Chao-Yuan, Smola, Alexander J, Jiang, Jing, and Wang, Chong. 2014. Jointly modeling aspects, ratings and sentiments for movie recommendation (JMARS). In: *KDD '14: Proceedings of the 20th ACM SIGKDD International Conference on Knowledge Discovery and Data Mining*. ACM.

Ding, Yi and Li, Xue. 2005. Time weight collaborative filtering. In: *CIKM '05: Proceedings of the 14th ACM International Conference on Information and Knowledge Management*. ACM.

Dodge, Jesse, Gane, Andreea, Zhang, Xiang, Bordes, Antoine, Chopra, Sumit, Miller, Alexander, Szlam, Arthur, and Weston, Jason. 2016. Evaluating prerequisite qualities for learning end-to-end dialog systems. *arXiv preprint arXiv:1511.06931*.

Dong, Li, Huang, Shaohan, Wei, Furu, Lapata, Mirella, Zhou, Ming, and Xu, Ke. 2017a. Learning to generate product reviews from attributes. In: *Proceedings of the 15th Conferences of the European Chapter of the Association for Computational Linguistics*. Association for Computational Linguistics.

Dong, Yuxiao, Chawla, Nitesh V, and Swami, Ananthram. 2017b. metapath2vec: Scalable representation learning for heterogeneous networks. In: *KDD '17: Proceedings of the 23rd ACM SIGKDD International Conference on Knowledge Discovery and Data Mining*. ACM.

Dwork, Cynthia, Hardt, Moritz, Pitassi, Toniann, Reingold, Omer, and Zemel, Richard. 2012. Fairness through awareness. In: *ITCS '12: Proceedings of the 3rd Innovations in Theoretical Computer Science Conference*. ACM.

Ekstrand, Michael D, Tian, Mucun, Azpiazu, Ion Madrazo, Ekstrand, Jennifer D, Anuyah, Oghenemaro, McNeill, David, and Pera, Maria Soledad. 2018a. All the cool kids, how do they fit in? Popularity and demographic biases in recommender evaluation and effectiveness. In: *Proceedings of the 1st Conference on Fairness, Accountability and Transparency*. ML Research Press.

Ekstrand, Michael D, Tian, Mucun, Kazi, Mohammed R Imran, Mehrpouyan, Hoda, and Kluver, Daniel. 2018b. Exploring author gender in book rating and recommendation. In: *RecSys '18: Proceedings of the 12th ACM Conference on Recommender Systems*. ACM.

Feng, Shanshan, Li, Xutao, Zeng, Yifeng, Cong, Gao, and Chee, Yeow Meng. 2015. Personalized ranking metric embedding for next new POI recommendation. In: *IJCAI'15: Proceedings of the 24th International Conference on Artificial Intelligence*. AAAI Press/International Joint Conferences on Artificial Intelligence.

Flaxman, Seth, Goel, Sharad, and Rao, Justin M. 2016. Filter bubbles, echo chambers, and online news consumption. *Public Opinion Quarterly*, **80**, 298–320.

Fleder, Daniel and Hosanagar, Kartik. 2009. Blockbuster culture's next rise or fall: The impact of recommender systems on sales diversity. *Management Science*, **55**(5), 697–712.

Friedman, Jerome, Hastie, Trevor, Tibshirani, Robert, et al. 2001. *The Elements of Statistical Learning*. Springer.

Gale, David and Shapley, Lloyd S. 1962. College admissions and the stability of marriage. *The American Mathematical Monthly*, **69**(1), 9–15.

Ge, Rong, Lee, Jason D, and Ma, Tengyu. 2016. Matrix completion has no spurious local minimum. In: *NIPS '16: Proceedings of the 30th International Conference on Neural Information Processing Systems*. Neural Information Processing Systems Foundation.

Ge, Yong, Liu, Qi, Xiong, Hui, Tuzhilin, Alexander, and Chen, Jian. 2011. Cost-aware travel tour recommendation. In: *KDD'11: Proceedings of the 17th ACM SIGKDD International Conference on Knowledge Discovery and Data Mining*. ACM.

Ge, Yong, Xiong, Hui, Tuzhilin, Alexander, and Liu, Qi. 2014. Cost-aware collaborative filtering for travel tour recommendations. *ACM Transactions on Information Systems*, **32**(1), 1–31.

Godes, David and Silva, José C. 2012. Sequential and temporal dynamics of online opinion. *Marketing Science*, **31**(3), 448–73.

Goodfellow, Ian, Pouget-Abadie, Jean, Mirza, Mehdi, Xu, Bing, Warde-Farley, David, Ozair, Sherjil, Courville, Aaron, and Bengio, Yoshua. 2014. Generative adversarial nets. In: *NIPS '14: Proceedings of the 27th International Conference on Neural Information Processing Systems*. Neural Information Processing Systems Foundation.

Gopalan, Prem, Hofman, Jake M, and Blei, David M. 2013. Scalable recommendation with Poisson factorization. *arXiv preprint arXiv:1311.1704*.

Graves, Alex. 2013. Generating sequences with recurrent neural networks. *arXiv preprint arXiv:1308.0850*.

Guo, Huifeng, Tang, Ruiming, Ye, Yunming, Li, Zhenguo, and He, Xiuqiang. 2017a. DeepFM: A factorization-machine based neural network for CTR prediction. In: *IJCAI '17: Proceedings of the 26th International Joint Conference on Artificial Intelligence*. International Joint Conferences on Artificial Intelligence.

Guo, Yunhui, Xu, Congfu, Song, Hanzhang, and Wang, Xin. 2017b. Understanding users' budgets for recommendation with hierarchical Poisson factorization. In: *IJCAI '17: Proceedings of the 26th International Joint Conference on Artificial Intelligence*. International Joint Conferences on Artificial Intelligence.

Gusfield, Dan and Irving, Robert W. 1989. *The Stable Marriage Problem: Structure and Algorithms*. MIT Press.

Haim, Mario, Graefe, Andreas, and Brosius, Hans-Bernd. 2018. Burst of the filter bubble? Effects of personalization on the diversity of Google News. *Digital Journalism*, **6**(3), 330–43.

Hansen, Christian, Mehrotra, Rishabh, Hansen, Casper, Brost, Brian, Maystre, Lucas, and Lalmas, Mounia. 2021. Shifting consumption towards diverse content on music streaming platforms. In: *WSDM '21: Proceedings of the 14th ACM International Conference on Web Search and Data Mining*. ACM.

Hao, Junheng, Zhao, Tong, Li, Jin, Dong, Xin Luna, Faloutsos, Christos, Sun, Yizhou, and Wang, Wei. 2020. P-Companion: A principled framework for diversified complementary product recommendation. In: *CIKM '20: Proceedings of the 29th ACM International Conference on Information and Knowledge Management*. ACM.

Harper, F Maxwell and Konstan, Joseph A. 2015. The MovieLens datasets: History and context. *ACM Transactions on Interactive Intelligent Systems*, **5**(4), 1–19.

He, Ruining and McAuley, Julian. 2015. VBPR: Visual Bayesian personalized ranking from implicit feedback. In: *AAAI '16: Proceedings of the 30th AAAI Conference on Artificial Intelligence*. AAAI Press.

He, Ruining and McAuley, Julian. 2016. Ups and downs: Modeling the visual evolution of fashion trends with one-class collaborative filtering. In: *WWW '16: Proceedings of the 25th International Conference on the World Wide Web*. ACM.

He, Ruining, Packer, Charles, and McAuley, Julian. 2016a. Learning compatibility across categories for heterogeneous item recommendation. In: *2016 IEEE 16th International Conference on Data Mining*. IEEE.

He, Ruining, Fang, Chen, Wang, Zhaowen, and McAuley, Julian. 2016b. Vista: A visually, socially, and temporally-aware model for artistic recommendation. In: *RecSys '16: Proceedings of the 10th ACM Conference on Recommender Systems*. ACM.

He, Ruining, Kang, Wang-Cheng, and McAuley, Julian. 2017a. Translation-based recommendation. In: *RecSys '17: Proceedings of the 11th ACM Conference on Recommender Systems*. ACM.

He, Xiangnan and Chua, Tat-Seng. 2017. Neural factorization machines for sparse predictive analytics. In: *SIGIR '17: Proceedings of the 40th International ACM SIGIR Conference on Research and Development in Information Retrieval*. ACM.

He, Xiangnan, Liao, Lizi, Zhang, Hanwang, Nie, Liqiang, Hu, Xia, and Chua, Tat-Seng. 2017b. Neural collaborative filtering. In: *WWW '17: Proceedings of the 26th International Conference on the World Wide Web*. ACM.

Henderson, Matthew, Al-Rfou, Rami, Strope, Brian, Sung, Yun-Hsuan, Lukács, László, Guo, Ruiqi, Kumar, Sanjiv, Miklos, Balint, and Kurzweil, Ray. 2017. Efficient natural language response suggestion for smart reply. *arXiv preprint arXiv:1705.00652*.

Hidasi, Balázs, Karatzoglou, Alexandros, Baltrunas, Linas, and Tikk, Domonkos. 2016. Session-based recommendations with recurrent neural networks. *arXiv preprint arXiv:1511.06939v4*.

Ho, Tin Kam. 1995. Random decision forests. In: *Proceedings of 3rd International Conference on Document Analysis and Recognition*. IEEE.

Hochreiter, Sepp and Schmidhuber, Jürgen. 1997. Long short-term memory. *Neural Computation*, **9**(8), 1735–80.

Hsiao, Wei-Lin and Grauman, Kristen. 2018. Creating capsule wardrobes from fashion images. In: *Proceedings of the IEEE Conference on Computer Vision and Pattern Recognition*. IEEE.

Hu, Diane, Louca, Raphael, Hong, Liangjie, and McAuley, Julian. 2018. Learning within-session budgets from browsing trajectories. In: *RecSys '18: Proceedings of the 12th ACM Conference on Recommender Systems*. ACM.

Hu, Diane J, Hall, Rob, and Attenberg, Josh. 2014. Style in the long tail: Discovering unique interests with latent variable models in large scale social e-commerce. In: *KDD '14: Proceedings of the 20th ACM SIGKDD International Conference on Knowledge Discovery and Data Mining*. ACM.

Hu, Yifan, Koren, Yehuda, and Volinsky, Chris. 2008. Collaborative filtering for implicit feedback datasets. In: *2008 Eighth IEEE International Conference on Data Mining*. IEEE.

Hug, Nicolas. 2020. Surprise: A Python library for recommender systems. *Journal of Open Source Software*, **5**(52), 2174.

Inagawa, Yuma, Hakamta, Junki, and Tokumaru, Masataka. 2013. A support system for healthy eating habits: Optimization of recipe retrieval. In: *HCI International 2013 – Posters' Extended Abstracts*. Springer.

Indyk, Piotr and Motwani, Rajeev. 1998. Approximate nearest neighbors: Towards removing the curse of dimensionality. In: *STOC '98: Proceedings of the 30th Annual ACM Symposium on Theory of Computing*. ACM.

Ingrande, Jerry, Gabriel, Rodney A, McAuley, Julian, Krasinska, Karolina, Chien, Allis, and Lemmens, Hendrikus JM. 2020. The performance of an artificial neural network model in predicting the early distribution kinetics of propofol in morbidly obese and lean subjects. *Anesthesia & Analgesia*, **131**(5), 1500–9.

Jacobs, Robert A, Jordan, Michael I, Nowlan, Steven J, and Hinton, Geoffrey E. 1991. Adaptive mixtures of local experts. *Neural Computation*, **3**(1), 79–87.

Jannach, Dietmar, Manzoor, Ahtsham, Cai, Wanling, and Chen, Li. 2020. A survey on conversational recommender systems. *arXiv preprint arXiv:2004.00646*.

Jennings, Andrew and Higuchi, Hideyuki. 1993. A user model neural network for a personal news service. *User Modeling and User-Adapted Interaction*, **3**, 1–25.

Jia, Yangqing, Shelhamer, Evan, Donahue, Jeff, Karayev, Sergey, Long, Jonathan, Girshick, Ross, Guadarrama, Sergio, and Darrell, Trevor. 2014. Caffe: Convolutional architecture for fast feature embedding. In: *MM '14: Proceedings of the 22nd ACM International Conference on Multimedia*. ACM.

Jiang, Yuanchun, Shang, Jennifer, Liu, Yezheng, and May, Jerrold. 2015. Redesigning promotion strategy for e-commerce competitiveness through pricing and recommendation. *International Journal of Production Economics*, **167**, 257–70.

Jones, Karen Sparck. 1972. A statistical interpretation of term specificity and its application in retrieval. *Journal of Documentation*, **60**(5), 493–502.

Joshi, Chaitanya K, Mi, Fei, and Faltings, Boi. 2017. Personalization in goal-oriented dialog. *arXiv preprint arXiv:1706.07503*.

Kabbur, Santosh, Ning, Xia, and Karypis, George. 2013. FISM: Factored item similarity models for top-n recommender systems. In: *KDD '13: Proceedings of the 19th ACM SIGKDD International Conference on Knowledge Discovery and Data Mining*. ACM.

Kaminskas, Marius and Bridge, Derek. 2016. Diversity, serendipity, novelty, and coverage: A survey and empirical analysis of beyond-accuracy objectives in recommender systems. *ACM Transactions on Interactive Intelligent Systems*, **7**(1), 1–42.

Kamiran, Faisal and Calders, Toon. 2009. Classifying without discriminating. In: *2009 2nd International Conference on Computer, Control and Communication*. IEEE.

Kang, Dongyeop, Balakrishnan, Anusha, Shah, Pararth, Crook, Paul, Boureau, Y-Lan, and Weston, Jason. 2019a. Recommendation as a communication game: Self-supervised bot-play for goal-oriented dialogue. In: *Proceedings of the 2019 Conference on Empirical Methods in Natural Language Processing*. Association for Computational Linguistics.

Kang, Wang-Cheng and McAuley, Julian. 2018. Self-attentive sequential recommendation. In: *2018 IEEE International Conference on Data Mining*. IEEE.

Kang, Wang-Cheng, Fang, Chen, Wang, Zhaowen, and McAuley, Julian. 2017. Visually-aware fashion recommendation and design with generative image models. In: *2017 IEEE International Conference on Data Mining*. IEEE.

Kang, Wang-Cheng, Kim, Eric, Leskovec, Jure, Rosenberg, Charles, and McAuley, Julian. 2019b. Complete the look: Scene-based complementary product recommendation. In: *2019 IEEE Conference on Computer Vision and Pattern Recognition*. IEEE.

Kannan, Anjuli, Kurach, Karol, Ravi, Sujith, Kaufmann, Tobias, Tomkins, Andrew, Miklos, Balint, Corrado, Greg, Lukacs, Laszlo, Ganea, Marina, Young, Peter, et al. 2016. Smart reply: Automated response suggestion for email. In: *KDD '16: Proceedings of the 22nd ACM SIGKDD International Conference on Knowledge Discovery and Data Mining*. ACM.

Kim, Yoon. 2014. Convolutional neural networks for sentence classification. In: *Proceedings of the 2014 Conference on Empirical Methods in Natural Language Processing*. Association for Computational Linguistics.

Kingma, Diederik P and Ba, Jimmy. 2014. ADAM: A method for stochastic optimization. *arXiv preprint arXiv:1412.6980*.

Kleinberg, Jon M. 1999. Hubs, authorities, and communities. *ACM Computing Surveys*, **31**(4es), 5–es.

Koenigstein, Noam, Ram, Parikshit, and Shavitt, Yuval. 2012. Efficient retrieval of recommendations in a matrix factorization framework. In: *CIKM '12: Proceedings of the 21st ACM International Conference on Information and Knowledge Management*. ACM.

Kolter, J Zico and Maloof, Marcus A. 2007. Dynamic weighted majority: An ensemble method for drifting concepts. *Journal of Machine Learning Research*, **8**, 2755–90.

Konstan, Joseph A, Riedl, John, Borchers, A, and Herlocker, Jonathan L. 1998. *Recommender Systems: A GroupLens Perspective. AAAI Technical Report WS-98-08*. AAAI Press.

Koren, Yehuda. 2009. Collaborative filtering with temporal dynamics. In: *KDD '09: Proceedings of the 15th ACM SIGKDD International Conference on Knowledge Discovery and Data Mining*. ACM.

Koren, Yehuda, Bell, Robert, and Volinsky, Chris. 2009. Matrix factorization techniques for recommender systems. *Computer*, **42**(8), 30–7.

Kotkov, Denis, Konstan, Joseph A, Zhao, Qian, and Veijalainen, Jari. 2018. Investigating serendipity in recommender systems based on real user feedback. In: *SAC '18: Proceedings of the 33rd Annual ACM Symposium on Applied Computing*. ACM.

Kuhn, Harold W. 1955. The Hungarian method for the assignment problem. *Naval Research Logistics Quarterly*, **2**(1–2), 83–97.

Kulesza, Alex and Taskar, Ben. 2012. Determinantal point processes for machine learning. *Foundations and Trends in Machine Learning*, **5**(2–3), 123–286.

Lakkaraju, Himabindu, McAuley, Julian J, and Leskovec, Jure. 2013. What's in a name? Understanding the interplay between titles, content, and communities in social media. In: *7th International AAAI Conference on Weblogs and Social Media*. AAAI Press.

Li, Jing, Ren, Pengjie, Chen, Zhumin, Ren, Zhaochun, Lian, Tao, and Ma, Jun. 2017. Neural attentive session-based recommendation. In: *CIKM '17: Proceedings of the 2017 ACM Conference on Information and Knowledge Management*. ACM.

Li, Ming, Dias, Benjamin M, Jarman, Ian, El-Deredy, Wael, and Lisboa, Paulo JG. 2009. Grocery shopping recommendations based on basket-sensitive random walk. In: *KDD '09: Proceedings of the 15th ACM SIGKDD International Conference on Knowledge Discovery and Data Mining*. ACM.

Li, Pan, Que, Maofei, Jiang, Zhichao, Hu, Yao, and Tuzhilin, Alexander. 2020. PURS: Personalized unexpected recommender system for improving user satisfaction. In: *RecSys '20: 14th ACM Conference on Recommender Systems*. ACM.

Li, Raymond, Kahou, Samira, Schulz, Hannes, Michalski, Vincent, Charlin, Laurent, and Pal, Chris. 2018. Towards deep conversational recommendations. In: *NIPS '18: Proceedings of the 32nd International Conference on Neural Information Processing Systems*. Neural Information Processing Systems Foundation.

Li, Xinxin and Hitt, Lorin M. 2008. Self-selection and information role of online product reviews. *Information Systems Research*, **19**(4), 456–74.

Lin, Yankai, Liu, Zhiyuan, Sun, Maosong, Liu, Yang, and Zhu, Xuan. 2015. Learning entity and relation embeddings for knowledge graph completion. In: *Proceedings of the 29th AAAI Conference on Artificial Intelligence*. AAAI Press.

Linden, Greg, Smith, Brent, and York, Jeremy. 2003. Amazon.com recommendations: Item-to-item collaborative filtering. *IEEE Internet Computing*, **7**(1), 76–80.

Ling, Guang, Lyu, Michael R, and King, Irwin. 2014. Ratings meet reviews, a combined approach to recommend. In: *RecSys '14: Proceedings of the 8th ACM Conference on Recommender Systems*. ACM.

Lipton, Zachary C, Chouldechova, Alexandra, and McAuley, Julian. 2018. Does mitigating ML's impact disparity require treatment disparity? In: *NIPS '18: Proceedings of the 32nd International Conference on Advances in Neural Information Processing Systems*. Neural Information Processing Systems Foundation.

Liu, Dong C and Nocedal, Jorge. 1989. On the limited memory BFGS method for large scale optimization. *Mathematical Programming*, **45**, 503–28.

Liu, Hui, Yin, Qingyu, and Wang, William Yang. 2019. Towards explainable NLP: A generative explanation framework for text classification. In: *Proceedings of the 57th Annual Meeting of the Association for Computational Linguistics*. Association for Computational Linguistics.

Liu, Nathan N and Yang, Qiang. 2008. EigenRank: A ranking-oriented approach to collaborative filtering. In: *SIGIR '08: Proceedings of the 31st Annual International ACM SIGIR Conference on Research and Development in Information Retrieval*. ACM.

Lovins, Julie Beth. 1968. Development of a stemming algorithm. *Mechanical Translation and Computational Linguistics*, **11**(1–2), 22–31.

Ma, Hao, Yang, Haixuan, Lyu, Michael R, and King, Irwin. 2008. SoRec: Social recommendation using probabilistic matrix factorization. In: *CIKM '08: Proceedings of the 17th ACM Conference on Information and Knowledge Management*. ACM.

Maaten, Laurens van der and Hinton, Geoffrey. 2008. Visualizing data using t-SNE. *Journal of Machine Learning Research*, **9**, 2579–605.

Mahmood, Tariq and Ricci, Francesco. 2007. Learning and adaptivity in interactive recommender systems. In: *ICEC '07: Proceedings of the 9th International Conference on Electronic Commerce*. ACM.

Mahmood, Tariq and Ricci, Francesco. 2009. Improving recommender systems with adaptive conversational strategies. In: *HT '09: Proceedings of the 20th ACM Conference on Hypertext and Hypermedia*. ACM.

Majumder, Bodhisattwa Prasad, Li, Shuyang, Ni, Jianmo, and McAuley, Julian. 2019. Generating personalized recipes from historical user preferences. In: *Proceedings of the 2019 Conference on Empirical Methods in Natural Language Processing*. Association for Computational Linguistics.

Majumder, Bodhisattwa Prasad, Jhamtani, Harsh, Berg-Kirkpatrick, Taylor, and McAuley, Julian. 2020. Like hiking? You probably enjoy nature: Persona-grounded dialog with commonsense expansions. In: *Proceedings of the 2020 Conference on Empirical Methods in Natural Language Processing*. Association for Computational Linguistics.

Marin, Javier, Biswas, Aritro, Ofli, Ferda, Hynes, Nicholas, Salvador, Amaia, Aytar, Yusuf, Weber, Ingmar, and Torralba, Antonio. 2019. Recipe1m+: A dataset for learning cross-modal embeddings for cooking recipes and food images. *IEEE Transactions on Pattern Analysis and Machine Intelligence*, **43**(1), 187–203.

Markowitz, Harry M. 1968. *Portfolio Selection*. Yale University Press.

McAuley, Julian and Leskovec, Jure. 2013a. Hidden factors and hidden topics: Understanding rating dimensions with review text. In: *RecSys '13: Proceedings of the 7th ACM Conference on Recommender Systems*. ACM.

McAuley, Julian, Leskovec, Jure, and Jurafsky, Dan. 2012. Learning attitudes and attributes from multi-aspect reviews. In: *2012 IEEE 12th International Conference on Data Mining*. IEEE.

McAuley, Julian, Targett, Christopher, Shi, Qinfeng, and Van Den Hengel, Anton. 2015. Image-based recommendations on styles and substitutes. In: *SIGIR '15: Proceedings of the 38th International ACM SIGIR Conference on Research and Development in Information Retrieval*. ACM.

McAuley, Julian John and Leskovec, Jure. 2013b. From amateurs to connoisseurs: Modeling the evolution of user expertise through online reviews. In: *WWW '13: Proceedings of the 22nd International Conference on World Wide Web*. ACM.

McFee, Brian, Bertin-Mahieux, Thierry, Ellis, Daniel PW, and Lanckriet, Gert RG. 2012. The million song dataset challenge. In: *WWW '12 Companion: Proceedings of the 21st International Conference on World Wide Web*. ACM.

McInnes, Leland, Healy, John, Saul, Nathaniel, and Großberger, Lukas. 2018. UMAP: Uniform manifold approximation and projection. *Journal of Open Source Software*, **3**(29), 861.

Mehrabi, Ninareh, Morstatter, Fred, Saxena, Nripsuta, Lerman, Kristina, and Galstyan, Aram. 2019. A survey on bias and fairness in machine learning. *arXiv preprint arXiv:1908.09635*.

Mehta, Aranyak, Saberi, Amin, Vazirani, Umesh, and Vazirani, Vijay. 2007. Adwords and generalized online matching. *Journal of the ACM*, **54**(5), 22-es.

Mikolov, Tomas, Sutskever, Ilya, Chen, Kai, Corrado, Greg S, and Dean, Jeff. 2013. Distributed representations of words and phrases and their compositionality. In: *NIPS '13: Proceedings of the 26th International Conference on Neural Information Processing Systems*. Neural Information Processing Systems Foundation.

Mirza, Mehdi and Osindero, Simon. 2014. Conditional generative adversarial nets. *arXiv preprint arXiv:1411.1784*.

Mooney, Raymond J. and Roy, Loriene. 2000. Content-based book recommending using learning for text categorization. In: *DL '00: Proceedings of the 5th ACM Conference on Digital Libraries*. ACM.

Narayanan, Arvind and Shmatikov, Vitaly. 2006. How to break anonymity of the Netflix prize dataset. *arXiv preprint cs/0610105*.

Ng, Nathan H, Gabriel, Rodney A, McAuley, Julian, Elkan, Charles, and Lipton, Zachary C. 2017. Predicting surgery duration with neural heteroscedastic regression. In: *Proceedings of the 2nd Machine Learning for Healthcare Conference*. ML Research Press.

Nguyen, Tan and Sanner, Scott. 2013. Algorithms for direct 0–1 loss optimization in binary classification. In: *Proceedings of the 30th International Conference on Machine Learning*. ML Research Press.

Nguyen, Tien T, Hui, Pik-Mai, Harper, F Maxwell, Terveen, Loren, and Konstan, Joseph A. 2014. Exploring the filter bubble: The effect of using recommender systems on content diversity. In: *WWW '14: Proceedings of the 23rd International Conference on World Wide Web*. ACM.

Ni, Jianmo and McAuley, Julian. 2018. Personalized review generation by expanding phrases and attending on aspect-aware representations. In: *Proceedings of the 56th Annual Meeting of the Association for Computational Linguistics*. Association for Computational Linguistics.

Ni, Jianmo, Lipton, Zachary C, Vikram, Sharad, and McAuley, Julian. 2017. Estimating reactions and recommending products with generative models of reviews. In: *Proceedings of the 8th International Joint Conference on Natural Language Processing*. AFNLP.

Ni, Jianmo, Li, Jiacheng, and McAuley, Julian. 2019a. Justifying recommendations using distantly-labeled reviews and fine-grained aspects. In: *Proceedings of the 9th International Joint Conference on Natural Language Processing*. Association for Computational Linguistics.

Ni, Jianmo, Muhlstein, Larry, and McAuley, Julian. 2019b. Modeling heart rate and activity data for personalized fitness recommendation. In: *WWW '19: The World Wide Web Conference*. ACM.

Ni, Jianmo, Hsu, Chun-Nan, Gentili, Amilcare, and McAuley, Julian. 2020. Learning visual-semantic embeddings for reporting abnormal findings on chest x-rays. In: *Empirical Methods in Natural Language Processing*. Association for Computational Linguistics.

Ning, Xia and Karypis, George. 2011. Slim: Sparse linear methods for top-n recommender systems. In: *2011 IEEE 11th International Conference on Data Mining*. IEEE.

O'connor, Mark, Cosley, Dan, Konstan, Joseph A, and Riedl, John. 2001. PolyLens: A recommender system for groups of users. In: *ECSCW 2001: Proceedings of the 7th European Conference on Computer-Supported Cooperative Work*. Springer.

Pampalk, Elias, Pohle, Tim, and Widmer, Gerhard. 2005. Dynamic playlist generation based on skipping behavior. In: *ISMIR 2005: 6th International Conference on Music Information Retrieval*.

Pan, Rong, Zhou, Yunhong, Cao, Bin, Liu, Nathan N, Lukose, Rajan, Scholz, Martin, and Yang, Qiang. 2008. One-class collaborative filtering. In: *2008 Eighth IEEE International Conference on Data Mining*. IEEE.

Pan, Weike and Chen, Li. 2013. GBPR: Group preference based bayesian personalized ranking for one-class collaborative filtering. In: *IJCAI 13: Proceedings of the 23rd International Joint Conference on Artificial Intelligence*. AAAI Press/International Joint Conferences on Artificial Intelligence.

Pan, Yingwei, Yao, Ting, Mei, Tao, Li, Houqiang, Ngo, Chong-Wah, and Rui, Yong. 2014. Click-through-based cross-view learning for image search. In: *SIGIR '14: Proceedings of the 37th International ACM SIGIR Conference on Research and Development in Information Retrieval*. ACM.

Pariser, Eli. 2011. *The Filter Bubble: What the Internet is Hiding from You*. Penguin.

Park, Seung-Taek and Chu, Wei. 2009. Pairwise preference regression for cold-start recommendation. In: *RecSys '09: Proceedings of the Third ACM Conference on Recommender Systems*. ACM.

Pizzato, Luiz, Rej, Tomek, Chung, Thomas, Koprinska, Irena, and Kay, Judy. 2010. RECON: A reciprocal recommender for online dating. In: *RecSys '10: Proceedings of the Fourth ACM Conference on Recommender Systems*. ACM.

Porter, Martin F. 1980. An algorithm for suffix stripping. *Program*, **14**(3), 130–7.

Radford, Alec, Jozefowicz, Rafal, and Sutskever, Ilya. 2017. Learning to generate reviews and discovering sentiment. *arXiv preprint arXiv:1704.01444*.

Rajaraman, Anand and Ullman, Jeffrey David. 2011. *Mining of Massive Datasets*. Cambridge University Press.

Rappaz, Jérémie, Vladarean, Maria-Luiza, McAuley, Julian, and Catasta, Michele. 2017. Bartering books to beers: A recommender system for exchange platforms. In: *WSDM '17: Proceedings of the 10th ACM International Conference on Web Search and Data Mining*. ACM.

Rashid, Al Mamunur, Albert, Istvan, Cosley, Dan, Lam, Shyong K, McNee, Sean M, Konstan, Joseph A, and Riedl, John. 2002. Getting to know you: Learning new user preferences in recommender systems. In: *IUI '02: Proceedings of the 7th International Conference on Intelligent User Interfaces*. ACM.

Rendle, Steffen. 2010. Factorization machines. In: *2010 IEEE International Conference on Data Mining*. IEEE.

Rendle, Steffen and Schmidt-Thieme, Lars. 2008. Online-updating regularized kernel matrix factorization models for large-scale recommender systems. In: *RecSys '08: Proceedings of the 2008 ACM Conference on Recommender Systems*. ACM.

Rendle, Steffen, Freudenthaler, Christoph, and Schmidt-Thieme, Lars. 2010. Factorizing personalized Markov chains for next-basket recommendation. In: *WWW '10: The 19th International World Wide Web Conference*. ACM.

Rendle, Steffen, Freudenthaler, Christoph, Gantner, Zeno, and Schmidt-Thieme, Lars. 2012. BPR: Bayesian personalized ranking from implicit feedback. In: *UAI '09: Proceedings of the 25th Conference on Uncertainty in Artificial Intelligence*. ACM.

Rendle, Steffen, Krichene, Walid, Zhang, Li, and Anderson, John. 2020. Neural collaborative filtering vs. matrix factorization revisited. In: *RecSys '20: 14th ACM Conference on Recommender Systems*. ACM.

Ribeiro, Manoel Horta, Ottoni, Raphael, West, Robert, Almeida, Virgílio AF, and Meira Jr, Wagner. 2020. Auditing radicalization pathways on YouTube. In: *FAT* '20: Proceedings of the 2020 Conference on Fairness, Accountability, and Transparency*. ACM.

Robertson, Stephen. 2004. Understanding inverse document frequency: On theoretical arguments for IDF. *Journal of Documentation*, **60**(5), 503–20.

Robertson, Stephen and Zaragoza, Hugo. 2009. The probabilistic relevance framework: BM25 and beyond. *Foundations and Trends in Information Retrieval*, **3**(4), 333–89.

Roemmele, Melissa. 2016. Writing stories with help from recurrent neural networks. In: *AAAI '16: Proceedings of the 30th AAAI Conference on Artificial Intelligence*. ACM.

Ruiz, Francisco JR, Athey, Susan, Blei, David M, et al. 2020. SHOPPER: A probabilistic model of consumer choice with substitutes and complements. *Annals of Applied Statistics*, **14**. 10.1214/19-AOAS1265.

Sachdeva, Noveen, Manco, Giuseppe, Ritacco, Ettore, and Pudi, Vikram. 2019. Sequential variational autoencoders for collaborative filtering. In: *12th ACM International Conference on Web Search and Data Mining*. ACM.

Sarwar, Badrul, Karypis, George, Konstan, Joseph, and Riedl, John. 2001. Item-based collaborative filtering recommendation algorithms. In: *WWW '01: Proceedings of the 10th International Conference on World Wide Web*. ACM.

Schlimmer, Jeffrey C and Granger, Richard H. 1986. Incremental learning from noisy data. *Machine Learning*, **1**, 317–54.

Schütze, Hinrich, Manning, Christopher D, and Raghavan, Prabhakar. 2008. *Introduction to Information Retrieval*. Cambridge University Press.

Sedhain, Suvash, Menon, Aditya Krishna, Sanner, Scott, and Xie, Lexing. 2015. Autorec: Autoencoders meet collaborative filtering. In: *WWW '15 Companion: Proceedings of the 24th International Conference on World Wide Web*. ACM.

Smith, Brent and Linden, Greg. 2017. Two decades of recommender systems at Amazon.com. *IEEE Internet Computing*, **21**(3), 12–8.

Steck, Harald. 2018. Calibrated recommendations. In: *RecSys '18: Proceedings of the 12th ACM Conference on Recommender Systems*. ACM.

Sugiyama, Kazunari, Hatano, Kenji, and Yoshikawa, Masatoshi. 2004. Adaptive web search based on user profile constructed without any effort from users. In: *WWW '04: Proceedings of the 13th International Conference on World Wide Web*. ACM.

Sun, Fei, Liu, Jun, Wu, Jian, Pei, Changhua, Lin, Xiao, Ou, Wenwu, and Jiang, Peng. 2019. BERT4Rec: Sequential recommendation with bidirectional encoder representations from transformer. In: *CIKM '19: Proceedings of the 28th ACM International Conference on Information and Knowledge Management*. ACM.

Tay, Yi, Luu, Anh Tuan, and Hui, Siu Cheung. 2018. Multi-pointer co-attention networks for recommendation. In: *KDD '18: Proceedings of the 24th ACM SIGKDD International Conference on Knowledge Discovery and Data Mining*. ACM.

Thompson, Cynthia A, Goker, Mehmet H, and Langley, Pat. 2004. A personalized system for conversational recommendations. *Journal of Artificial Intelligence Research*, **21**(1), 393–428.

Tsymbal, Alexey. 2004. The problem of concept drift: Definitions and related work. Computer Science Department, Trinity College Dublin. TCD-CS-2004-15.

Ueta, Tsuguya, Iwakami, Masashi, and Ito, Takayuki. 2011. A recipe recommendation system based on automatic nutrition information extraction. In: *KSEM: International Conference on Knowledge Science, Engineering and Management*. Springer.

Umberto, Panniello. 2015. Developing a price-sensitive recommender system to improve accuracy and business performance of e-commerce applications. *International Journal of Electronic Commerce Studies*, **6**(1), 1–18.

Van Den Oord, Aäron, Dieleman, Sander, and Schrauwen, Benjamin. 2013. Deep content-based music recommendation. In: *NIPS '13: Proceedings of the 26th International Conference on Neural Information Processing Systems*. Neural Information Processing Systems Foundation.

Van Rijsbergen, Cornelius Joost. 1979. *Information Retrieval*. Butterworth-Heinemann.

Vaswani, Ashish, Shazeer, Noam, Parmar, Niki, Uszkoreit, Jakob, Jones, Llion, Gomez, Aidan N, Kaiser, Lukasz, and Polosukhin, Illia. 2017. Attention is all you need. In: *NIPS '17: Proceedings of the 31st International Conference on Neural Information Processing Systems*. Neural Information Processing Systems Foundation.

Veit, Andreas, Kovacs, Balazs, Bell, Sean, McAuley, Julian, Bala, Kavita, and Belongie, Serge. 2015. Learning visual clothing style with heterogeneous dyadic co-occurrences. In: *2015 IEEE International Conference on Computer Vision*. IEEE.

Vinyals, Oriol, Toshev, Alexander, Bengio, Samy, and Erhan, Dumitru. 2015. Show and tell: A neural image caption generator. In: *2015 IEEE Conference on Computer Vision and Pattern Recognition*. IEEE.

Waller, Isaac and Anderson, Ashton. 2019. Generalists and specialists: Using community embeddings to quantify activity diversity in online platforms. In: *WWW '19: The World Wide Web Conference*. ACM.

Wan, Mengting and McAuley, Julian. 2018. Item recommendation on monotonic behavior chains. In: *RecSys '18: Proceedings of the 12th ACM Conference on Recommender Systems*. ACM.

Wan, Mengting, Wang, Di, Goldman, Matt, Taddy, Matt, Rao, Justin, Liu, Jie, Lymberopoulos, Dimitrios, and McAuley, Julian. 2017. Modeling consumer preferences and price sensitivities from large-scale grocery shopping transaction logs. In: *WWW '17: Proceedings of the 26th International Conference on World Wide Web*. ACM.

Wan, Mengting, Wang, Di, Liu, Jie, Bennett, Paul, and McAuley, Julian. 2018. Representing and recommending shopping baskets with complementarity, compatibility and loyalty. In: *CIKM '18: Proceedings of the 27th ACM International Conference on Information and Knowledge Management*. ACM.

Wan, Mengting, Ni, Jianmo, Misra, Rishabh, and McAuley, Julian. 2020. Addressing marketing bias in product recommendations. In: *WSDM '20: Proceedings of the 13th International Conference on Web Search and Data Mining*. ACM.

Wang, Chong and Blei, David M. 2011. Collaborative topic modeling for recommending scientific articles. In: *KDD '11: Proceedings of the 17th ACM SIGKDD International Conference on Knowledge Discovery and Data Mining*. ACM.

Wang, Ningxia, Chen, Li and Yang, Yonghua. 2020. The impacts of item features and user characteristics on users' perceived serendipity of recommendations. In: *UMAP '20: Proceedings of the 28th ACM Conference on User Modeling, Adaptation and Personalization*. ACM.

Wang, Xinxi and Wang, Ye. 2014. Improving content-based and hybrid music recommendation using deep learning. In: *MM '14: Proceedings of the 22nd ACM International Conference on Multimedia*. ACM.

Wang, Yining, Wang, Liwei, Li, Yuanzhi, He, Di, and Liu, Tie-Yan. 2013. A theoretical analysis of NDCG type ranking measures. In: *Proceedings of the 26th Annual Conference on Learning Theory*. MLR Press.

Wang, Zhen, Zhang, Jianwen, Feng, Jianlin, and Chen, Zheng. 2014. Knowledge graph embedding by translating on hyperplanes. In: *AAAI '14: Proceedings of the 28th AAAI Conference on Artificial Intelligence*. AAAI Press.

Wang, Zihan, Jiang, Ziheng, Ren, Zhaochun, Tang, Jiliang, and Yin, Dawei. 2018. A path-constrained framework for discriminating substitutable and complementary products in e-commerce. In: *WSDM '18: Proceedings of the 11th ACM International Conference on Web Search and Data Mining*. ACM.

Wasserman, Larry. 2013. *All of Statistics: A Concise Course in Statistical Inference*. Springer Science & Business Media.

Widmer, Gerhard and Kubat, Miroslav. 1996. Learning in the presence of concept drift and hidden contexts. *Machine Learning*, **23**, 69–101.

Wilhelm, Mark, Ramanathan, Ajith, Bonomo, Alexander, Jain, Sagar, Chi, Ed H, and Gillenwater, Jennifer. 2018. Practical diversified recommendations on YouTube with determinantal point processes. In: *CIKM '18: Proceedings of the 27th ACM International Conference on Information and Knowledge Management*. ACM.

Wu, Chun-Che, Mei, Tao, Hsu, Winston H, and Rui, Yong. 2014. Learning to personalize trending image search suggestion. In: *SIGIR '14: Proceedings of the 37th International ACM SIGIR Conference on Research and Development in Information Retrieval*. ACM.

Wu, Fang and Huberman, Bernardo A. 2008. How public opinion forms. In: *Internet and Network Economics*. Springer.

Wu, Liwei, Li, Shuqing, Hsieh, Cho-Jui, and Sharpnack, James. 2020. SSE-PT: Sequential recommendation via personalized transformer. In: *RecSys '20: 14th ACM Conference on Recommender Systems*. ACM.

Xiang, Liang, Yuan, Quan, Zhao, Shiwan, Chen, Li, Zhang, Xiatian, Yang, Qing, and Sun, Jimeng. 2010. Temporal recommendation on graphs via long-and short-term preference fusion. In: *KDD '10: Proceedings of the 16th ACM SIGKDD International Conference on Knowledge Discovery and Data Mining*. ACM.

Xiao, Jun, Ye, Hao, He, Xiangnan, Zhang, Hanwang, Wu, Fei, and Chua, Tat-Seng. 2017. Attentional factorization machines: Learning the weight of feature interactions via attention networks. In: *IJCAI '17: Proceedings of the 26th International Joint Conference on Artificial Intelligence*. AAAI Press/International Joint Conferences on Artificial Intelligence.

Xu, Kelvin, Ba, Jimmy, Kiros, Ryan, Cho, Kyunghyun, Courville, Aaron, Salakhudinov, Ruslan, Zemel, Rich, and Bengio, Yoshua. 2015. Show, attend and tell: Neural image caption generation with visual attention. In: *Proceedings of the 32nd International Conference on Machine Learning*. MLR Press.

Yang, Jaewon, McAuley, Julian, Leskovec, Jure, LePendu, Paea, and Shah, Nigam. 2014. Finding progression stages in time-evolving event sequences. In: *WWW '14: Proceedings of the 23rd International Conference on World Wide Web*. ACM.

Yao, Sirui and Huang, Bert. 2017. Beyond parity: Fairness objectives for collaborative filtering. In: *NIPS '17: Proceedings of the 31st International Conference on Neural Information Processing Systems*. Neural Information Processing Systems Foundation.

Yildirim, Hilmi and Krishnamoorthy, Mukkai S. 2008. A random walk method for alleviating the sparsity problem in collaborative filtering. In: *RecSys '08: Proceedings of the 2008 ACM Conference on Recommender Systems*. ACM.

Yu, Hsiang-Fu, Hsieh, Cho-Jui, Si, Si, and Dhillon, Inderjit. 2012. Scalable coordinate descent approaches to parallel matrix factorization for recommender systems. In: *2012 IEEE International Conference on Data Mining*. IEEE.

Zafar, Muhammad Bilal, Valera, Isabel, Rogriguez, Manuel Gomez, and Gummadi, Krishna P. 2017. Fairness constraints: Mechanisms for fair classification. In: *Proceedings of the 20th Artificial Intelligence and Statistics*. MLR Press.

Zhang, Guijuan, Liu, Yang, and Jin, Xiaoning. 2020. A survey of autoencoder-based recommender systems. *Frontiers of Computer Science*, **14**, 430–50.

Zhang, Jie and Krishnamurthi, Lakshman. 2004. Customizing promotions in online stores. *Marketing Science*, **23**(4), 561–78.

Zhang, Jie and Wedel, Michel. 2009. The effectiveness of customized promotions in online and offline stores. *Journal of Marketing Research*, **46**(2), 190–206.

Zhang, Shuai, Yao, Lina, Sun, Aixin, and Tay, Yi. 2019. Deep learning based recommender system: A survey and new perspectives. *ACM Computing Surveys*, **52**(1), 1–38.

Zhang, Xingxing and Lapata, Mirella. 2014. Chinese poetry generation with recurrent neural networks. In: *Proceedings of the 2014 Conference on Empirical Methods in Natural Language Processing*. Association for Computational Linguistics.

Zhang, Yuan Cao, Séaghdha, Diarmuid Ó, Quercia, Daniele, and Jambor, Tamas. 2012. Auralist: Introducing serendipity into music recommendation. In: *WSDM '12: Proceedings of the Fifth ACM International Conference on Web Search and Data Mining*. ACM.

Zhao, Tong, McAuley, Julian, and King, Irwin. 2014. Leveraging social connections to improve personalized ranking for collaborative filtering. In: *CIKM '14: Proceedings of the 23rd ACM International Conference on Information and Knowledge Management*. ACM.

Zheng, Lei, Noroozi, Vahid, and Yu, Philip S. 2017. Joint deep modeling of users and items using reviews for recommendation. In: *WSDM '17: Proceedings of the 10th ACM International Conference on Web Search and Data Mining*. ACM.

Zheng, Yu, Zhang, Lizhu, Xie, Xing, and Ma, Wei-Ying. 2009. Mining interesting locations and travel sequences from GPS trajectories. In: *WWW '09: Proceedings of the 18th International Conference on World Wide Web*. ACM.

Zhou, Ke, Yang, Shuang-Hong, and Zha, Hongyuan. 2011. Functional matrix factorizations for cold-start recommendation. In: *SIGIR '11: Proceedings of the 34th International ACM SIGIR Conference on Research and Development in Information Retrieval*. ACM.

Zhou, Renjie, Khemmarat, Samamon, and Gao, Lixin. 2010. The impact of YouTube recommendation system on video views. In: *IMC '10: Proceedings of the 10th ACM SIGCOMM Conference on Internet Measurement*. ACM.

Ziegler, Cai-Nicolas, McNee, Sean M, Konstan, Joseph A, and Lausen, Georg. 2005. Improving recommendation lists through topic diversification. In: *WWW '05: Proceedings of the 14th International Conference on World Wide Web*. ACM.

机器学习：工程师和科学家的第一本书

作者：Andreas Lindholm 等　译者：汤善江 等　书号：978-7-111-75369-8　定价：109.00元

本书条理清晰、讲解精彩，对于那些有数学背景并且想了解有监督的机器学习原理的读者来说，是不可不读的。书中的核心理论和实例为读者提供了丰富的装备，帮助他们在现代机器学习的丛林中自由穿行。

—— Carl Edward Rasmussen　　剑桥大学

本书专为未来的工程师和科学家而作，涵盖机器学习领域的主要技术，从基本方法（如线性回归和主成分分析）到现代深度学习和生成模型技术均有涉及。作者在学术严谨性、工程直觉和应用之间实现了平衡。向所有机器学习领域的新手推荐本书！

——Arnaud Doucet　　牛津大学

推荐阅读

模式识别和机器学习基础

作者：Ulisses Braga-Neto 等　译者：潘巍 等　书号：978-7-111-73526-7　定价：119.00元

内容非常独特，我喜欢本书中将理论与应用和Python脚本穿插在一起的方式。在其他书中很少能看到以如此完整的方式涵盖机器学习的全部内容。

—— Alfred Hero　密西根大学教授

我很欣赏本书对知识点的选取和组织。此外，书中有关数学的内容也写得很清楚，相信读者会从中受益匪浅。

—— Gábor Lugosi　庞培法布拉大学教授

推 荐 阅 读

贝叶斯推理与机器学习

作者：David Barber 等　译者：徐增林　书号：978-7-111-73296-9　定价：199.00元

图模型是一种日益重要且流行的框架，本书最大的特点正是通过图模型构建起关于机器学习及其相关领域的统一框架。本书的另一个特点在于从传统人工智能向现代机器学习的平稳过渡。全书行文流畅，读来收获满满。无论你是否具备专业的数学背景，本书都将成为有益的参考。

—— Zheng-Hua Tan　奥尔堡大学

书中讲解图模型的章节，是我所读过的最清晰、最简洁的关于图模型的阐述。其中包含大量的图表和示例，并且提供丰富的软件工具箱——这些对学生和教师都有极大的帮助。此外，本书也是相当不错的自学资源。

—— Arindam Banerjee　明尼苏达大学